U0142211

The Fundamentals, Characterizations
and Applications of LED Phosphors

LED螢光粉技術

劉偉仁｜主編
劉偉仁｜姚中業｜黃健豪｜鍾淑茹｜金風｜著

五南圖書出版公司 印行

序

白光發光二極體（Light-Emitting Diode；white LED）具有體積小、封裝多元、耗熱量低、發光效率高、壽命長、耐震、耐衝擊、省電、無熱輻射、乾淨無污染、低電壓、易起動等多項優良特性，符合未來對照明光源的環保及節能訴求，是「綠色照明光源」中的璀璨之星。一般認為：LED 照明光源將會是取代熱熾燈與螢光燈的革命性光源，而螢光材料（Phosphor）在白光發光二極體中扮演相當重要的角色。

本書主要針對 LED 螢光材料，包含發光原理、製備方法、LED 封裝、光譜分析，乃至於最近非常熱門的螢光玻璃陶瓷技術和量子點技術，進行一系列多元、全方位的介紹說明。

全書共分為九章：第一章、第二章主要針對基礎光學原理以及螢光材料基本原理進行介紹；第三章為螢光粉的製備方法及最新螢光粉製備技術之相關文獻論述說明；第四章則著墨在目前最熱門之螢光玻璃陶瓷，從基本製備方法到各國際大廠現今之技術最新進展；第五章主要介紹目前商用 LED 螢光材料之發光特性、最新製備與合成之最新研究；第六章則以材料系統進行分類，就鋁酸鹽、矽酸鹽、磷酸鹽乃至於目前最熱門的氮氧化物／氮化物螢光粉之專利進行分析說明；第七章主要闡述奈米螢光材料：包含其理論、製備技術以及其在 LED、OLED 以及生物感測之應用；第八章與第九章探討螢光粉進入封裝結構之特性分析、封裝方式、效率量測技術、乃至於成本分析以及 LED 相關應用之未來展望。

本書撰稿完成，主要感謝姚中業博士、金風博士、黃健豪博士以及鍾淑茹教授的鼎力相助。四位學者專家的加入，使得本書的撰寫工作更趨快速、完善，且能緊跟產業變化新形勢並面對各種不確定性，將 LED 螢光粉技術的新形勢做了極好的詮釋。書中內容與時俱進，深具學習參考價值，且對 LED 產業發展重點，都竭盡可能做了深入細緻的分析，書中的資料數據都是最新、最前瞻的。另外，也由

衷感謝我的好夥伴邱奕禎以及我的學生林品均同學、張妤甄同學和葉愷原同學對在資料的提供、收集以及整理的大力幫忙。期冀本書能對讀者有所助益，實乃吾等榮幸。

　　本書內容適合大專或以上程度、具有理工科系背景之讀者閱讀，也適合當做目前從事LED 相關產業的工程師，以及大專院校在 LED 相關專業領域如光電、物理、材料、化學、化工或電子電機等工程科系學生之教科書，希望藉由此書協助國內大專院校的學生進入 LED 發光材料的研究殿堂。

劉偉仁

二○一四年　元旦

目　錄

第六章　螢光粉專利分析　▍劉偉仁

（Patent Analyses of LED Phosphors）

第七章　半導體奈米晶的合成與應用　▍鍾淑茹

（Synthesis and Applications of Semiconductor Nanocrystals）

第一章

光與色概論

Fundamentals of Light and Color

作者　姚中業

1.1 光（Light）

　　光是一種人眼可以感受到的電磁波（Electromagnetic wave），而電磁波乃是能量的一種形式，其兼具粒子（Particle）及波動（Wave）的雙重特性，電磁波根據光子（Photon）能量大小（即波長由小至大的順序）依序可分類為：γ 射線（Gamma ray; γ-ray）、X 射線（X-ray; X-ray）、紫外線（Ultraviolet ray; UV）、可見光（Visible light）、紅外線（Infrared ray; IR）、微波（Microwave）、電波（Radio wave）等，如圖 1.1 所示：

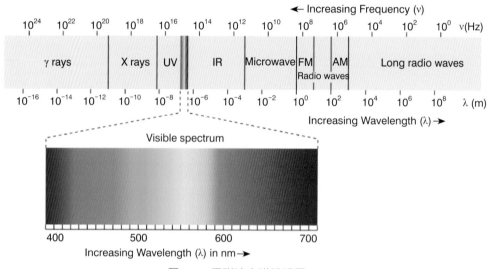

圖 1.1　電磁波光譜說明圖。

Source: Figure from http://en.wikipedia.org/wiki/Light

　　一般而言，光子能量較高的電磁波如 γ 射線、X 射線等之粒子特性較為明顯（More particle like in its behavior），反之光子能量較高的電磁波如微波、電波等之波動特性則較為顯著（More wave like in its behavior）。另外，習慣上又常把人類眼睛可以感受到的電磁波稱為光（Light），如紅光（Red light）、綠光（Green light）、藍光（Blue light）與白光（White light）等可見光；而人類眼睛未能感受到的電磁波稱為線（Ray）或波（Wave），如高能量之紫外線（Ultraviolet ray）、紅外線（Infrared ray）或較低能量微波（Microwave）、電

波（Radio wave）等。至於整體太陽放射光譜中之電磁波詳細波段的分界，目前並無明確的嚴格定義，然可以參考表 1.1 之內容[1]。

倘若依照表 1.1 之定義，吾人可知可見光（Visible light）的波長範圍為 380~760nm 之間，其中紫（Purple）光的波長範圍為 380~450nm 之間、藍（Blue）光的波長範圍為 450~500nm 之間、綠（Green）光的波長範圍為 500~570nm 之間、黃（Yellow）光的波長範圍為 570~591nm 之間、橘（Orange）光的波長範圍為 591~610nm 之間、紅（Red）光的波長範圍為 610~760nm 之間。然而為簡化起見，通常亦有把可見光的波長範圍為 400~700nm 之間，另外於某些如 LED 之實際應用方面，亦有把最常見之藍／綠／紅三原色（Three primary colors）光的波長範圍定義為：藍光的波長範圍為 440~480nm 之間、綠光的波長範圍為 520~560nm 之間，而紅光的波長範圍則為 590~630nm 之間[2]。

表1.1 太陽放射光譜中之波段分界說明表[1]。

Spectral category	Spectral sub-category	Wavelength rang nm	Wavelength rang (SI prefixes from Table 2)	Notes
Total solar Irradiance				full-disk. 1 ua solar irradince integrated across all λ
Gamma-rays		$0.00001 \leq \lambda < 0.001$	$10 \text{ fm} \leq \lambda < 1 \text{ pm}$	
x-rays		$0.01 \leq \lambda < 0.1$	$1 \text{ pm} \leq \lambda < 0.10 \text{ nm}$	Hard X-ray
	XUV	$0.01 \leq \lambda < 10$	$0.10 \text{nm} \leq \lambda < 10 \text{ nm}$	Soft X-ray
Ultraviolet	UV	$100 \leq \lambda < 400$	$100 \text{ nm} \leq \lambda < 400 \text{nm}$	Ultraviolet
	VUV	$10 \leq \lambda < 200$	$10 \text{nm} \leq \lambda < 200 \text{nm}$	Vacuum Ultraviolet
	EUV	$10 \leq \lambda < 102$	$10 \text{nm} \leq \lambda < 121 \text{nm}$	Extreme Ultraviolet
	H Luman-α	$121 \leq \lambda < 122$	$121 \text{nm} \leq \lambda < 122 \text{nm}$	Hydrogen Lyman-alpha
	FUV	$122 \leq \lambda < 200$	$122 \text{nm} \leq \lambda < 200 \text{nm}$	Far Ultraviolet
	UVC	$100 \leq \lambda < 280$	$100 \text{nm} \leq \lambda < 280 \text{nm}$	Ultraviolet C
	MUV	$200 \leq \lambda < 300$	$200 \text{nm} \leq \lambda < 300 \text{nm}$	Middle Ultraviolet
	UVB	$280 \leq \lambda < 315$	$280 \text{nm} \leq \lambda < 315 \text{nm}$	Ultraviolet B
	NUV	$300 \leq \lambda < 400$	$300 \text{nm} \leq \lambda < 400 \text{nm}$	Near Ultraviolet
	UVA	$315 \leq \lambda < 400$	$315 \text{nm} \leq \lambda < 400 \text{nm}$	Ultraviolet A
Visible	VIS	$380 \leq \lambda < 760$	$380 \text{nm} \leq \lambda < 760 \text{nm}$	Optical
		$360 \leq \lambda < 450$	$360 \text{nm} \leq \lambda < 450 \text{nm}$	purple
		$450 \leq \lambda < 500$	$400 \text{nm} \leq \lambda < 500 \text{nm}$	blue

Spectral category	Spectral sub-category	Wavelength rang nm	Wavelength rang (SI prefixes from Table 2)	Notes
Visible		$500 \leq \lambda < 570$	$500nm \leq \lambda < 570nm$	green
		$570 \leq \lambda < 591$	$570nm \leq \lambda < 591nm$	yellow
		$591 \leq \lambda < 610$	$591nm \leq \lambda < 610nm$	orange
		$610 \leq \lambda < 760$	$610nm \leq \lambda < 760nm$	red
Infrared	IR	$760 \leq \lambda < 1.00 \times 10^6$	$760nm \leq \lambda < 1.00mm$	
	IR-A	$760 \leq \lambda < 1400$	$760nm \leq \lambda < 1.40\mu m$	Near Infrared
	IR-B	$1400 \leq \lambda < 3000$	$1.10\mu m \leq \lambda < 3.00\mu m$	Middle Infrared
	IR-C	$3000 \leq \lambda < 1.00 \times 10^6$	$3.00\mu m \leq \lambda < 1.00\mu m$	Far Infrared
Microwave		$1.00 \times 10^6 \leq \lambda < 1.50 \times 10^7$	$1.00mm \leq \lambda < 15.00mm$	
	W	$3.00 \times 10^6 \leq \lambda < 5.35 \times 10^6$	$3.00mm \leq \lambda < 5.35mm$	(100.0≥v>56.0)GHz
	V	$5.35 \times 10^6 \leq \lambda < 6.52 \times 10^6$	$5.35mm \leq \lambda < 6.52mm$	(56.0≥v>46.0)GHz
	Q	$6.52 \times 10^6 \leq \lambda < 8.33 \times 10^6$	$6.52mm \leq \lambda < 8.33mm$	(46.0≥v>36.0)GHz
	K	$8.33 \times 10^6 \leq \lambda < 2.75 \times 10^7$	$8.33mm \leq \lambda < 27.5mm$	(36.0≥v>10.90)GHz
	X	$2.75 \times 10^7 \leq \lambda < 5.77 \times 10^7$	$27.50mm \leq \lambda < 57.70mm$	(10.90≥v>5.20)GHz
	C	$4.84 \times 10^7 \leq \lambda < 7.69 \times 10^7$	$48.40mm \leq \lambda < 76.90mm$	(6.20≥v>3.90)GHz
	S	$5.77 \times 10^7 \leq \lambda < 1.93 \times 10^8$	$57.70mm \leq \lambda < 193.00mm$	(5.20≥v>1.55)GHz
	L	$1.93 \times 10^8 \leq \lambda < 7.69 \times 10^8$	$193.00mm \leq \lambda < 769.00mm$	(1.550≥v>0.390)GHz
	P	$7.69 \times 10^8 \leq \lambda < 1.33 \times 10^9$	$769.00mm \leq \lambda < 100m$	(0.390≥v>0.225)GHz
Radio		$1.00 \times 10^5 \leq \lambda < 1.00 \times 10^{14}$	$0.10mm \leq \lambda < 100m$	measurements: $(1.00 \times 10^5 \leq \lambda < 1.00 \times 10^{10})$mn
	EHF	$1.00 \times 10^6 \leq \lambda < 1.00 \times 10^7$	$1.00mm \leq \lambda < 10.00mm$	Very Hight Frequency (300≥v>30) GHz
	SHF	$1.00 \times 10^7 \leq \lambda < 1.00 \times 10^8$	$10.00mm \leq \lambda < 100.00mm$	Very Hight Frequency (30≥v>3) GHz
	UHF	$1.00 \times 10^9 \leq \lambda < 1.00 \times 10^9$	$100.00mm \leq \lambda < 1.00mm$	Very Hight Frequency (3000≥v>300) MHz
	VHF	$1.00 \times 10^9 \leq \lambda < 1.00 \times 10^{10}$	$1.00m \leq \lambda < 10.00m$	Very Hight Frequency (300≥v>30) MHz
	HF	$1.00 \times 10^{10} \leq \lambda < 1.00 \times 10^{11}$	$10.00mm \leq \lambda < 100.00m$	Hight Frequency (30≥v>3) MHz

1.2 色（Color）

　　沒有光就沒有顏色，而顏色是光線讓人眼視覺和大腦的交互作用產生對光的反應及感受。而人類會感受到顏色，乃是在人的眼睛（如圖 1.2 所示）之視網膜裡，具有錐狀（Cone）及柱狀（Rod）兩類對光敏感的細胞。其中，錐狀細胞包含三種對不同波長範圍的光有所反應的不同細胞，分別對於紅光、綠光

及藍光具有反應，主要分佈在中央區域，負責偵測進入人眼之光線的顏色，於明亮處時的感覺相當敏銳，雖然只有這三種能分辨不同波段（顏色）光的細胞，但是配合這三種細胞感光強弱的不同組合，使我們人類能分辨多種顏色的光；另外，柱狀細胞可以偵測影像的灰階模式，對光線的強度更是敏感，但是卻無法分辨顏色（波長），主要分佈在周邊，用於提供夜間（暗處）的視覺。

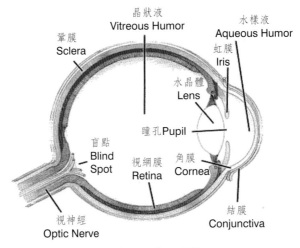

圖 1.2　人類眼睛說明圖。

　　如前所述，人類對顏色的感受乃是依賴三種不同的錐狀感光細胞，而這三種細胞感光強弱的不同組合，能使人類能分辨不同顏色的光。例如：如果有一束波長為 650nm 的紅光射入人的眼睛，只有紅色感光細胞能感受到此紅光的訊號，而藍色與綠色感光細胞對此紅光則不具有反應，因此在我們腦海中所浮現的是紅色影像。若是有波長為 580nm 的黃光（例如：黃色物體的反射光。）射入人的眼睛，因黃光通常包含紅光與綠光的部份波長範圍，故紅色與綠色感光細胞對此黃光皆有所感受，而藍色感光細胞對此黃光則不具有反應，於是腦海中所浮現的是紅光加上綠光的黃色影像，如圖 1.3 之說明；但若是同時有 650nm 的紅光與 540nm 的綠光同時進入眼中，則紅色與綠色感光細胞皆會有所感受，其和 580nm 的黃光射入時有類似的感受，故腦海中也是呈現出黃色影

像。同樣地，倘若白光進入眼中，則紅色、綠色與藍色等三種感光細胞皆會有
所感受，腦海裡將會呈現白色（White）的影像；倘若沒有任何可見光進入眼
中，則紅色、綠色與藍色等三種感光細胞皆不會有所感受，腦海裡將會呈現黑
色（Black）的感覺。簡而言之，人眼之紅色、綠色與藍色等三種錐狀感光細
胞皆有所感受，且其感受強度差不多時，人類將會感覺到是白色；而人眼之紅
色、綠色與藍色等三種錐狀感光細胞皆無感受，人類將會感覺到是黑色；倘若
人眼之紅色、綠色與藍色等三種錐狀感光細胞祇有部份的紅色、綠色與藍色感
光細胞有所感受，或其對於紅色、綠色與藍色之感受強度或刺激差異很多時，
人類將會感覺到紅（Red）、橙（Orange）、黃（Yellow）、綠（Green）、藍（Blue）、
靛（Indigo or Cyan）、紫（Purple or Violet）等或其他的色彩。

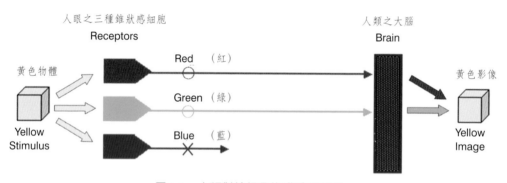

圖 1.3　人類對於顏色的感受說明圖。

　　傳統上，白色、黑色甚至是灰色（Grey），統稱為無彩色（Achromatic col-
ors），乃因人眼對於白色、黑色及灰色的感受當中，紅、綠與藍色等三種錐狀感
光細胞的感受強度差不多，沒有特定波長的色相感覺較為突出（No dominant
hue），而祇有亮度（Brightness）的差異而已；至於紅、橙、黃、綠、藍、靛、
紫等或其他色彩，則統稱為有彩色（Chromatic colors），因其中具有較為顯著
之特定波長的色相，導致人眼之紅、綠與藍等三種錐狀感光細胞的感受強度差
異很多，而造成對此特定波長色相的強烈印象，是故亦有將色彩定義為是人類
眼睛的一種不平衡的感覺。

　　基於上述之說明，我們可以瞭解色彩是經由光線刺激眼睛所產生的視覺現象，沒有光線就沒有色彩。事實上，我們之所以可感受到顏色，乃是由物體所發出、反射或透過的光線，刺激我們的眼睛所產生的結果。例如，本身會發光的物體，如黃色燈泡會發出黃光，直接刺激我的眼睛，產生黃色的感覺，此稱為「光色」或「光源色」；不透明的紅色蘋果，反射出紅色的光線而吸收其他的色光，經過反射的紅光刺激眼睛，便產生紅的色彩感覺，稱為「物色」或「表面色」；當光線透過透明物體時，透明物體本身的色彩也會影響透過的光線，產生出來的色彩，稱為「透光色」或「透明色」。倘若進行簡單的分類，色彩的顏色現象可分為光源色（光色）和物體色（物色）等兩類，光源色乃是發光體發出的顏色，而物體色因物體之性質不同，其種類包含表面色（反射色）和透過色，然通常物體色多數係指表面色（反射色）。

　　光色（Color of light）乃是發光體發出的光線，直接射入人的眼睛所感受到的顏色，其乃是一種直接的入射光色；而物色（Color of object）則是環境光源的光線，先射到物體的表面，經由物體表面所反射後的光線，再射入人的眼睛所感受到的顏色，對光源而言，則是一種間接的反射光色。一般而言，物體顯色現象乃是眼睛所看到物體表面色，當環境光源的光射到物體後，物體吸收了部分的光線後反射其餘光線刺激眼睛的結果。以白色及紅色物體為例，當環境光源為一般白光時，其照射到白色物體時，因白色物體不會吸收任何可見光，而會反射所有入射的光線，故人類眼睛所感受到物體反射光線的顏色仍為白色；但是當白光照射到紅色物體時，因白紅物體會吸收紅色以外的其他可見光，而祇能反射紅色光線，故人類眼睛所感受到物體反射光線的顏色乃為紅色，可以參考圖 1.4 之說明。

　　實質上，光色與物色的觀念，在實務的運用上具有很大的差異性。以顏色的混合（Color mixing）而言，光色的混合是屬於加成性的混合（Additive color mixing），而物色的混合則是屬於減衰性的混合（Subtractive color mixing），如圖 1.5 所示。

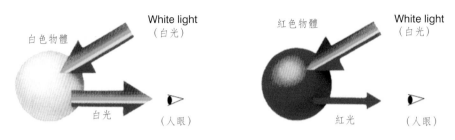

圖 1.4　物體顯色原理說明圖。

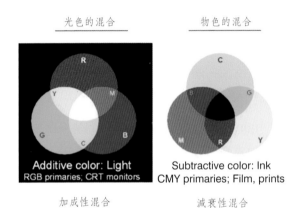

圖 1.5　光色與物色混合說明圖。

其中，光色的三原色（Three primary colors）分別為紅色、綠色及藍色（R/G/B; Red/Green/Blue），其中綠光加上藍光成為靛藍（C; Cyan）光、紅光加上藍光成為洋紅光（M; Magenta）、紅光加上綠光成為黃光（Y; Yellow），而靛藍、洋紅及黃（C/M/Y; Cyan/Magenta/Yellow）等各色光，則分別成為紅、綠及藍（R/G/B; Red/Green/Blue）等各色光之互補色（Complementary colors）的色光，亦即紅光加上靛藍光（R＋C）、綠光加上洋紅光（G＋M）、藍光加上黃光（B＋Y）等，分別均可以形成白光，而靛藍色、洋紅色及黃色（C/M/Y）等三色則亦稱為光色當中的二級色（Secondary colors）。另一方面，物色的三原色（Three primary colors）則是靛藍色、洋紅色及黃色（C/M/Y; Cyan/Magenta/Yellow），其中洋紅色加上黃色成為紅色（R; Red）光、黃色加上靛藍色成為綠色（G;

Green）、靛藍色加上洋紅色成為藍色（B; Blue），而紅、綠及藍（R/G/B; Red/
Green/Blue）等各色，則分別成為靛藍、洋紅及黃（C/M/Y; Cyan/Magenta/Yellow）
等各色之互補色（Complementary colors）的色彩，亦即靛藍色加上紅色
（C＋R）、洋紅色加上綠色（M＋G）、黃色加上藍色（Y＋B）等，分別均可
以形成黑色，而紅色、綠色及藍色（R/G/B）等三色則亦稱為物色當中的二級
色（Secondary colors）。

　　由於光乃是一種能量，當許多光加在一起時，其能量累積得越多，自然會
顯示得更明亮，而當許多不同顏色的光加在一起時，由於不同波長之組合關係，
當顏色足夠形成互補時，則可能形成白光。另一方面，因為物質通常是具有吸
光性（如色料），當許多物質加在一起時，其所吸收的能量自然越多，自然會
顯示得更黑暗，而當許多不同顏色的物質加在一起時，由於不同波長之吸收的
組合關係，當顏色足夠形成互補時，則可能形成黑色。簡而言之，光色的混合
乃是一種加成性的混合，其愈加愈亮、愈加愈白；反之，物色的混合乃是一種
減衰性的混合，其愈加愈暗、愈加愈黑。

1.3 光的特性及量度（Light characteristics and measurements）

　　光可分為可見光與不可見光等兩種，如前述可見光的波長範圍約為
380~760nm 之間，而此範圍之外的電磁波則可稱為不可見光。因人類眼睛又有
錐狀及柱狀等兩種不同的光敏感細胞，其對於光的感受不儘相同。錐狀光敏感
細胞乃是一種可以感色的光敏感細胞，然其光的敏感度較差，通常在一般較為
明亮的狀況下（>3cd/m^2），才具有感光作用，而人類眼睛對於不同波長的光，
又具有不同的敏感度，而錐狀細胞對於不同波長光的敏感度曲線，則稱為明視
感度曲線（Photopic curve；Chromatic perception at normal state）；至於柱狀光
敏感細胞則是一種不能感色的光敏感細胞，然其光敏感度相當靈敏，通常在
一般較為黑暗的狀況下（< 0.03cd/m^2），亦具有感光作用，而對於不同波長的
光，同樣具有不同的敏感度，而柱狀細胞對於不同波長光的敏感度曲線，則稱

為暗視感度曲線（Scotopic curve; Achromatic perception at low level of illuminance）。而前述明視感度曲線與暗視感度曲線，可以參考圖 1.6 之說明[3]，二者亦可統稱為光度函數（Luminosity function），或稱為視效函數（Vision function），然因人類於照明與顯示等各應用的狀況下，一般均處於較為明亮的環境下，故所謂的光度函數或視效函數，除非有特殊註明，通常係指明視感度曲線而言。

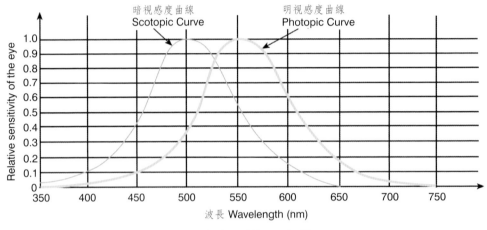

圖 1.6　視感度曲線說明圖[3]。

由圖 1.6 可知，明視感度曲線之最高點位於波長 555nm 之處，意指人類眼睛之錐狀細胞，對於 555nm 波長的綠光，具有最高的敏感度，且 1 瓦特（Watt; W）555nm 波長的綠光等於 683 流明（Lumen, Lm）；另外暗視感度曲線之最高點位於波長 507nm 之處，意指人類眼睛之柱狀細胞，對於 507nm 波長的光，具有最高的敏感度，且 1 瓦特（Watt; W）507nm 波長的光等於 1700 流明（Lumen, Lm）。值得一提的是對於 555nm 波長的光線，不管是應用明視感度或暗視感度，其 1 瓦特（Watt; W）555nm 波長的光，皆等於 683 流明（Lumen, Lm），而上述說明可以參考表 1.2 之內容[4]。

表1.2　視感度數值說明表[4]。

λ (nm)	Phktkpic Luminous Efficiency	Phktkpic lm/W Conversion	Scotopic Luminous Efficiency	Scotopic lm/W Conversion
380	0.000039	0.027	0.000589	1.001
390	.000120	0.082	.002209	3.755
400	.000396	0.270	.009290	15.793
410	.001210	0.826	.034840	59.228
420	.004000	2.732	.096600	164.220
430	.011600	4.923	.199800	339.660
440	.023000	15.709	.328100	557.770
450	.038000	25.954	.455000	773.500
460	.060000	40.980	.567000	963.900
470	.090980	53.139	.676000	1149.200
480	.139020	94.951	.793000	1348.100
490	.208020	142.078	.904000	1536.800
500	.323000	220.609	.982000	1669.400
507	.444310	303.464	1.000000	1700.000
510	.503000	343.549	.997000	1694.900
520	.710000	484.930	.935000	1589.500
530	.862000	588.746	.811000	1378.700
540	.954000	651.582	.650000	1105.000
550	.994950	679.551	.481000	817.700
555	1.000000	683.000	.402000	683.000
560	.995000	679.585	.328800	558.960
570	.952000	650.216	.2076000	352.920
580	.870000	594.210	.121200	206.040
590	.757000	517.031	.065500	111.350
600	.631000	430.973	.033150	56.355
610	.503000	343.549	.015930	27.081
620	.381000	260.223	.007370	12.529
630	.265000	180.995	.003335	5.670
640	.175000	119.525	.001497	2.545
650	.107000	73.081	.000677	1.151
660	.061000	41.663	.000313	0.532
670	.032000	21.856	.000148	0.252
680	.017000	11.611	.000072	0.122
690	.008210	5.607	.000035	.060
700	.004102	2.802	.000018	.030
710	.002091	1.428	.000009	.016
720	.001047	0.715	.000005	.008
730	.000520	0.355	.000003	.004
740	.000249	0.170	.000001	.002
750	.000120	0.082	.000001	.001
760	.000060	0.041		
770	.000030	0.020		

　　由於光是一種輻射的電磁波（Electromagnetic radiation：電磁輻射），也是一種能量，故可應用一般的物理單位來表示與光相關的度量，而此應用系統一般稱為輻射度量學（Radiometry），至於其應用單位則稱為輻射度量學單位（Radiometric units），例如：焦耳（Joule；能量單位）、瓦特（Watt；功率單位）等。另一方面，光度學（Photometry）則是研究人眼感知光強弱的一種度量科學，乃是考慮到人眼對光的敏感度因素，把不同波長的輻射功率用光度函數加權，以表示與光相關的度量，至於其應用單位則稱為光度學單位（Photometric units），例如：塔伯（Talbot；光能單位）、流明（Lumen；光通量單位）等。

　　總而言之，輻射度量學乃是以光源為主體的光度量科學，其度量單位可應用於可見光，與紫外線及紅外線等不可見光，而光度學則是以人眼為主體的光度量科學，乃是考慮到人眼對光的敏感度因素，應用光度函數進行加權以表示光對於人眼感受的度量，其度量單位通常僅應用於可見光。簡而言之，輻射度量學與光度學單位於應用時之選擇原則為：紫外線及紅外線等不可見光通常選擇應用輻射度量學單位，因為不可見光之光度函數加權值為零，故應用光度學單位並無意義；另一方面，可見光部份則須視應用需求而定，通常於照明（Lighting）或顯示（Display）等以人眼為主體的應用，應選擇應用光度學單位較有意義，而其他非以人眼為主體的應用，例如：光化學（Photo-chemistry）、光治療（Photo-therapy）等方面的應用，則是使用輻射度量學單位較為適當，可以參考圖 1.7 之內容說明。

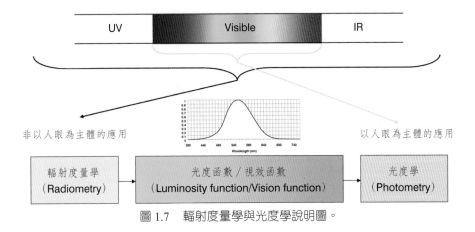

圖 1.7　輻射度量學與光度學說明圖。

　　首先於輻射度量學（Radiometry）方面，由於光乃是一種能量（Energy），而光能則與光子（Photon）的數目及波長（Wavelength）有關。單一光子的能量，通常是遵循普朗克方程式（Planck's equation），如下式所示：

$$Q = h\nu = hc / \lambda \qquad （1\text{-}1）$$

其中：Q 為能量（Joule；J；焦耳）、ν 為頻率（Hertz；Hz；sec^{-1}；s^{-1}；赫茲）、λ 為波長（Meter；m；公尺），c 為光速（Speed of light），其值約為 2.998×10^{8} ms^{-1}，而 h 則是普朗克常數（Planck's constant），其值為 6.623×10^{-34} Js。事實上，透過物理單位的改變及轉換，上述方程式亦可寫為：

$$Q(e.V.) = 1240 / \lambda \text{ (nm)} \qquad （1\text{-}2）$$

其中：Q 的能量單位改成電子伏特（e.V.），而 1 e.V. = 1.602176×10^{-19} joule，另外波長的單位則改成為奈米（Nanometer；nm），而 1nm = 1.0×10^{-9} m，經由上述單位的轉換，常數值則成為 1240。

　　至於所謂的功率（Power），乃是每單位時間的能量，如下式所示：

$$\Phi = dQ/dt \qquad （1\text{-}3）$$

其中：Φ 為功率（Watt；W；瓦特）、Q 為能量（Joule；J；焦耳）、t 為時間（Second；sec；s；秒）。而對於光源而言，Φ 可稱為光通量或輻射通量（Radiant flux；Radiant Power），亦即是光源每單位時間所釋出的輻射能量。

　　而所謂的輻射強度（Radiant intensity），亦即是光源每單位立體角（Steradian；sr）所釋出的輻射功，如下式所示：

$$I = d\Phi/d\omega \tag{1-4}$$

其中：I 為輻射強度（Watt/sr；W/sr）、Φ 為功率（Watt；W；瓦特）、ω 為立體角（Solid angle；Steradian；sr）。於球體座標系統當中，立體角 (ω) 的計算方法為將面積 (A) 除以半徑 (r) 的平方值，由於一個球體的總表面積為 $4\pi r^2$，是故其總立體角為 4π sr，可以參考圖 1.8 之內容說明 [4]。

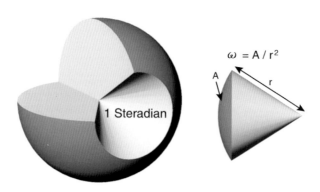

圖 1.8　立體角說明圖 [4]。

　　輻射通量密度（Radiant flux density; Radiant Power density），亦即是光源每單位面積所釋出或接受的輻射能量。其中，輻射出射度（Radiant exitance; Radiant emittance）則是每單位面積從表面輻射出的功率，如下式所示：

$$M = d\Phi/dA \tag{1-5}$$

其中：M 為輻射出射度（Watt/m^{-2}；W/m^{-2}）、Φ 為功率（Watt；W；瓦特）、A 為面積（Area；

m²)。另一方面，輻照度（Irradiance）是每單位面積電磁輻射入射於表面的功率：

$$E = d\Phi/dA \qquad (1\text{-}6)$$

其中：E 為輻照度（Watt/m^{-2}；W/m^{-2}）、Φ 為功率（Watt；W；瓦特）、A 為面積（Area；m²）。輻射出射度與輻照度之意義，可以參考圖 1.9 之內容說明[4]。

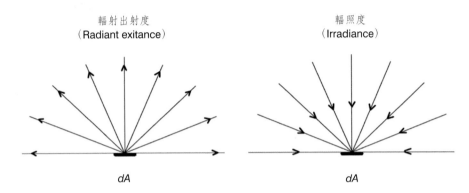

圖 1.9　輻射出射度（Radiant exitance）與輻照度（Irradiance）之意義說明圖。

輻射率（Radiance）是光源以輻射的形式釋放能量或物件表面接受輻射能量的強弱程度，其定義為每單位立體角每單位垂直面積的輻射通量，如下式所示：

$$L = d^2\Phi/(dA\cos\theta \; d\omega) \qquad (1\text{-}7)$$

其中：L 為輻射率（Watt/m^{-2}/sr；W/m^{-2}/sr）、Φ 為功率（Watt；W；瓦特）、A 為面積（Area；m²），θ 為光線與表面法線的夾角（Angle），ω 為立體角（Solid angle；Steradian；sr）。輻射出射度與輻照度之意義，可以參考圖 1.10 之內容說明[4]。

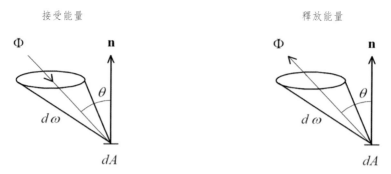

圖 1.10　輻射率（Radiance）釋放能量或接受能量之意義說明圖。

　　必須特別說明的是：不同波長的光具有相異的能量等物理值，是故又有所謂的光譜輻射度量值（Spectral radiant term：$S_\lambda = dS/d\lambda$；$S = Q$、Φ、I、M、E、L etc.），亦即是每單位波長的輻射度量值，如下列各式所示：

$$\text{Spectral radiant energy } (Q_\lambda)：Q_\lambda = dQ/d\lambda \qquad （1\text{-}8）$$

$$\text{Spectral radiant flux } (\Phi_\lambda)：\Phi_\lambda = d\Phi/d\lambda \qquad （1\text{-}9）$$

$$\text{Spectral radiant intensity } (\Phi_\lambda)：I_\lambda = dI/d\lambda \qquad （1\text{-}10）$$

$$\text{Spectral radiant exitance } (M_\lambda)：M_\lambda = dM/d\lambda \qquad （1\text{-}11）$$

$$\text{Spectral irradiance } (E_\lambda)：E_\lambda = dE/d\lambda \qquad （1\text{-}12）$$

$$\text{Spectral radiance } (L_\lambda)：L_\lambda = dL/d\lambda \qquad （1\text{-}13）$$

　　另依據圖 1.7 之說明，吾人可知輻射度量學與光度學單位的轉換，乃是根據光度函數或視效函數（Luminosity function/Vision function：$V(\lambda)$）來進行，如下列式所示：

$$S_v = K_m \int_0^\infty S_\lambda V(\lambda)d\lambda = 683 \int_0^\infty S_\lambda V(\lambda)d\lambda \qquad （1\text{-}14）$$

其中，S_v 為各種光度學（Photometry）方面的物理量，包含：光能（Q_v; Luminous energy）、光通量（Φ_v; Luminous flux）、發光強度（I_v; Luminous intensity）、光發射度（M_v;

Luminous emittance）、照度（E_λ; Illuminance）、亮度 / 輝度（L_v; Luminance）等。另外，K_m 為常數值 683，亦即是視感度的最高值，也就是 555nm 綠光之視效函數值 683lm/W，可以參考表 1.2 之內容說明。

至於輻射度量學（Radiometry）與光度學（Photometry）方面物理量的對照及比較，則可以參考表 1.3 之內容。

表1.3 輻射度量學（Radiometry）與光度學（Photometry）物理量的對照說明表。

類別	輻射度量學（Radiometry）			光度學（Photometry）		
	物理量	符號	單位	物理量	符號	單位
Energy	Radiant Energy 輻射能量	Q	J (Joule) 焦耳	Luminous Energy 光能	Q_v	talbot 塔伯
Power	Radiant Power or Flux 輻射通量	Φ	W (Watt) 瓦特	Luminous Flux 光通量	Φ_v	lm (lumen) 流明
Intensity	Radiant Intensity 輻射強度	I	$W\ sr^{-1}$ 瓦特每立體角	Luminous Intensity 發光強度	I_v	cd (candela) 燭光
Power density	Radiant Exitance or Emittance 輻射出射度	M	$W\ m^{-2}$ 瓦特每平方米	Luminous Exitance or Emittance 光發射度	M_v	$lm\ m^{-2}$ or lx (lux) 勒克斯
	Irradiance 輻射照度	E	$W\ m^{-2}$ 瓦特每平方米	Illuminance 照度	E_v	lx (lux) 勒克斯
Brightness	Radiance 輻射率	L	$W\ sr^{-1}\ m^{-2}$ 瓦特每立體角每平方米	Luminance 亮度 / 輝度	L_v	$cd\ m^{-2}$ (nit) 尼特

1.4 色的特性及量度（Color characteristics and measurements）

　　一般人都瞭解眼睛是主司視覺功能的器官，具有接受各種光線的作用，其功用與照像機以及底片或感光元件類似，眼睛的表面有角膜，裡面有水晶體，水晶體的功用等於是鏡片；水晶體的前面有被稱為「虹彩」的組織，功用為負責調節光亮及眼瞼之開閉；最內層有神經組織即網膜，負責之任務相當於膠卷，當光線進入眼睛後，在網膜上感光，這種刺激由視神經傳至左右大腦的視覺中樞，然後在視覺中樞引起視神經興奮之中和作用，因此曾感覺到物體的顏色，可以參考圖 1.2 之人類眼睛說明圖。

　　根據上述，我們可以瞭解色彩就是光線刺激眼睛所產生的視覺現象，但僅有這種說明並不能使人明瞭為什麼會感覺到色彩。如前所述，在人的視覺系統構造中，有三種不同的刺激中心，亦即是三種對不同波長範圍之光有所反應的不同錐狀細胞，能分別感受紅、綠、藍等三種光量，再送至大腦組合成顏色之感覺。

　　然為了將色彩數據化，國際照明委員會（CIE; International Commission on Illumination; abbreviated CIE from the French name Commission International de l'Eclairage），經過無數的實驗與統計，訂定了一些色度座標系統 [5]，其可謂是目前最科學化的顏色系統，而對於顏色的定量方面也是最理想的表示方式。

　　若以 CIE 1931 色度座標系統為例，其乃先定義三原色配色函數（Color matching functions：x*、y*、z*）如圖 1.11 所示：

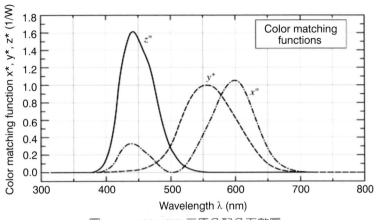

圖 1.11　1931 CIE 三原色配色函數圖。

　　另外，根據光源的光譜（Spectral power distribution of the illuminant; S）、物體的反射率（Spectral refectance factor of the object; R）與前述之三原色配色函數，則可以計算出所謂的三刺激值（Tristimulus values），其分別為：

$$X = k \int S(\lambda)R(\lambda)x^*(\lambda)d\lambda \qquad (1\text{-}15)$$

$$Y = k \int S(\lambda)R(\lambda)y^*(\lambda)d\lambda \qquad (1\text{-}16)$$

$$Z = k \int S(\lambda)R(\lambda)z^*(\lambda)d\lambda \qquad (1\text{-}17)$$

其中 k 為常數，定義為：$k = 100/ k \int S(\lambda)y^*(\lambda)d\lambda$　　　　　　　　（1-18）

　　k 值定義之目的為使一完全反射物體（perfectly reflecting diffuser）的 Y 值恰為 100。另外，特別值得一提的是：y* 配色函數乃故意選擇與人類眼睛敏感度函數曲線一致，故又稱為亮度效率函數（Luminous efficient function），基此所計算出來的 Y 刺激值即可代表輝度（Luminance；or Brightness）。如果 X、Y、Z 三刺激值再進行更進一步的標準化（Normalization），亦即：

$$x = X/(X + Y + Z) \qquad (1\text{-}19)$$

$$y = Y/(X + Y + Z) \qquad (1\text{-}20)$$

$$z = Z/(X + Y + Z) \qquad (1\text{-}21)$$

其中：
$$x + y + z = 1 \qquad （1\text{-}22）$$

如此，便可以選擇 x、y、z 中之任何二變數作二維座標圖，以 x、y 所形成的座標圖即是所謂的 1931 CIE 色度座標圖，如圖 1.12 所示。一般認為要要完整描述顏色特性，必須具備三個變數，例如以 X、Y、Z 三刺激值則可以描述顏色。而 1931 CIE 色度座標圖雖為 x、y 之二維座標系統，因 $z = 1 - x - y$，故其亦可完整描述顏色特性。然如前述 Y 刺激值即可代表輝度（Luminance/Brightness），在實際應用上比 z 更具有物理意義，故許多量測上常以 x、y、$Y(Y_{x,y})$ 或 x、y、$L（L_{x,y}）$ 來描述顏色[註]。

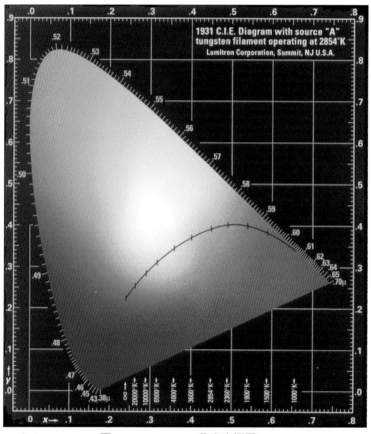

圖 1.12　1931 CIE 色度座標圖。

【註】：Y 刺激值即代表輝度 L 值。

其實，1931 CIE $L_{x, y}$ 是一種不均勻（Nonuniform）的色度座標系統，具有綠色區域過大的缺點，故目前已有多種改進的 CIE 色度座標系統，如：1960 CIE $L_{u,v}$、1976 CIE L_{u^*,v^*}、1976 CIE L_{a^*,b^*} 等色度座標系統，然因 1931 CIE $L_{x, y}$ 色度座標系統沿用已久，似乎仍是目前大家慣用的主要色度座標系統。

而在 1931 CIE 二維座標系統中，由 x 、y 之座標位置可以判斷顏色的色相與飽和度，而 Y 或 L 值即代表輝度，亦即 $Y_{x, y}$ 或 $L_{x, y}$ 已完全涵蓋所謂的色彩三要素。前述色相、飽和度與輝度等色彩三要素又稱為色彩的三屬性，可以參考圖 1.13 之說明，其中：「色相（Hue）」又稱為色調，乃是指色彩的相貌，或是區別色彩的名稱，為色彩的種類，而色相與色彩明暗無關，譬如說蘋果是紅色的，這紅色便是一種色相，如紅、橙、黃、綠、藍、靛、紫等，色相的種類很多，普通色彩專業人士可辨認出三百至四百種，但假如要仔細分析，可有一千萬種之多；「飽和度 / 彩度 / 色純度（Saturation/Chroma/Color purity）」則是指色彩的飽和程度，也就是當純色與黑、白、灰或其他色彩混合以後，彩度就會降低，如此說來粉紅色、粉藍色、粉綠等色，便是低彩度（低飽和度）的顏色，而紅、藍、綠等純色則屬於高彩度（高飽和度）的顏色；「輝度 / 明度（Brightness/Lightness/Value）」是指色彩的明暗程度，光度的高低，要看其接近白色或灰色的程度而定，越接近白色明度越高，越接近灰色或黑色，其明度越低，譬如紅色有明亮的紅或深暗的紅、藍色有淺藍或深藍，無彩色明度的最高與最低，分別是白色與黑色，有彩色中，綠黃色明度最高，紫色明度最低。

色相
（Hue）

飽和度 / 彩色 / 色純度
（Saturation/Chroma/Color purity）

輝度 / 明度
（Brightness/Lightness/Value）

圖 1.13　色彩三屬性說明圖。

　　事實上，於 1931 CIE 二維座標系統中，如圖 1.14 所示，在此類似馬蹄形的彩色範圍內，即是表示人類眼睛所能看到的所有色彩，基於人眼對於色彩的視覺現象，乃是因為具有三種不同錐狀細胞，而對不同波長範圍之光有所反應。是故，基本上至少需利用三項變數，始能精確地描述顏色，如前述之 1931 CIE $L_{x,y}$ 色度座標系統中，即是應用 L、x、y 等三變數來描述顏色，其中 L（或 Y）即為「輝度／明度（Luminance/Brightness/Value）」，並未表現在 CIE 二維座標系統當中，而「色相（Hue）」及「飽和度／彩度／色純度（Saturation/Chroma/Color purity）」則與 x、y 高度相關，並可由 CIE 二維座標系統當中來判斷或計算，可參考圖 1.14 之說明。

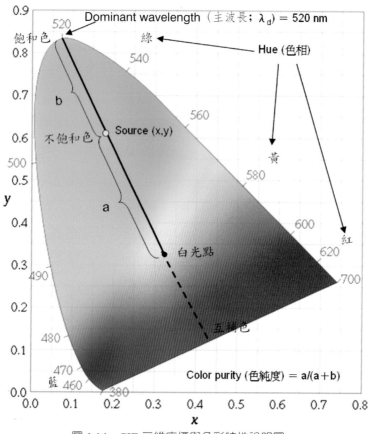

圖 1.14　CIE 二維座標與色彩特性說明圖。

　　圖 1.14 之馬蹄形彩色範圍之曲線部份所標示之 380~700 等之數字，乃代表波長，其單位為奈米（nm; Nanometer），而不同波長之光線則具有不同的顏色，如：紅、橙、黃、綠、藍、靛、紫等，此即為色相（Hue）。其中，位於馬蹄形彩色範圍之上方曲線部份的顏色稱為光譜色（Spectral colors），其乃是人眼感受到具有特定波長之單波峰光譜的電磁波所產生的顏色，如前述之紅、橙、黃、綠、藍、靛、紫等顏色；另外在馬蹄形彩色範圍之下方直線部份的顏色稱為非光譜色（Non-spectral colors），其乃是人眼感受到具有多波峰組合光譜的電磁波所產生的顏色，如前述之洋紅（Magenta）色或黑、白、灰等無彩色，以及各種不飽和色等。

　　假設我們於 1931 CIE 二維座標系統中選擇一參考白光點，則對於具有(x,y)色度座標之顏色，如圖 1.14 之 source(x,y) 所示，而透過白光點與 source(x,y)點之聯結線，則可以瞭解很多 source(x,y) 之顏色特性。譬如：將白光點與 source(x,y) 點之聯結線延長至與馬蹄形彩色範圍之上方曲線的交點，吾人可知 source(x,y) 之顏色的色相（Hue）為綠色，而其主波長（Dominant wavelength：λ_d）約為 520nm 左右。相反地，若將白光點與 source(x,y) 點之聯結線反方向延長至與馬蹄形彩色範圍之下方直線的交點，吾人可知綠色之互補色（Complementary color）為洋紅色，其乃因 520nm 綠色光加上此洋紅色光能形成白光之故。

　　另外，在馬蹄形彩色範圍之周邊上（即最外圍）的顏色稱為飽和色（Saturated colors），而在馬蹄形彩色範圍之內部區域的顏色稱為不飽和色（Unsaturated colors），其中色純度（purity）即是顏色飽和的指標，如於圖 1.14 中，假設 source(x,y) 點與白光點的距離為 a，source(x,y) 點與 520nm 飽和綠色點的距離為 b，則 source(x,y) 點之色純度的計算方式如下：

$$\text{Color purity（色純度）} = a/(a+b) \tag{1-23}$$

亦即 520nm 飽和綠光的色純度為 100%，而白光點的色純度則為 0%。

1.5 照明與顯示的光色特性（Characteristics of light colors in lighting and display）

　　光源（Light sources）在不同的應用上，是具有不同的應用需求條件，以光源在照明方面的應用而言，光源所發出的光線乃是經由被照物體的光吸收及光反射步驟，再間接的投射入人類的眼睛，在光色特性上著重於演色性（Color rendition）與色溫（Color temperature）之特性需求；至於光源在顯示方面的應用，其發出的光線則是直接的投射入人類的眼睛，則注重於色純度與色域／色彩飽和度等特性需求；另光源在背光方面的應用，因光源發出的光線則是經由彩色濾光膜（Color filter）的過濾後，再投射入人類的眼睛，故亦較注重於透過彩色濾光膜之光色純度（Color purity）與色域（Color gamut）／色彩飽和度（Color saturation）等特性需求。是故，光源在照明（Lighting/Illumination）、背光（Backlight）及顯示（Display）上的應用，就光學原理及人類視覺的機制而言，其所需求的特性條件各有不同，可以參考表 1.4 之詳細說明。

表1.4　光源在不同應用的需求條件說明表。

Differentiation of Light-Sources Application		
Illumination	Backlight	Display
Light Source + Object	Light Source + Color Filter	Light Source
Absorption Reflectance	Absorption Transmission	Direct View
Color Rendering Color Temperature	Color Purity (Saturation) Color Gamut	Color Purity (Saturation) Color Gamut
· Contiuuous specrrum visible is better. · Broadband emissious usually preferred.	· Low absorption by color filter is better. · Trichrouatic narrowbant emission is preferred.	· Good color purity to obtain wider color gainut is esseitual. · Trichromatic harrowband emission is preferred.

至於色溫、演色性之指彪演色係數與色域／色彩飽和度等項重要特性，分別詳細說明如下：

1.5.1 色溫（Color temperature; K）

色溫之定義乃是依據黑體（Blackbody；例如鐵）加熱，當溫度昇高至某一程度以上時，其發光顏色會開始由深紅色（如 800K），經由溫度的升高逐漸改變為淺紅、橙黃、白、藍白、藍（如 60,000K）等各種光色，倘若以色度座標系統（如 CIE 1931）來觀察，其光色之色度座標變化會呈現出曲線的軌跡，而此色溫曲線一般稱為蒲朗克曲線（Plankian locus; Black body locus; BBL），可以參考圖 1.15 之說明。

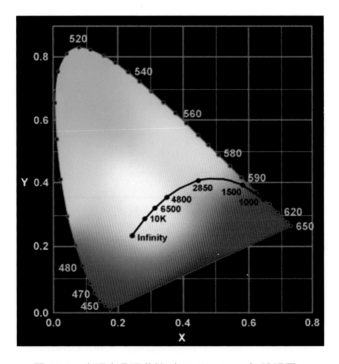

圖 1.15　光源之色溫曲線（Plankian locus）說明圖。

利用這種光色隨溫度變化的特性，當比較測試光源的光色與黑體在與某

特定溫度的光色相同時，而將黑體當時的絕對溫度稱為該測試光源之色溫，並以絕對溫度 K（Kelvin）來表示。嚴格而言，色溫係指光源落在蒲朗克曲線上之色度座標的對應溫度，而對於不在蒲朗克曲線上之色度座標者，則通常選擇蒲朗克曲線上之最接近的色溫來代表，此稱為關聯色溫（Correlated color temperature; CCT），一般可以相關的 iso-CCT lines（與蒲朗克曲線相交之各線段）來輔助判定，亦可以參考圖 1.16 之說明 [6]。然在實際應用上，作為照明光源之色度座標，都被要求必需非常接近蒲朗克曲線，否則人類眼睛則會呈現不舒服的感覺。

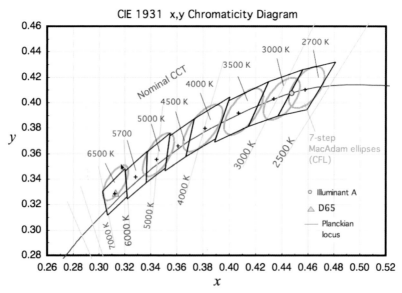

圖 1.16　固態光源燈具設備之標準色溫及色溫區塊說明圖 [6]。

　　一般而言，色溫度在 3000K 以下時，光色有偏紅的現象，給人是一種溫暖的感覺，可稱為暖色系（Warm colors）；而色溫度超過 5000K 時顏色則偏向藍光，給人是一種清冷的感覺，可稱為冷色系（Cool colors）。曾有報導指出通常亞熱帶地區的人較喜歡清冷 4000K 以上的色溫感覺，而寒帶地區的人則較喜歡 4000K 以下的色溫環境；亦有文獻 [7] 指出一般美國家庭主要使用 2800K 至 3000K 的暖色系白光光源，至於於日本則主要使用 5000K 的白光光源，甚至

有其他國家使用 7500K 的冷色系白光光源。另外,在不同的應用場所,人類應用照明光源亦存在著不同的偏好,例如:美國人在一般辦公室則頗多喜歡使用 4200K 的白光照明光源,其與家庭常用之低於 3000K 者有所不同。

以目前美國能源之星的規範而言,針對所有固態光源之燈具設備(All luminaries),其乃是將 2500K 之 7000K 的色溫範圍,在色度座標系統(如 CIE 1931)內沿著蒲朗克曲線,而區分成 2700K、3000K、3500K、4000K、4500K、5000K、5700K 與 6500K 等八項標準色溫(Nominal CCT)之八個四邊形區塊(Quadrangles)如圖 3 所示,另對於每一個四邊形區塊頂點的座標亦有明確的定義,亦即如白光 LED 等固態光源之色度座標,皆需落在這八個四邊形區塊內,其與傳統螢光燈管所制定的 2700K、3000K、3500K、4100K、5000K 與 6500K 等六個橢圓形區塊(MacAdam color ellipses)的規範略有不同。而現今美國能源之星對於各種不同應用之燈具設備的色溫,具有不同的容許規範,戶外使用之白光 LED 等固態光源的色溫,目前並未明文限制,至於室內所使用的白光 LED 等固態光源之色溫,根據不同應用則有明確的規範,約介於 2700K 至 5000K 的範圍之內。

1.5.2 演色係數(Color rendering index; CRI)

演色性(Color rendition)是照明光源能展現物體顏色之忠實程度的一種能力特性,演色性高的光源對物體顏色的表現較為逼真,被照明物體在人類眼睛所呈現的物體顏色也比較接近其自然的原色。演色性通常以演色係數(Color rendering index; CRI)作為指標,其測量標準是將標準參考光源照射物體所呈現之顏色定義為 100(即 100% 真實色彩),另外則以測試光源照射物體所呈現之顏色的真實程度的百分比數值(如 75:即 75% 真實色彩),作為此測試光源的演色係數。其中標準參考光源的選擇與色溫有關,在色溫小於 5000K(CCT < 5000K)時,通常選擇黑體輻射光源(Black body radiator;如熱熾燈),而於色溫高於 5000K(CCT ≧ 5000K)時,則選擇 D65(Illuminant D65;色溫

6504K）作為標準光源。

　　演色係數的測量及計算，乃是利用十四種標準顏色之色票（14 selected Munsell samples；Pastel colors；如表 1.5 所示）求出該測試光源演色係數值，而對於每一種標準顏色之演色係數的計算式為：

$$R_i = 100 - 4.6 \triangle E_i \ (i =1, ..., 14)$$　　　　　　（1-24）

其中 $\triangle E_i$ 為針對每一種標準顏色，比較該測試光源與標準參考光源的色差值（Color difference），其乃根據 CIE 1964 色度座標系統之 CIE（u*,v*,w*）值計算，如下式所示：

$$\triangle E_i = [(\triangle u^*)^2 + (\triangle v^*)^2 + (\triangle w^*)^2]^{0.5}$$　　　　　　（1-25）

前述根據每一種標準顏色所計算所獲得的 R_i 值稱為特殊演色係數（Special color rendering Index）。實質上，上述十四種標準顏色之中的前八種顏色，乃屬於一些不飽和顏色的組合，而後六種顏色則屬於色純度較高之紅／黃／綠／藍（R/Y/G/B）的飽和色，以及較為重要的人體膚色與樹葉綠色的組合。然在演色性指標的實際應用上，一般僅選擇十四種標準顏色之前八種顏色的特殊演色係數值，而進行計算求其平均值如下：

$$R_a = \sum R_{i \ (i=1\sim8)} /8$$　　　　　　（1-26）

式中 R_a 值即為所謂之平均演色係數或通用演色係數（General color rendering index）。至於上述十四種標準顏色之後六種顏色的演色係數，通常於某些特殊應用中始會受到重視，例如在一些與顏色相關的品管作業燈或展示燈應用上，會特別注重某些特定光色的演色性，另外在某些醫療的應用上 [8-9]，則可能會比較注重在 R9（飽和紅色）或 R13（人體膚色）的演色性。

表1.5　演色係數測量所利用之十四種標準顏色說明表。

Name	Appr. Munsell	Appearance under daylight	Colors	Ri
TCS01	7,5 R 6/4	Light greyish red		R1
TCS02	5 Y 6/4	Dark greyish yellow		R2
TCS03	5 GY 6/8	Strong yellow green		R3
TCS04	2,5 G 6/6	Moderate yellowish green		R4
TCS05	10 BG 6/4	Light bluish green		R5
TCS06	5 PB 6/8	Light blue		R6
TCS07	2,5 P 6/8	Light violet		R7
TCS08	10 P 6/8	Light reddish purple		R8
TCS09	4,5 R 4/13	Strong red		R9
TCS10	5 Y 8/10	Strong yellow		R10
TCS11	4,5 G 5/8	Strong green		R11
TCS12	3 PB 3/11	Strong blue		R12
TCS13	5 YR 8/4	Light yellowish pink (skin)		R13
TCS14	5 GY 4/4	Moderate olive green (leaf)		R14

　　值得一提是演色性的測定通常必需在同色溫之下比較始具有意義，儘管根據測量及計算，各 Ri 值可能會有負值的現象（如 R9）產生[10]，然其數值之最大值卻不超過 100，演色係數愈大則照明物體所呈現之顏色會愈接近原色。另一方面，有些研究發現光源的演色特性與人類對光色的喜好，並未存在一定的關聯性[11]，然而演色特性優良的光源，經常會有發光效能（Lm/W）較低的現象。而美國能源之星目前有關演色性的規定為對室內使用的所有固態光源燈

具設備（All luminaries）之演色係數不得小於 75^{【註】}，其亦可參考表一之內容說明，至於美國 OIDA Technology Roadmap Update 2002[2] 所敘述白光 LED 於 2020 年之演色性為演色係數 > 80。

1.5.3 色域／色彩飽和度（Color gamut/Color saturation）

　　色域係指彩色顯示器等所能顯示顏色多寡（即如顯示器在 CIE 色度座標系統上所能顯示的顏色範圍或領域）的一種特性指標，實用上亦有稱為色彩飽和度。相對於演色性之於照明光源的重要性，色域特性則是顯示器展現其色彩能力的重要指標。實質上，單一白色光源是無法討論其色域性質，因其單獨本身並不具有色域之這項特性指標。然而，當白色光源應用作為如 TFT-LCD 等顯示器之背光源時，經由彩色濾光膜後會分解成紅／綠／藍（R/G/B）等三原色（3 primary colors），各畫素（Pixel）再透過這三原色的光量控制而可以展現各種色彩，而其所應用之白色背光源的特性，則會影響此顯示器之色彩展現能力。

　　彩色顯示器的色域特性，通常與紅／綠／藍等三原色光之主波長（Dominant wavelength）及其色純度（Color purity）息息相關（亦即與三原色光之色度座標位置相關），在適當的主波長狀況下，高色純度的三原色光可以獲得較寬廣的色域。由於當顯示器以白色光源作為背光源時，其紅／綠／藍之三原色的主波長及色純度等光色特性則與白色光源本身之光譜有關。

　　目前針對顯示器的色域特性，常以 NTSC（National Television System Committee）所制定的色域範圍作為比較標準，而 NTSC 所制定之三原色的 CIE 1931 色度座標 (x,y) 值分別為：R(0.674,0.326)、G(0.218,0.712)、B(0.140,0.080)，以早期液晶顯示器常用的冷陰極管（Cold cathode fluorescent lamp; CCFL）背光源而言，其所能展現色彩的能力僅為 NTSC 之 72% 左右，故目前許多廠家均應用 LED 作為液晶顯示器的背光源，並號稱其顯色能力可以超過 100% 的 NTSC 範圍，相關比較可參考圖 1.17[12] 之內容說明。

【註】：原文為 CRI，判斷應是指 R_a 值。

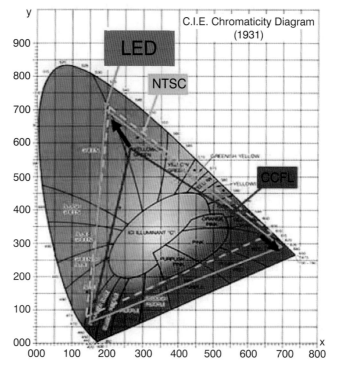

圖 1.17　顯示器之不同背光源之色域特性比較說明圖 [12]。

1.6 習題（Exercises）

1.　電磁波（Electromagnetic wave）倘若根據能量大小（即波長由小至大的順序），依序可分為那幾種類別？

2.　可見光（Visible light）的波長範圍為何？另外常見之藍（Blue）／綠（Green）／紅（Red）三色光的波長範圍分別為何？

3.　人類眼睛的光敏感的細胞有那幾種類別？其功能特性有何不同？

4.　請簡要說明光色（Color of light）與物色（Color of object）的差異。並請分別說明光色與物色的三原色（Three primary colors）。

5.　人類眼睛之明視感度（Photopic; Chromatic perception）與暗視感度（Scotopic; Achromatic perception）分別對於那些波長的光線具有最高的敏感度？

6. 請簡要說明輻射度量學（Radiometry）與光度學（Photometry）的意義及差異性。

7. 何謂色彩的三屬性（色彩三要素）？請分別簡要說明。

8. 何謂色溫（Color temperature; K）？並請利用色溫來說明暖色系（Warm colors）與冷色系（Cool colors）的差別。

9. 何謂演色性（Color rendition）？何謂演色係數（Color rendering index; CRI）？而於演色係數之測量時，其所應用的標準參考光源為何？

10. 何謂色域／色彩飽和度（Color gamut/Color saturation）？而影響色域之重要的光色特性為何？其重要的參考比較標準為何？

1.7 參考資料（References）

[1] ISO 21348:2007(E), "Space environment (natural and artificial) - Process for determining solar irradiances", International Standard (2007)

[2] J.Y. Tsao, "Light Emitting Diodes (LEDs) for General Illumination - An OIDA Technology Roadmap Update 2002", (2002)

[3] "The Language of Light", Minolta

[4] A. Ryer, "Light Measurement Handbook", International Light Inc. (1998)

[5] Kirk-Othmer, "Color", Vol. 7, pp. 303-341, "Encyclopedia of Chemical Technology" (2001)

[6] ENERGY STAR(r) Program Requirements for Solid State Lighting Luminaires, Eligibility Criteria-Version 1.1 (2008)

[7] Y. Ohno, Proc. of SPIE Vol. 5530, 88-98 (2004)

[8] T. Taguchi et al., phys. stat. sol. (a) 201, No. 12, 2730-2735 (2004)

[9] J.-I. Shimada et al., Proc. of SPIE Vol. 6910, 69100T-1-69100T-9 (2008)

[10] M. Thompson et al., Proc. of SPIE Vol. 6669, 66690Y1-66690Y12 (2007)

[11] N. Narendran et al., Proc. of SPIE Vol. 4776, 61-67 (2002)

[12] J.Y. Ko, "Development of New Light Sources for Backlight Units of Large-size Liquid Crystal Display", presentation material (2005)

第二章

螢光材料簡介

Introduction of Phosphors

作者　姚中業

2.1 物質發光現象（Light emission of materials）

　　物質發光的形式可分為兩類：第一類為熱發光（Incandescence），乃是物質處於一定高溫時所釋放出來的光，其通常與整個原子的振動有關[1]，為屬於熱平衡狀態之下的光輻射現象，而當溫度越高時，其放射光譜具有藍位移的現象，如圖 2.1 所示：

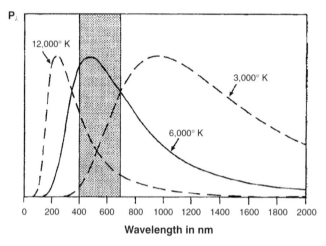

圖 2.1　熱發光（Incandescence）與溫度效應說明圖。

至於第二類則為冷發光（Luminescence），乃是物質把從外界吸收的各種形式的能量，轉換成非平衡的光輻射現象，一般是物質在外界某種作用的激發下，而電子偏離原來的平衡狀態，如果再回復到原來的平衡狀態的過程中，其多餘的能量以光輻射的形式釋放出來，如圖 2.2 所示。

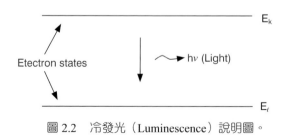

圖 2.2　冷發光（Luminescence）說明圖。

　　一般而言，物質在一定溫度下皆具有平衡的熱輻射（Thermal radiation；即熱發光），而冷發光則是物質受到外界激發，所釋放出超出平衡熱輻射之外的輻射光。以接近室溫而言，物質的熱輻射因微乎其微而並不明顯，故其發光現象通常為冷發光機制所主宰。

　　事實上，冷發光（Luminescence）又可分為螢光（Fluorescence）與磷光（Phosphorescence）等兩種型態，其中螢光現象乃是外界激發源停止激發後，光輻射很快就會停止的冷發光，而磷光現象則是外界激發源停止激發後，光輻射會持續一段時間的冷發光，一般以持續時間 10^{-8} 秒為分界點，光輻射持續時間短於 10^{-8} 秒者稱為螢光，而光輻射持續時間長於 10^{-8} 秒者稱為磷光。通常，螢光與磷光之光輻射的差異點，乃在於其冷發光機制中，若電子遷移（Electron transition）為選擇律（Selection rules）所允許者（Allowed）稱為螢光，其放光較快且輻射持續時間較短；倘若電子遷移為選擇律所禁止者（Forbidden）稱為磷光，其放光較慢且輻射持續時間較長。另外，尚有一種外界激發源停止激發後，光輻射會持續一段很長時間的冷發光，稱為長餘輝（Afterglow），其光輻射持續時間通常大於 10 秒，甚至可以長到數小時，可以參考圖 2.3 之內容說明。其中，長餘輝發光現象通常因材料當中具有電子的捕捉中心（Trap）所致，導致電子會在捕捉中心內停留較長時間，使得光輻射持續時間大幅延長，其與磷光之選擇律所禁止的電子遷移機制並不盡然相同。

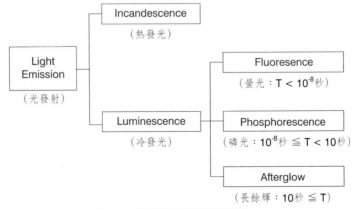

圖 2.3　物質發光類別說明圖。

2.2 螢光材料的類別（Category of luminescent materials）

綜合各項文獻及技術資料歸納，螢光材料大約可分為下述類別：(i) 有機螢光色素（Fluorescent colorants）；(ii) 高分子螢光材料（Fluorescent polymers）；(iii) 量子點螢光材料（Quantum-dot phosphors）；(iv) 無機螢光材料（Phosphors），其中 (i) 及 (ii) 屬於有機螢光材料（Organic luminescent materials），而 (iii) 及 (iv) 則屬於無機螢光材料（Inorganic luminescent materials）。

有機螢光色素包含許多類別 [2]，若以化學結構而言涵括：Naphthalene、Anthracene、Phenanthrene、Chrysene、Pyrene、Triphenylene、Perylene、Acenapthene、Fluorene、Biphenyl、p-Terphenyl、o-Diphenylbenzene、m-Diphenylbenzene、p-Quaterphenyl、Naphtalimide、Rhodamine 等，其中較為典型的有機螢光色素，可以參考圖 2.4 之內容說明，而上述之許多有機螢光色素，亦曾被作為發光元件的光轉換材料。例如在有些研究裡，Perylene、Naphtalimide 等類的有機螢光色素，曾被應用作為 LED 的光轉換材料，以改變 LED 的光色或製作白光 LED[3,4]。就有機螢光色素的特質而言，其量子效率一般均

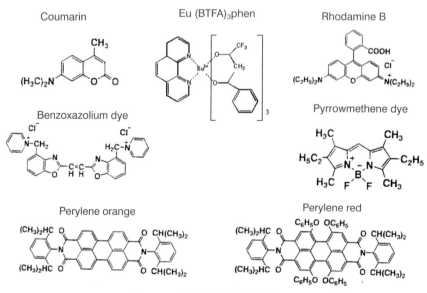

圖 2.4　有機螢光色素說明圖。

相當不錯，然其最大缺點主要在於其安定性及使用壽命的問題，一般有機物質均比無機物質不安定，尤其是在高溫或者是有紫外線存在的狀況下，其安定性更是不佳。另外，有機螢光色素通常經過太多次的激發之後，其壽命就有可能告罄。

共軛高分子（Conjugated polymers）為一相鄰未飽和的 π 電子共軛長鏈組成主鏈的高分子，而此高分子中內的 π 電子雲共軛體系間的鍵結（π-bonding）和反鍵結（π*-antibonding）的能帶差（能隙）大約為 1.0~3.0eV，與一般無機半導體中價帶和傳導帶的能量相近，可謂是一種有機半導體材料。許多研究發現：多數共軛高分子除了具有導電特性之外，亦同時具有螢光特性，這也是許多共軛高分子能作為 Polymer LED（PLED）的主要原因。如前述，因共軛高分子所具有的螢光（Photoluminescence）特性，並且可透過分子設計，以適當取代基來改變光色，使其亦為可行的光轉換材料。文獻上有關共軛高分子在 LED 光轉換的應用範例 [5,6]，主要著重在 PPV（Poly(p-phenylene vinylene) 系列的共軛高分子，包括：MEH-PPV(Poly[2-methoxy-5-(2'-ethylhexyloxy-1,4-phenylene vinylene)]) 、 BuEH-PPV(Poly[2-butyl-5-(2'-ethyl-hexyl)-1,4-phenylene vinyl-

MEH-PPV

PPV

Poly(p-phenylene vinylene)

BuEH-PPV

Poly [2-methoxy-5-(2'-ethylhexyloxy-1,4-phenylene vinylene)]

Poly [2-butyl-5-(2'-ethyl-hexyl)-1,4-phenylene vinylene]

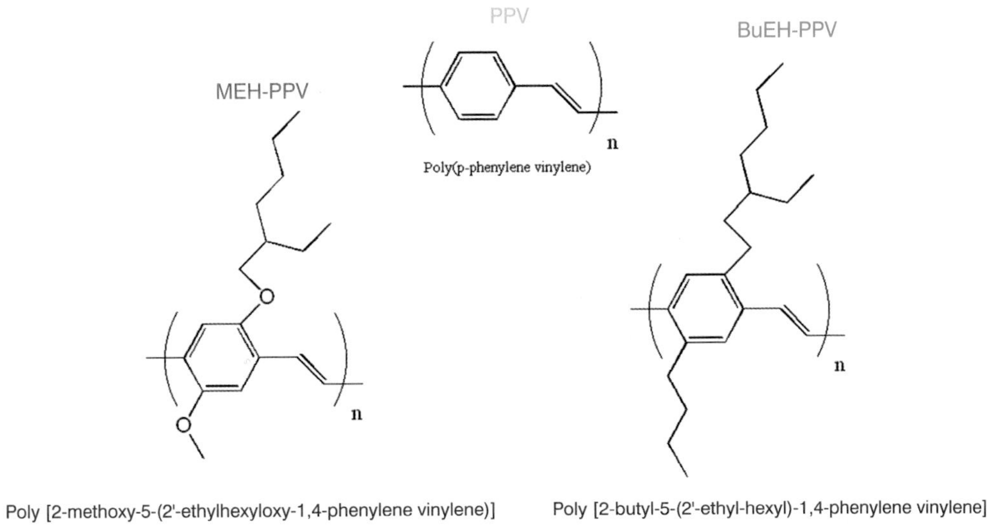

圖 2.5 高分子螢光材料之範例說明圖。

ene])）、OC1C10-PPV(Poly[2-methoxy-5-(3',7'-dimethyl-octyloxy-1,4-phenylene vinylene)])、BCHA-PPV(Poly[2,5-bis(cholestanoxy)-1,4-phenylene vinylene]) 等，可以參考圖 2.5 之範例說明，其量子效率尚稱不錯，然共軛高分子光轉換材料與有機螢光色素一樣，其最大缺點仍在有機物之安定性與使用壽命的問題。

量子點螢光材料（Quantum-dot phosphors），則是近年來才開發出來的螢光材料。近年來「奈米科技」蓬勃發展，迄今已有許多研究 [7] 顯示：當材料尺寸接近或小於其波耳半徑（Bohr radius）時，其電子能階會由連續態轉變成分離態，會產生所謂的「量子侷限效應」（Quantum confinement effect），進而導致其光電特性的明顯改變，而此類具有異於「塊材」（Bulk material）特性之量子侷限效應的奈米尺寸半導體材料，通常稱為「量子點」（Quantum dot）。量子點螢光材料的激發與發光等項特性，除了可由「組成因素」所決定之外，亦可由「尺寸因素」（如圖 2.6 所示）[8] 及其「表面結構」來進行調控，此種特殊的現象著實引起廣泛的研究興趣，也奠定了量子點螢光材料的發展基礎。文獻資料顯示目前量子點螢光材料的相關研究，多集中在 II-VI 族的半導體材料，如：CdS、CdSe、CdTe、PbSe 等，亦已有商業化產品推出，十足顯示其應用及發展的潛力。綜合各方的評估，量子點螢光材料的可能應用包括：光學電晶體（Optical transistors）、光學非線性材料（Non-linear optical materials）、光學轉換開關（Optical switching）、生物探針／標示（Biological probe/Tagging label）、安全／防偵／防偽鑑識（Security taggant/Counter espionage/Anti-counterfeiting），以及應用作為 LED/OLED/EL/LD 等之發光或光轉換材料（Wavelength converting materials）等，其應用範圍相當廣泛。然而 II-VI 族的元素及關聯材料多數具有毒性，如 Cd（Cadmium；鎘）、Pb（Lead；鉛）、Se（Selenium；硒）等為眾所周知的毒性物質（Toxic Materials），其安定性也較差。尤其是 Cd（鎘）及 Pb（鉛）更是歐盟「電子電機設備中危害物質禁用指令」[9]（RoHS; Restriction of the use of certain hazardous substance in electrical and electronic equipment）所明訂之「禁用」或「限用」之物質，是故 CdS、CdSe、CdTe、PbSe 等 II-VI 族量子點螢光材料的應用，在環保意識日漸高漲的現今，的確是受到相當

的質疑與挑戰。是故，如 Si 量子點、InN 量子點等非Ⅱ-Ⅵ族量子點螢光材料
近年來已引起高度的研究興趣，由於量子點螢光材料具有「尺寸效應」的可調
控特性，且其奈米級的粒徑尺度，具有降低「散射損失」（Scattering Loss）與
強化吸收／發光效能的功能，其應用價值與發展潛力，實是無庸置疑。

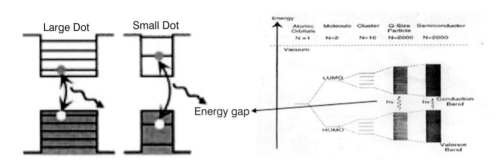

圖 2.6　量子點（Quantum-dot）之尺寸效應說明圖[8]。

　　無機螢光材料（Phosphor）是「照明」與「顯示」裝置的關鍵材料，此
類物質可以將吸收／激發的能量，轉變成光或其他電磁輻射之形式釋出。而
傳統的無機螢光材料之會引起研究興趣，主要乃肇始於螢光燈（Fluorescent
lamp）、X- 射線顯像（X-ray image）及陰極射線管（Cathode ray tube; CRT）
等方面的應用，其後在冷光／電激發光（Electroluminescence）、電漿顯示器
（Plasma display panel; PDP）等方面，更引起廣泛的探討，也奠定了基本理
論基礎。近年來，更由於無機螢光材料在安全／防偵／防偽鑑識（Security
taggant/Counter espionage/Anti-counterfeiting）、螢光檢測（Fluorescent label-
ing）、光療（Phototherapy）、太陽能電池（Solar cell）、發光二極體（Light
emitting diode; LED）等方面，皆具有高度的應用潛力，遂又成為熱門的研究
領域。無機螢光材料與其他類別螢光材料比較之最大的優點，乃在於其性質較
為安定，使用壽命也相對上比較長久，是故目前在「照明」與「顯示」裝置的
應用中，無機螢光材料是實際使用的最主要螢光材料，而在後續的章節中，將
會進行詳細的說明及探討。

2.3 無機螢光材料（Phosphor）

　　無機螢光材料（Phosphor）主要由「主體材料（Host materials）」、「活化劑／發光中心（Activators/Luminescent centers）」所組成，有時須摻雜其他「雜質（Dopants）」作為敏化劑（Sensitizer），或是摻雜「共活化劑（Co-activators/Co-dopants）」以達成其他特殊功能及目的（如光色混合等），如圖 2.7 所示：

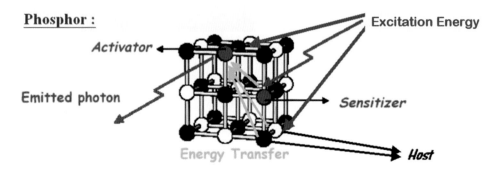

圖 2.7　無機螢光材料（Phosphor）說明圖。

　　無機螢光材料，其激發與發光等項特性多是由「主體材料」、「活化劑／發光中心」及「摻雜物」等「組成因素」所決定，亦即由不同的主體材料或摻雜物所組成的螢光材料，將可能具有相異的發光特性，而「組成」自然地也成為調控螢光材料光電特性的最重要因素。迄今為止，無機螢光材料的主體材料多數由硫化物（Sulfides）、氧化物（Oxides）、硫氧化物（Oxysulfides）與鹵化物（Halides）所組成[10]，近年來則有逐漸朝往氮化物（Nitrides）與氮氧化物（Oxynitrides）發展的趨勢[11]；至於活化劑／發光中心則主要為過渡元素（Transition metal elements）或稀土族元素（Rare-earth elements）等之離子為主。

　　螢光材料經由適當激發的方式，在吸收能量後會產生一些能量吸收和能量傳遞（Energy transfer）的過程，最後經由光輻射的方式將能量釋放，活化劑及敏化劑等共摻雜離子，大多取代主體材料晶格中原有格位的離子，形成雜質缺陷，由這些缺陷所引起的發光稱為激活發光，而活化劑在發光材料中所扮演

的角色為發光中心，其受到外來的能量激發或者是能量轉移後會產生特徵的可見光輻射，而活化劑（Activator）的激發及發光機制，則可以下列二式描述：

Excitation: A (Activator) + E (Energy)　→ A* (Activator in excited state)　（2-1）

Emission: A* (Activator in excited state)→ A + hν (Light) + Heat　（2-2）

其中，A 為處於基態的活化劑（Activator），A* 則為激發態的活化劑（Activator in excited state），而 E 則為活化劑之激發能（Energy），其來源可為活化劑自己吸收，抑或先由主體材料吸收後，再經由能量傳遞（Energy transfer; E.T.）方式，轉移給活化劑以進行激發，另外經由適用之敏化劑（Sensitizer; S）的加入，亦可將所吸收之激發（Excitation; EXC.）能量傳遞給活化劑，使能量能更有效地以發光（Emission; EM.）的形式回饋出來，圖 2.8 為螢光體發光過程中敏化劑能量傳遞示意圖[12]。

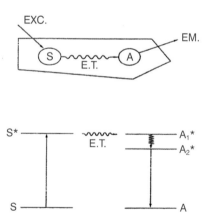

圖 2.8　螢光體發光過程中敏化劑能量傳遞示意圖[12]。

　　當活化劑（或發光中心）離子受一能量激發後，促使其電子的躍遷至激發態，而當電子由激發態緩解回到基態時伴隨光能放射的現象即為發光。若依照發光時間的長短分為螢光或磷光，其中螢光乃是遵守選擇律（Selection rule）的放光，其電子能量的轉移不改變電子的自旋態（$\Delta S = 0$），其半生期短，約

為 10^{-9}~10^{-3} 秒；而磷光往往不遵守選擇律，電子能量的轉移可改變電子的自旋態（ΔS = 1），其半生期較長，約為 10^{-3}~10 秒。

　　一般可利用組態座標圖（Configurational coordinate diagram）的觀念來說明電子躍遷與能階的關係，如於圖 2.9 中 [13]，橫座標為陽離子與陰離子團間的平衡距離（R_0），縱軸為能量 E，其間的關係可用振子（Oscillator）中能量與位移的關係式 E = 1/2kr^2 來描述，其中 k 為力常數。由於晶格振動會影響活化劑（或發光中心），而使活化劑（或發光中心）離子的電子躍遷可以和主體晶體中周圍離子交換能量。此外，晶場強度也會對活化劑（或發光中心）的能階高低，分裂程度，與周圍離子間的相關位置發生影響，故應把活化劑（或發光中心）和其周圍的晶格離子看做是一個整體來考慮。

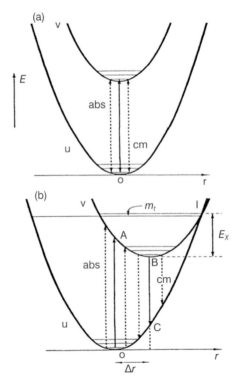

圖 2.9　螢光材料之組態座標圖 (a) △ r = 0；(b) △ r > 0 [13]。

　　根據 Frank-Condon 原理，因為原子核的質量比外層電子大的多，其振動頻率也慢的多，因此在電子的迅速躍遷中，晶體中原子間的相對位置和振動頻率可以近似的看做恆定不動。換言之，當電子由基態（Ground state）躍升至激發態（Excited state）時，物質內部原子核間的距離 R 可視為未曾改變；而躍遷產生時，以基態的電子機率最高，也就是 R_0 位置處為主。而當該躍遷的 $\Delta R = 0$（$\Delta R = R_0 - R$）時，稱之為零點躍遷（Zero-transition）或是無聲子躍遷（Non-phonon transition），其吸收或放射光譜皆為窄譜峰（Sharp peak）。但並非所有的躍遷都是零點躍遷，當主體晶格與活化中心產生聲子波傳遞（Phonon wave propagation），而引起電子與晶格振動偶合（Vibronic-coupling）時，會有一明顯的距離改變（ΔR），此情況之光譜為寬譜帶。當 $\Delta R >> 0$ 時，電子遷移與聲子（Phonon）或晶格振動偶合作用強，而當 $\Delta R = 0$ 時偶合作用最弱。我們可由圖 2.10 看出 ΔR 與螢光之應用能量效率的關係，當 ΔR 越大，其應用能量效率越差。

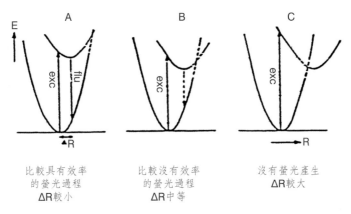

圖 2.10　ΔR 對螢光體之螢光應用能量效率關係說明圖。

　　當激發能量大於放射能量，因此吸收光譜的波長短於放射光譜的波長，此差異稱為史托克斯位移（Stokes shift），如圖 2.11 [12] 所示，可以下式加以定義：

$$Stokes\ shift = 2Sh\nu \tag{2-3}$$

　　其中 S 為 Huang-Rhys 偶合常數，而 hv 則為兩振動能階間的能量差，參數 S 表示了活化劑離子和振動晶格之間的相互作用（偶合作用），如果 S 值越大，則史托克斯位移（Stokes shift）也越大。S 與 $(\Delta r)^2$ 成正比，它可能有三種情況：當 S < 1 時，偶合作用較弱的情況，光譜中主要是接近零聲子躍遷，當 1 < S < 5 時，在光譜中主要的窄帶放射上可以看到有弱的零聲子躍遷，若 S > 5 時，稱為強偶合，吸收和放射光譜均為寬帶，看不到零聲子躍遷，而且史托克斯位移很廣。

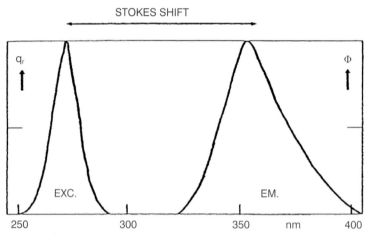

圖 2.11　螢光材料之史托克斯位移（Stokes shift）示意圖[12]。

　　如前所述，無機螢光材料是由「主體材料（Host materials）」、「活化劑／發光中心（Activators/Luminescent centers）」及其他「摻雜物」（Dopants）等所組成，其主體材料多數由硫化物（Sulfides）、氧化物（Oxides）、硫氧化物（Oxysulfides）、鹵化物（Halides）、氮化物（Nitrides）與氮氧化物（Oxynitrides）等所構成；至於活化劑／發光中心則主要為過渡元素（Transition metal elements）或稀土族元素（Rare-earth elements）的離子，其一般之化學式表示法可以參考圖 2.12 之詳細說明[註]：

【註】：以磷酸鑭主體材料共摻雜鈰與鋱離子活化劑的螢光材料（$LaPO_4:Ce^{3+},Tb^{3+}$）為例說明。

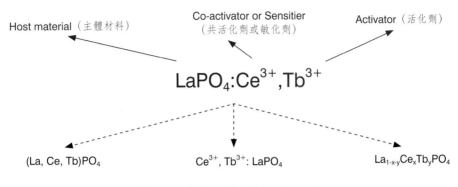

圖 2.12　螢光材料之表示法說明圖。

其中，$LaPO_4:Ce^{3+},Tb^{3+}$ 為最典型之螢光材料的表示方法，主體材料（$LaPO_4$）置於左方，（共摻雜）活化劑／發光中心（Ce^{3+},Tb^{3+}）則置於右方，中間則以冒號（:）分開，而少數較為古老的表示法，則有將冒號（:）兩方之主體材料與活化劑／發光中心左右對調，然現今已非常罕見。另外，倘若（共摻雜）活化劑／發光中心是替代主體材料中之某些陽離子之晶格位置時，則可以（La,Ce,Tb）PO_4 之類的方式來表示螢光材料，其中更可以清楚地標示（共摻雜）活化劑／發光中心之替代或摻雜比例，如 $La_{1-x-y}Ce_xTb_yPO_4$ 之表示法。當然，對於某些不必摻雜活化劑／發光中心，而主體材料本身就會發光的自發光螢光材料（Self-activated phosphors）如 $CaWO_4$、ZnO、InP 等，則主體材料之化學式即為螢光材料的表示式。

而就主體材料而言，其通常為一個或數個的陽離子與另一個或數個陰離子或陰離子團結合而成，主體在激發過程中所扮演的角色一般為能量傳遞者，這些陰離子部份可為一單離子或由多個原子所形成陰離子團，如：鋁酸根、矽酸根、磷酸根或硼酸根等。其中，這些陽離子或陰離子通常是光學不活性的，如此能量的放射多由活化劑所主導進行。而於主體材料之設計及選擇方面[14]，其中之陽離子通常是具有鈍氣的電子組態（ns^2np^6、d^{10}）或是具有封閉的外層電子組態（f^0、f^7、f^{14}），如此才是不具光學活性的陽離子，例如週期表中之 IA、IIA、IIIB、IVB、IIB、IIIA、IVA 元素之 Na^+、Sr^{2+}、La^{3+}、Zr^{4+}、

Zn^{2+}、Ga^{3+}、Ge^{4+} 陽離子等。此外，在陰離子或陰離子團方面的選擇，通常可分為兩大類，一為不具有光學活性的陰離子或陰離子團，另一類則是具有光學活性的陰離子或陰離子團，其中不具有光學活性的陰離子或陰離子團，例如週期表中之 ⅢA、ⅣA、ⅤA、ⅥA、ⅦA 元素之 BO_3^{3-}、SiO_4^{4-}、PO_4^{3-}、SO_4^{2-}、O^{2-}、Cl^- 等陰離子團或陰離子，而具有光學活性的陰離子或陰離子團，例如週期表中之 ⅣB、ⅤB、ⅥB、ⅦB 元素之 TiO_4^{4-}、VO_4^{3-}、WO_4^{2-}、MnO_4^- 等陰離子團，其通常再搭配一不具光學活性的陽離子如 Ca^{2+}、Y^{3+} 等，即可形成自身活化（Self-activated）的螢光材料，例如：$CaWO_4$、YVO_4 等。而值得注意的是 ⅠA 之 Li、Na、K 等鹼金屬離子，因為幾乎皆具有水溶性，所形成的螢光材料通常需於無水環境下應用，因此較不適合作為一般應用螢光體之主體材料的陽離子。如前述，螢光材料可分為摻雜型螢光材料與未摻雜活化劑／發光中心的自發光螢光材料，其主體材料亦可分為半導體材料（Semiconductor）與非導體材料（Insulator）等兩大類，典型螢光材料之主體材料的範例，可以參考表 2.1 之說明。

表2.1　主體材料之範例說明表。

半導體材料（Semiconductor）		非導體材料（Insulator）	
化學式	能隙（e.V.）	化學式	能隙（e.V.）
CdTe	1.59	Y_2O_2S	4.70
ZnTe	2.38	Y_2O_3	5.60
CdS	2.58	$SrSi_2O_2N_2$	5.88
ZnSe	2.80	$Y_3Al_5O_{12}$	6.20
ZnS	3.90	$BaMgAl_{10}O_{17}$	6.50

另一方面，就活化劑／發光中心而言，適當的活化劑通常具有 $d10s^2$ 的電子組態或是半滿的外層電子之價態，而更重要的是在主體晶格中，能穩定以特定價數存在的離子，例如週期表中 ⅦB 過渡元素之 Mn^{2+} 等陽離子，ⅢB 鑭系元

素之 Ce^{3+}、Pr^{3+}、Eu^{3+}、Tb^{3+}、Dy^{3+}、Er^{3+}、Tm^{3+}、Yb^{3+}、Eu^{2+} 等陽離子，以及ⅢA、ⅣA、ⅤA之 Tl^+、Sn^{2+}、Bi^{3+} 等陽離子。由於活化劑與主體是以固溶液存在，因此活化劑離子與主體晶格離子之離子半徑大小的搭配，若兩者離子半徑差異過大，則容易造成晶格中殘留應力；另一方面，活化劑在主體晶格中的溶解度亦因此受限，進而減低螢光體發光效率，且造成主體晶格扭曲。此外，所加入的活化劑離子的價數需與取代的陽離子價數相同，如此活化劑離子較不會因為電荷補償（Charge compensation）的問題，而無法順利進入晶格。至於活化劑的選擇，目前以「稀土元素」及「過渡元素」為主，其中「稀土元素」乃指「鑭（Lanthanum）」系（原子序：57~71）等元素，因具有 d、f 等多電子軌域，造成電子躍遷的能階相當多且複雜，故其 3 價離子多數具有不少之 $4f^n$ 軌域能階，而 $4f^n$ 能階則因受 5d、6s 等外層軌域之屏蔽作用而較不受主體材料的影響，最明顯的例子如：Eu^{3+}、Tb^{3+}（$4f^n$ elements; Line emission）等活化劑，然 $4f^n$ 的電子躍遷，理論上為「Parity Selection Rule」所禁止，活化劑直接激發的效率一般不高，也就是說在 LED 用螢光材料的應用中較不適用，除非利用適當的敏化劑（Sensitizer），如：$Y_2O_3:Eu^{3+},Bi^{3+}$、$Y_2O_2S:Eu^{3+},Bi^{3+}$ 等螢光材料 [15]，其中 Bi^{3+} 則扮演敏化劑的角色。然除 $4f^n$ 軌域之外，稀土元素活化劑亦必須考慮 5d 軌域，僅管 5d 軌域之能階通常高於 $4f^n$，然因 5d 屬較外層軌域，其能階容易受主體材料的影響（如：電子雲擴張、晶格場效應等）而產生變化，其激發波段有可能調控至 LED 可能的發光範圍內，且 $4f^n$「5d 之電子躍遷為」Parity Selection Rule「所允許，是故 Eu^{2+}、Ce^{3+} 等具有 $4f^n$」5d 電子遷移的離子，亦可作為 LED 用螢光材料的活化劑，而目前較受矚目的 LED 用螢光材料如：$Y_3Al_5O_{12}:Ce^{3+}$ (YAG)、$BaMgAl_{10}O_{17}:Eu^{2+}$ (BAM) 等，即為最佳範例。其中較為重要的 Eu^{2+} 及 Ce^{3+} 等兩項活化劑，分別說明如下：

銪（Eu：Europium）元素之原子序（Atomic number）為 63，其電子組態為：$1s^2 2s^2 2p^6 3s^2 3p^6 3d^{10} 4s^2 4p^6 4d^{10} 4f^7 5s^2 5p^6 5d^0 5f^0 6s^2$，是稀土元素（Rare earth elements）之一。銪之常見的氧化態為 Eu^{3+} 及 Eu^{2+} 等三價或二價離子，乃是分別失去 6s 及 $4f(Eu^{3+})$ 或 $6s(Eu^{2+})$ 的價電子（Valence electron）所形成，其中

Eu^{3+} 則是常被作為螢光材料的活化劑／發光中心。至於 Eu^{3+} 之電子組態則為：$1s^2 2s^2 2p^6 3s^2 3p^6 3d^{10} 4s^2 4p^6 4d^{10}\ 4f^6 5s^2 5p^6 5d^0 5f^0 6s^0$，因其 4f 電子軌域內含六個電子，故 4f 的電子組態（Electronic configuration）複雜；而 Eu^{2+} 之電子組態則為：$1s^2 2s^2 2p^6 3s^2 3p^6 3d^{10} 4s^2 4p^6 4d^{10} 4f^7\ 5s^2 5p^6 5d^0 5f^0 6s^0$，因其 4f 電子軌域內含七個電子，故 4f 的電子組態（Electronic configuration）也是較為複雜。至於 Eu^{3+} 及 Eu^{2+} 活化劑／發光中心的激發／放射相關能階，則可參考圖 2.13 內容之詳細說明：

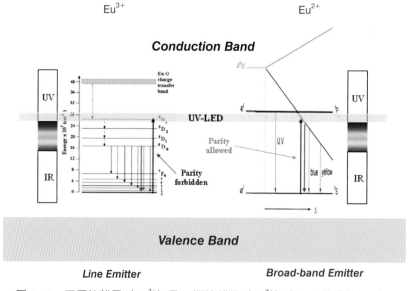

圖 2.13　三價銪離子（Eu^{3+}）及二價銪離子（Eu^{2+}）之電子能階說明圖。

而由圖 2.13 中之說明亦可得知 Eu^{3+} 之 4f ↔ 4f 的電子遷移（$^5D_0 \rightarrow 7F_2$），有可能產生 610nm 左右的放射，因 4f 電子軌域乃屬於較內層軌域，其軌域內之電子能階容易受到 5s、5p 等外層軌域的屏蔽作用（Shielding effect），故受到主體材料之晶（格）場效應（Crystal-field effect）及電子雲擴張效應（Nephelauxetic effect）的影響及變化不大，故其 610nm 左右的紅光放射於各類型主體材料中之變異並不明顯，且具有窄波段波峰的激發／放射特性，但是其於短波長激發

的效率較佳，而於 LED 應用之 350~460nm 波段間的激發效果較差，即使應用敏化劑（Sensitizer）也很難將激發推至高於 400nm 的波段範圍。另一方面，於 Eu^{2+} 活化劑／發光中心當中，較可行之電子遷移則為 4f ↔ 5d，由於其 5d 電子軌域乃屬於較外層軌域，其軌域內之電子能階，容易受到主體材料之晶（格）場效應（Crystal-field effect）及電子雲擴張效應（Nephelauxetic effect）的影響而產生分裂（Splitting）及變化，進而導致 4f ↔ 5d 的電子能隙（Energy gap）的降低，使其放射波長往長波長方向產生位移（Shift），如圖 2.13 之右方所示，其放射波長範圍有可能涵括紫外線、可見光（藍／綠／黃／紅光等），甚至是紅外線。

簡而言之，以二價銪離子（Eu^{2+}）為活化劑／發光中心的螢光材料，因可依主體材料的不同，而調控其放射於藍／綠／黃／紅光等各可見光波長區間，另由於 5d 電子軌域的高度分裂及擴張，其放射通常為寬波段波峰的激發／放射型態，亦且 4f ↔ 5d 的電子遷移為發光機制中之各種選擇律（Selection rule）所允許，故其激發／放射特性通常極為優良，為目前 LED 螢光粉所應用的最主要活化劑／發光中心。另一方面，以三價銪離子（Eu^{3+}）為活化劑／發光中心的螢光材料，具有窄波段波峰的激發／放射特性，且常以 610nm 左右的紅光進行放射，而於之 350~460nm 波段間的激發較差，除非摻雜適當的敏化劑，否則較不適合 LED 的應用。

鈰（Ce：Cerium）元素之原子序（Atomic number）為 58，其電子組態為：$1s^2 2s^2 2p^6 3s^2 3p^6 3d^{10} 4s^2 4p^6 4d^{10} 4f^7 5s^2 5p^6 5d^0 5f^0 6s^2$，也是稀土元素（Rare earth elements）之一。鈰之常見的氧化態為 Ce^{3+} 及 Ce^{4+} 等三價或四價離子，乃是失去 6s 及 4f 的價電子（Valence electron）所形成，其中 Ce^{3+} 則是常被作為螢光材料的活化劑／發光中心。至於 Ce^{3+} 之電子組態則為：$1s^2 2s^2 2p^6 3s^2 3p^6 3d^{10} 4s^2 4p^6 4d^{10} 4f^1 5s^2 5p^6 5d^0 5f^0 6s^0$，因其 4f 電子軌域內僅含一個電子，故 4f 的電子組態（Electronic configuration）單純（包含 $^2F_{5/2}$ 及 $^2F_{7/2}$），電子在 4f 軌域內產生電子遷移而發光之現象不明顯，故 Ce^{3+} 活化劑／發光中心之放射現象通常為 4f ↔ 5d 電子遷移所導致，而文獻資料曾說明 Ce^{3+} 之 4f ↔ 5d 的相關能階，如圖 2.14 [16]

內容之詳細說明：

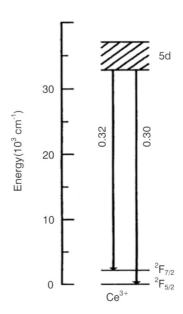

圖 2.14　三價鈰離子（Ce^{3+}）之電子能階說明圖[16]。

　　而由圖 2.14 中之說明亦可得知 Ce^{3+} 之 4f ↔ 5d 的電子遷移，有可能產生 300~320nm 的放射，其位於紫外線的波段區間。然由於 5d 電子軌域乃屬於較外層軌域，其軌域內之電子能階，容易受到主體材料之晶（格）場效應（Crystal-field effect）及電子雲擴張效應（Nephelauxetic effect）的影響而產生分裂（Splitting）及變化，進而導致 4f ↔ 5d 的電子能隙（Energy gap）的降低，使其放射波長往長波長方向產生位移（Shift），如圖 2.15[17] 所示：

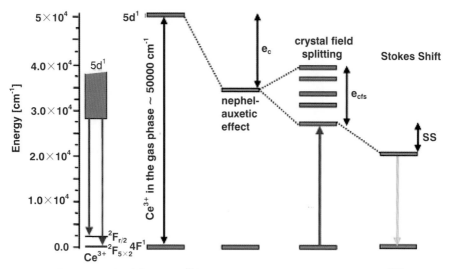

圖 2.15　三價鈰離子（Ce^{3+}）晶場效應及電子雲擴張效應說明圖 [17]。

　　以三價鈰離子（Ce^{3+}）為活化劑／發光中心的螢光材料，依主體材料的不同，其放射常介於近紫外線（Near UV）至可見光之綠（Green）光之區間，另由於 5d 電子軌域的高度分裂及擴張，其放射通常為雙波峰（5d → $^2F_{5/2}$ 及 5d → $^2F_{7/2}$）或寬波段單波峰（因 5d → $^2F_{5/2}$ 及 5d → $^2F_{7/2}$ 之放射波峰的大量重疊）的放射型態。

　　總而言之，活化劑／發光中心依其發光特性，亦可分為寬波段放射（Broadband emission）與窄波段放射（Narrow-band emission）等兩大類別，通常牽涉到 d、p、s 等較外層軌域的電子遷移，因容易受到晶體結構之晶場效應的影響，其發光多屬於寬波段放射，如：Mn^{2+}、Eu^{2+}、Sb^{3+}、Ce^{3+} 等離子，另外牽涉到 f 等內層軌域的電子遷移，則不易受到晶場效應的影響，其發光多屬於窄波段放射，如：Tb^{3+}、Eu^{3+}、Tm^{3+} 等離子，可以參考圖 2.16 之內容說明。至於目前較常應用的 LED 螢光粉，則多數以 Eu^{2+}、Ce^{3+} 為活化劑，其主體材料則由因硫化物不安定，故多數以氧化物及氮化物／氮氧化物為主。

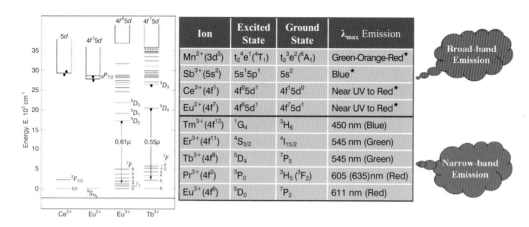

圖 2.16　活化劑／發光中心之範例及發光特性說明圖。

2.4 無機螢光材料的類別及應用（Category and applications of phosphors）

螢光材料根據激發源的不同，一般可分為下列幾種主要類別：

(i) 陰極射線發光（Cathodoluminescence; CL）材料：利用電子束激發而產生發光者，而此類螢光粉通常稱為 CL-Phosphors。

(ii) 電激發光（Electroluminescence; EL）材料：使用交流或直流之電場作用，以電流和電場的激發而誘導其發光者，而此類螢光粉通常稱為 EL-Phosphors。

(iii) 光致發光（Photoluminescence; PL）材料：利用紫外光、可見光或紅外光作為激發光源而誘導其發光者，而此類螢光粉通常稱為 PL-Phosphors。

(iv) 其他類別發光材料：例如放射線發光（Radioluminescence）、化學發光（Chemiluminescence）、生物體激發反應發光（Bioluminescence）、聲波發光（Sonoluminescence）、磨擦發光（Triboluminescence）或應力發光（Mechanoluminescence）[18] 等材料。

而上述各種類別的螢光材料之中，於實用上以陰極射線發光材料、電激發

光材料、光致發光材料等為最主要的應用類別，分別詳細說明於以下的小節中。

2.4.1 陰極射線發光螢光材料（Cathodoluminescent phosphors）

陰極射線發光螢光材料乃是利用電子束（Electron beam）激發而會產生放射或發光的螢光材料，而此類螢光粉早期通常應用於陰極射線管（Cathode Ray Tube; CRT），是故稱為陰極射線發光螢光材料（Cathodoluminescent phosphors; CL-Phosphors）。

陰極射線管又稱為布朗管（Braun tube），其乃利用陰極（Cathode）電子槍經加熱發射電子束，在陽極（Anode）高電壓的電場作用下，電子束射向螢光屏（Phosphor screen），撞擊螢光粉致使螢光粉發光，同時電子束在偏轉磁場（Deflection plates & yoke）的作用下，作上下左右的移動來達到掃描的目的，其結構如圖 2.17[19] 所示。

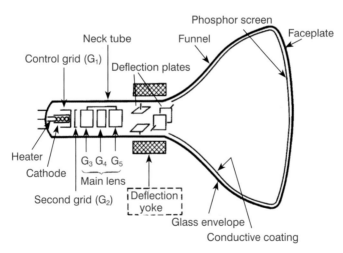

圖 2.17　陰極射線管之結構說明圖[19]。

早期的陰極射線管僅能顯示光線的強弱，展現黑白畫面；而彩色陰極射線管具有紅、綠色和藍色三支電子槍，三支電子槍同時發射電子打在螢幕玻璃上

的紅／綠／藍三色系螢光粉上來組合顯示各種不同的顏色。

若以黑白陰極射線管顯示器（Black-and-white CRT display）而言，其對於螢光粉的需求條件[19]為：(i) 螢光粉受到電子束撞擊激發後的發光顏色為白色；(ii) 螢光粉的殘光現象不明顯（Short after-glow persistence）；(iii) 螢光粉容易沉積及披覆在陰極射線管內部之螢光屏上；(iv) 具有高安定性與高效率。

至於黑白陰極射線管顯示器常用的白光放射螢光粉，如下列所示：

(i) ZnS:Ag（藍光螢光粉）+ (Zn,Cd)S:Cu,Al（黃光螢光粉）；

(ii) ZnS:Ag（藍光螢光粉）+ (Zn,Cd)S:Ag（黃光螢光粉）；

(iii) (Zn,Cd)S:Ag,Au,Al（白光螢光粉）；

(iv) ZnS:Ag（藍光螢光粉）+ ZnS:Cu,Al（綠光螢光粉）+ $Y_2O_2S:Eu^{3+}$（紅光螢光粉）。

上述之第 (i) 項與第 (ii) 項同為藍光螢光粉與黃光螢光粉組合而成的白光放射螢光粉，祇是所應用的黃光螢光粉略有不同。第 (iii) 項則為多活化劑共摻雜的單一組成（Single component）白光放射螢光粉。第 (iv) 項則為藍光螢光粉、綠光螢光粉與紅光螢光粉組合而成的白光放射螢光粉。其中，第 (i) 項之白光放射螢光粉為傳統黑白陰極射線管顯示器最常應用的螢光粉，其放射圖譜如圖 2.18 [19] 所示；而第 (iii) 項單一組成（Single component）白光放射螢光粉，雖然發光效率較差，然單一組成螢光粉於製作螢光屏幕之均勻性佳（Highly uniform phosphor screen），通常用於製作小型螢光屏幕；至於第 (iv) 項之白光放射螢光粉則為不含鎘（Cd；Cadmium），雖然發光效率亦較差，然於注重環保訴求的現代，亦受到高度重視。

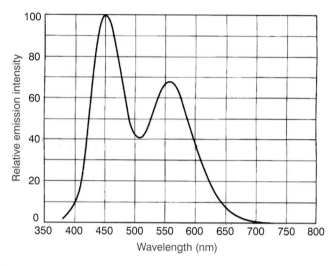

圖 2.18　常用白光放射螢光粉（ZnS:Ag + (Zn,Cd)S:Cu,Al）之放射光譜說明圖[19]。

　　另一方面，若以彩色陰極射線管顯示器（Color CRT display）而言，其對於螢光粉的需求條件為：(i) 不同螢光粉受到電子束撞擊激發後的發光顏色可分別為紅色（Red）、綠色（Green）與藍色（Blue）等三原色（Three primary colors）；(ii) 螢光粉的殘光現象不明顯（Short after-glow persistence）；(iii) 螢光粉容易沉積及披覆在陰極射線管內部之螢光屏上；(iv) 具有高安定性、高效率與高色純度（Color purity）。至於彩色陰極射線管顯示器常用的三原色放射螢光粉，如表 2.2 所示：

表2.2　彩色陰極射線管顯示器（Color CRT display）常用螢光粉說明表。

項次	藍光（B）	綠光（G）	紅光（R）
1	ZnS:Ag	$Zn_2SiO_4:Mn^{2+}$	$Zn_3(PO_4)_2: Mn^{2+}$
2	ZnS:Ag	(Zn,Cd)S:Ag	(Zn,Cd)S:Ag
3	ZnS:Ag	(Zn,Cd)S:Ag	$YVO_4: Eu^{3+}$
4	ZnS:Ag	(Zn,Cd)S:Cu,Al	$Y_2O_3:Eu^{3+}$
5	ZnS:Ag	(Zn,Cd)S:Cu,Al	$Y_2O_2S:Eu^{3+}$
6	ZnS:Ag	ZnS:Au,Cu,Al	$Y_2O_2S:Eu^{3+}$
7	ZnS:Ag	ZnS:Cu,Al	$Y_2O_2S:Eu^{3+}$

　　上述第 1 項 ZnS:Ag、Zn_2SiO_4:Mn^{2+}、$Zn_3(PO_4)_2$:Mn^{2+} 之藍／綠／紅光螢光粉組合為彩色陰極射線管顯示器最早採用的螢光粉，其中藍光螢光粉部份，因 ZnS:Ag 藍光螢光粉之各項應用特性相當優良，迄今仍是應用中最主要的藍光螢光粉；綠光螢光粉部份，最早應用之 Zn_2SiO_4:Mn^{2+}，雖然色純度佳，但發光效率較差，亦且 Mn^{2+} 活化劑之光衰減速度較慢，容易產生殘光現象，是故曾以 (Zn,Cd)S:Ag、(Zn,Cd)S:Cu,Al 等綠光螢光粉替代，另因環保因素的考量，而自 1970 年代開始，含鎘（Cd）的綠光螢光粉又逐步被 ZnS:Au,Cu,Al、ZnS:Cu,Al 等所替代；至於紅光螢光粉部份，最早採用的 $Zn_3(PO_4)_2$:Mn^{2+}，同樣因 Mn^{2+} 活化劑之故，雖然色純度佳，但發光效率較差，亦且容易產生殘光現象，是故被 (Zn,Cd)S:Ag 所取代，另外自 1965 年代稀土（Rare earth）紅光螢光粉如 YVO_4:Eu^{3+}、Y_2O_3:Eu^{3+}、Y_2O_2S:Eu^{3+} 等被開發出來以後，也逐步進入彩色陰極射線管顯示器的應用領域，其中 YVO_4:Eu^{3+} 是最早被採用的稀土紅光螢光粉，而 Y_2O_3:Eu^{3+} 則曾被詳細地探討，並進入實際應用階段，但 YVO_4:Eu^{3+} 及 Y_2O_3:Eu^{3+} 二者於製作螢光屏時皆有產生水解（Hydrolysis）現象的缺點，至於 Y_2O_2S:Eu^{3+} 則是目前彩色陰極射線管顯示器最常應用的紅光螢光粉，各項應用特性尚稱良好。

　　近年來，輕、薄、大面積的平面顯示器，已逐漸取代以往笨重的陰極射線管顯示器，並成為電子產業的主流。其中，場發射顯示器（Field Emission Display; FED）可視為是一種扁平化的陰極射線管，因具有高亮度、高效率、全平面、無視角、輕薄化、省電及自發光等多項優點的自發光型顯示器，其基本結構及運作原理如圖 2.19 所示：

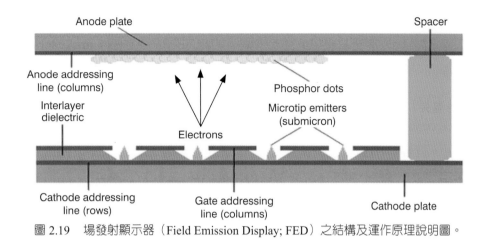

圖 2.19　場發射顯示器（Field Emission Display; FED）之結構及運作原理說明圖。

　　傳統場發射顯示器的陰極乃是由場發射陣列（Field Emitter Array；FEA）所組成，而在此陣列的像素（Pixel）中排列數以千計的電子發射尖端（Tips），這些尖端通常為鉬（Molybdenum; Mo）金屬材料所構成，當施加足夠電壓於閘極（Gate）及陰極時，因電子穿隧效應（Quantum Tunneling）之故，電子會克服金屬表面位能障礙，而由發射尖端經由加速進入真空區，進而撞擊陽極之螢光粉層而發光。然而此類鉬發射尖端（Mo-Tips）容易因電阻抗產生熱累積，使得其尖端曲率變大，表面亦容易受到污染及氧化，導致表面位能障礙升高而降低其場發射能力，然在 1991 年奈米碳管（Carbon Nanotube; CNT）被發現以後，這方面的問題則出現重大的轉機。

　　奈米碳管（CNT）具有單層奈米碳管（Single-Wall Nanotube; SWNT）與多層奈米碳管（Multi-Wall Nanotube; MWNT）等不同的結構型態，具有優良的機械強度、熱傳導性質、化學穩定性及場發射特性。應用奈米碳管（CNT）作為場發射顯示器（FED）陰極的電子發射材料，除可解決前述鉬發射尖端所產生之問題外，其所需的驅動控制電場亦較小，具有許多操作優點，而此種應用奈米碳管（CNT）作為陰極電子發射材料的場發射顯示器（FED）即是所謂的 CNT-FED（Carbon Nanotube Field Emission Display）。

　　如前述，場發射顯示器（FED）與陰極射線管（CRT）與的運作原理類似，

均為利用電子束於電壓之加速下，高速撞擊螢光粉而發光，其所應用的螢光粉同屬於上述所謂的陰極射線發光螢光材料（Cathodoluminescent phosphors; CL-Phosphors）。而目前應用於陰極射線管（CRT）的螢光材料，大部份均可應用於場發射顯示器（FED），然由於場發射顯示器（FED）為平板型顯示裝置，其兩極（Anode-Cathode）距離縮短，加速電壓也必須隨之變小（FED 之加速電壓通常小於 10KV；CRT 之加速電壓則為 10~30KV），以避免擊穿現象之產生。然許多研究結果顯示：多數 CL－螢光粉在低加速電壓操作條件下，其效率（CL efficiency）具有明顯之降低現象[20]。是故，高效率之低電壓驅動的陰極射線發光螢光材料（Low-Voltage Cathodoluminescent Phosphors），乃為攸關場發射顯示器（FED）發展的重要關鍵材料，而應用於場發射顯示器（FED）的螢光材料，通常必須符合下列各項的特性需求[21]：

(i) 低電壓操作時具有高效率（High efficiency at low voltages）

(ii) 抗老化能力強（Resistant to Coulombic aging）

(iii) 抗電流飽合現象（Resistant to high current densities）

　　而為達成前述目標，在低電壓驅動的陰極射線發光螢光材料研究方面，目前已被提出的可行應用技術包括[22-24]：

(i) 改善螢光粉之晶體結構，並減少表面缺陷（Surface defects），以提昇效率。

(ii) 執行適當的表面披覆（通常應用高安定性的透明氧化物材料），減低螢光粉的脫硫反應（For sulfide phosphors），增長螢光粉的使用壽命，同時亦可避免因硫化物沉積在陰極（Cathode）而產生電子放射效率降低的問題。

(iii) 螢光粉導入導入導電性材料（如：In_2O_3 etc.），避免累積電荷而導致效率的降低；另一方面亦有研究指出以高能隙的氧化物（Wide-band oxides；如 In_2O_3、Y_2O_3、WO_3、TiO_2 etc.）進行修飾，可以提昇低電壓操作時的效率。

(iv) 適當選用激活的螢光材料（如：Simple oxides、Silicates、Gallates、Thiogallates etc.），可以避免如 D-A type（Donor-Acceptor type）類螢光粉（如 ZnS activated with Ag or Cu）之快速飽和（Saturation）的現象。

　　儘管上述多項可以提昇效率或改善使用壽命的技術可供應用，然螢光材料

之「主體材料（Host materials）」、「活化劑／發光中心（Activators）」及其他「摻雜物」（Dopants）等各項組成因素，仍是決定螢光材料光電特性及發光效率的最重要原因。目前已有不少的螢光材料可作為場發射顯示器（FED）應用的螢光粉，亦有少數新穎的螢光材料被提出 [25]，其組成如表 2.3 之內容所示：

表2.3　場發射顯示器（FED）可應用的螢光粉說明表。

類別	藍光（B）	綠光（G）	紅光（R）
單色系	ZnO:Zn		
多色系	ZnS:Ag,Cl	ZnS:Au,Cu,Al	$Y_2O_2S:Eu^{3+}$
	$Zn_2SiO_4:Ti$	$Zn_2SiO_4:Mn^{2+}$	$Y_2O_3:Eu^{3+}$
	$Y_2SiO_5:Ce^{3+}$	$Y_2SiO_5:Tb^{3+}$	
	$SrGa_2S_4:Ce^{3+}$	$SrGa_2S_4:Eu^{2+}$	
	$Ta_2Zn_3O_8$	$ZnGa_2O_4:Mn^{2+}$	
		$Ta_2Zn_3O_8:Mn^{2+}$	

2.4.2 電激發光螢光材料（Electroluminescent phosphors）

電激發光螢光材料（Electroluminescent phosphors；EL-Phosphors）乃是可以利用電流（Electrical current）或電場（Electrical field）激發而會產生放射或發光的螢光材料。電激發光（Electroluminescence；EL）是一種將電能轉換為光能的現象，又因其在運轉的過程中不會發熱，所以一般又俗稱為「冷光（Cold light）」。

事實上，電激發光現象乃是於 1936 年由法國科學家 Destriau 發現若將硫化鋅（ZnS）分散在蓖麻油（Castor oil）中，再經由高電場的激發下可以發光，雖然當時電激發光的效率極低，但此種特殊的物理現象，的確引起了眾多的研究興趣。由於電激發光裝置需要電極（Electrode），早期電激發光裝置因缺乏可供應用的固態透明電極，故一直無法將電激發光裝置推展至實用的境界。但自 1950 年代氧化錫（Tin oxide；SnO）固態透明導電膜被開發以後，電激發光

應用於平面光源及平面顯示器的發展潛力，開始受到高度的重視。

　　經由多年的發展，目前所謂的電激發光裝置（Electroluminescent devices），包含由交流電（Alternating Current; AC）或直流電（Direct current; DC）驅動之厚膜型（Thick-film/Powder type/Dispersion type）或薄膜型（Thin-film）冷光裝置，其中厚膜型冷光片或裝置，可利用含有發光材料（螢光粉體）的油墨或漿料，經由印刷或其他可行塗佈方式製成；另一方面，薄膜型冷光片或裝置，則通常由蒸鍍（Vacuum deposition）、濺鍍（Sputtering）或其他特殊方式製成，可參考圖 2.20 之說明。

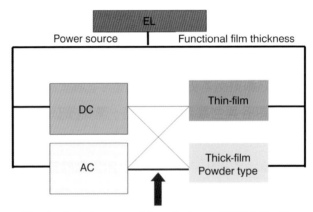

圖 2.20　電激發光裝置之類別說明圖。

　　一般而言，不管是薄膜型電激發光裝置或是厚膜型電激發光裝置，均是以交流電（AC）驅動之效率較高，是故交流電驅動之高電場型電激發光裝置（AC high-field EL）一向是各方研究電激發光的重點。1960 年代美國貝爾（Bell）實驗室首次利用稀土氟化物（Rare-earth fluorides）摻雜之硫化鋅（ZnS）薄膜，製作了薄膜型電激發光裝置（Thin-film EL; TFEL）[26]；其後於 1970 年代日本夏普（Sharp）公司更應用雙絕緣層的三明治結構，製作薄膜型電激發光裝置 [27]，將發光層夾在兩絕緣介電層（Dielectric layer）的中間，大幅提昇安定性與使用壽命。1990 年代加拿大艾費爾（iFire Technology）公司則開發了

厚介電絕緣的薄膜型電激發光裝置（Thick-dielectric EL; TDEL），不僅降低製造成本，亦解決薄膜型電激發光裝置容易被高電壓擊穿的問題。另外，2000 年代美國 Extreme Photonix LLC 公司又開發了黑色介電絕緣的薄膜型電激發光裝置（Black-thick-dielectric EL; BDEL），利用黑色介電絕緣層來提昇對比（Contrast），而上述各種薄膜型電激發光裝置的結構如圖 2.21 所示 [28]：

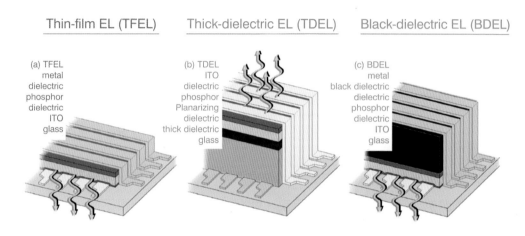

圖 2.21　各種薄膜型電激發光裝置的結構說明圖。

應用於各種薄膜型電激發光裝置的螢光材料，目前仍以硫化物為主，如：SrS:Ag,Cu、SrS:Ce、ZnS:Tb、ZnS:Mn 等，可分別放射出藍、藍綠、綠及紅光，其電激發光之放射光譜及色度座標如圖 2.22 及圖 2.23 所示 [29]：

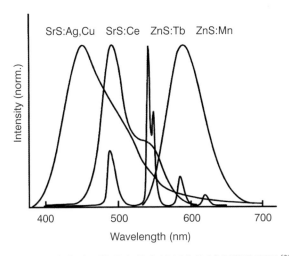

圖 2.22　各種薄膜型電激發光螢光材料之放射光譜說明圖[29]。

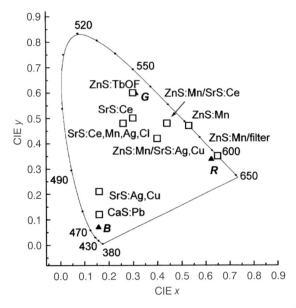

圖 2.23　各種薄膜型電激發光螢光材料之色度座標說明圖[29]。

　　如前述，薄膜型電激發光螢光材料目前以硫化物為主，然因硫化物（Sulfides）材料系統多數並不安定，容易與氧氣（Oxygen; O_2）或水氣（Water; H_2O）反應，導致發光效率不高，且使用壽命不長，故近年來薄膜型電激發光

螢光材料，已有朝向氧化物（Oxides）材料系統發展的趨勢。迄今為止，各種已發展的重要硫化物及氧化物薄膜型電激發光螢光材料，可以參考表 2.4[30] 的內容：

表2.4　重要薄膜型電激發光螢光材料說明表[30]。

No.	Phosphor	Color	CIE coordinates	Efficiency, l/W
1	$ZnS：Mn$	yellow	0.5, 0.5	3~10
2	$ZnS：Tb$	green	0.32, 0.6	0.5~2
3	$SrS：Ce$	blue-green	0.19, 0.38	0.5~1.5
4	$SrS：Ce, Eu$	white	0.41, 0.39	0.4
5	$BaAl_2S_4：Eu$	blue	0.135, 0.1	0.5~1.5
6	$SrGa_2S_4：Eu$	green	0.226, 0.701	1~2
7	$Zn_2SiO_4：Eu$	green	0.2, 0.7	0.5~2
8	$Zn_2Si_xGe_{1-x}O_4：Mn$	green	0.2, 0.7	−1~3
9	$ZnGa_2O_4Eu$	green	008, 0.68	1~2
10	$Ga_2O_3：Eu$	red	0.64, 0.36	0.5~1
11	$Y_2O_3：Mn$	yellow	0.51, 0.44	10
12	$Y_xGa_yO_3：Mn$	yellow	0.54, 0.49	10
13	$Y_xGe_yO_3：Mn$	yellow	0.43 , 0.44	10

　　上述各種薄膜型電激發光裝置之螢光材料，乃是以蒸鍍（Vacuum deposition）、濺鍍（Sputtering）或其他特殊方式製成，其成本相當高；而厚膜型電激發光裝置之螢光材料則通常是以印刷（如 Screen printing 等）或其他可行塗佈方式製成，其製作成本較低，且是製作技術較為成熟的電激發光裝置項目。

　　目前以交流電（AC）驅動之厚膜型電激發光裝置，為電激發光裝置產品的應用主流，其發光片乃是以螢光體（Phosphor；如 ZnS:Cu,Cl 等）為主要材料，將其夾於兩電極之間，並輔以介電（絕緣）材料、保護材料或其他特殊功能材料，當加上交流偏壓電場時，螢光體內之電子受到激發及衝擊，而以能量移轉

方式發光之元件，一般稱為電激發光片（EL lamp or EL light；俗稱為冷光片），可以多樣的造型及各種顏色，應用於不同類型的產品，此類厚膜型電激發光裝置的結構如圖 2.24 所示 [30]：

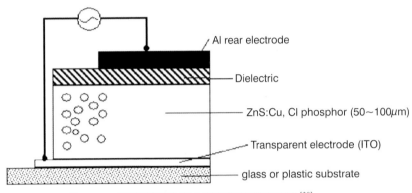

Al rear electrode

Dielectric

ZnS:Cu, Cl phosphor (50~100μm)

Transparent electrode (ITO)

glass or plastic substrate

圖 2.24　厚膜型電激發光裝置的結構說明圖 [30]。

　　AC 驅動之厚膜型電激發光裝置，其一般的工作電壓和頻率通常是在 100 伏特和 400 赫茲左右，可調變的操作電壓由 50~200 伏特，而操作頻率可由 50~3000 赫茲，不同的電壓或頻率將會改變冷光的亮度或顏色，藉由電壓的不同，可以激發螢光粉放射不同波長如各種藍、綠、黃／橙的可見光，也可以透過色光混合或過濾的方式，獲得其他不同的顏色。必須特別說明的是，不適當的操作電壓與頻率，將有可能縮短 EL 的使用壽命，亦有可能造成其他不良的副作用。

　　應用於厚膜型電激發光裝置的螢光材料，目前仍以硫化鋅（ZnS）系列的螢光粉為主，可分別放射出藍、藍綠、綠、橘及紅光，可以參考表 2.5 之內容說明 [30]：

表2.5　重要厚膜型電激發光螢光材料說明表[30]。

Phosphor	Colour
ZnS：Cu, Cl(Br, I)	Blue
ZnS：Cu, Cl(Br, I)	Green
ZnS：Mn, Cl	Yellow
ZnS：Mn, Cu, Cl	Yellow
ZnSe：Cu, Cl	Yellow
ZnSSe：Cu, Cl	Yellow
ZnCdS：Mn, Cl(Cu)	Yellow
ZnCdS：Ag, Cl (Au)	Blue
ZnS：Cu, Al	Blue

至於硫化鋅（ZnS）系列螢光粉之電激發光的放射光譜則如圖2.25所示[19]：

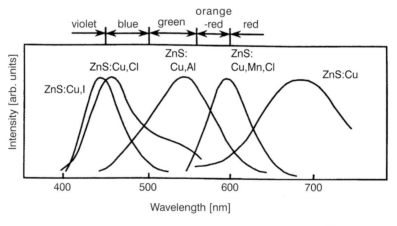

圖 2.25　厚膜型電激發光螢光材料之放射光譜說明圖 [19]。

如前述，硫化物（Sulfides）材料系統多數並不安定，容易與氧氣（Oxygen; O_2）或水氣（Water; H_2O）反應，導致發光效率不高，且使用壽命不長，與具有雙絕緣介電層的薄膜型電激發光裝置（Thin-film EL; TFEL）比較，厚膜型電激發光裝置之螢光材料少了雙絕緣介電層的保護作用，其快速劣化的問題更

是嚴重。是故，應用於厚膜型電激發光裝置的螢光粉體（Phosphor powder），通常是需要披覆一層保護層，如圖 2.26 所示 [31]。而此保護層的材料一般是具有高度安定性的氧化物（Oxides），如 TiO_2、SiO_2、Al_2O_3、Y_2O_3 等，抑或是 AlN、Si_3N_4 等氮化物（Nitrides）材料系統。

Coated-Phosphors

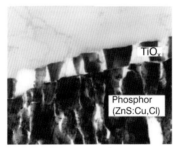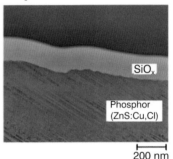

圖 2.26　披覆型電激發光螢光粉說明圖 [31]。

2.4.3 光致發光螢光材料（Photoluminescent phosphors）

光致發光螢光材料（Photoluminescent phosphors; PL-Phosphors）乃是可以利用光或其他電磁波（Electromagnetic wave）激發而會產生放射或發光的螢光材料，因為用以激發與其所放射的光（或電磁波），一般具有不同的波長或頻率，故此類材料又稱為光轉換材料（Luminescence conversion materials），其最主要的功能乃是可以將電磁波的波長進行轉換，例如可將不可見的紫外線變換承可見光，可行的應用包含 X 光顯像應用、電漿顯示器（Plasma display panel; PDP）、日光燈（Fluorescnt lamp）、冷陰極管（CCFL）、高壓水銀燈（High-pressure mercury lamp）、防偽應用（Anti-counterfeit）與發光二極體（LED）等，如圖 2.27 所示：

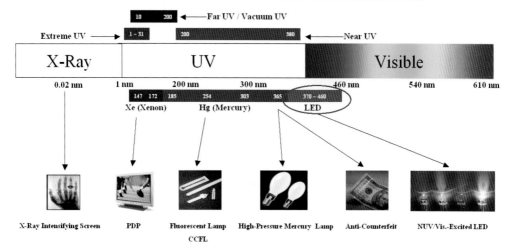

圖 2.27　光致發光螢光材料的應用說明圖。

　　實質上，光致發光螢光材料以往最主要的應用乃在於各種螢光燈，包含日光燈、冷陰極管、高壓水銀燈等，而未來最主要的應用則可能會在發光二極體（Light Emitting Diode; LED）方面的應用，可以參考表 2.6 之內容說明：

表2.6　光致發光螢光材料之主要應用說明表。

類別	項　目	激發源	激發波長	放射波長	應用領域
螢光燈	日光燈	低壓汞氣體放電之UV	185 nm 254 nm	400~700 nm 可見光	一般照明
	冷陰極管	低壓汞氣體放電之UV	185 nm 254 nm	400~700 nm 可見光	背光源
	高壓水銀燈	高壓汞氣體放電之UV	297 nm 313 nm 365 nm	400~700 nm 可見光	一般照明
發光二極體	白光LED (Blue-LED激發)	Blue-LED放射之藍光	420~500 nm	400~700 nm 可見光	一般照明 背光源
	白光LED (UV-LED激發)	UV-LED放射之UV	330~420nm	400~700 nm 可見光	一般照明 背光源

螢光燈乃是一種氣體放電燈，而氣體放電燈具有許多不同的類別，包含電暈放電燈（Corona discharge lamp）、輝光放電燈（Glow discharge lamp）、弧光放電燈（Arc discharge lamp）等，其乃利用氣體放電之不同操作條件及機制設計而成，而目前一般的螢光燈多數應用弧光放電（Arc discharge）原理製作，並藉由不同的氣體充填壓力或操作條件，可以放射出不同波段的光線，其中汞（Hg）、氙（Xe）乃是現今最主要的應用氣體。

若以汞（Hg; Mercury）為例，其原子序為 80，因汞原子具有許多電子軌域，故汞原子當中之電子可以存在於許多不同的能階上，如圖 2.28[32] 所示：

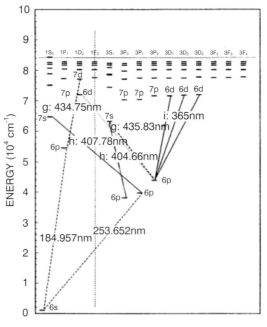

圖 2.28 汞原子之電子能階說明圖[32]。

而當汞原子中之電子受到激發時可能會產生電子遷移現象，而由低能階轉移至高能階上，相反地電子亦有可能從高能階轉移至低能階上而產生光線放射現象，而各種不同能階間的電子遷移或然率，則常與氣體充填壓力、操作條件或其他設計因素有關。以目前最常應用的汞氣體放電紫外線光源而言，其中低

壓汞氣體放電燈（Low-pressure mercury discharge lamp）之放射主要為 254nm
（85%）與 185nm（12%），還伴隨著少許如：365nm（i-line）、405nm（h-line）、
436nm（g-line）、546nm 等其他放射（3%），其放射光譜可以參考圖 2.29[33] 之
內容說明，至於高壓汞氣體放電燈（High-pressure mercury discharge lamp），
其放射則以 297nm、313nm、365nm 為主。

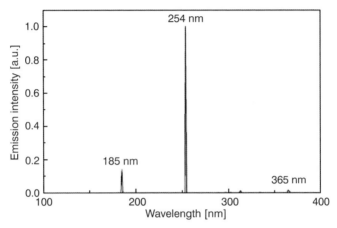

圖 2.29　低壓汞氣體放電燈之放射光譜說明圖 [33]。

　　最典型的螢光燈即是所謂的日光燈，其本質上是一種低壓汞氣體放電燈，
可以參考圖 2.30[19] 之說明，管內主要氣體除微量的水銀蒸氣之外，尚包含氬
（Argon）氣等（另可能包含氖 Neon 或氪 Krypton），而內部所添加的氬氣，
氖或氪等氣體是為了較容易啟動放電過程。日光燈於開始操作時，電流會流經
兩極（Electrodes）之燈絲，待燈絲加熱至能夠產生足夠的熱電子時，這些逃脫
燈絲的電子，經由燈管兩端的電壓（場）作用，而歷經加速、碰撞汞氣體、游
離更多電子等之循環效應，原本不易導電的氣體燈管，突然變成容易導電的汞
游離氣體，促使放電過程中之激發態汞回復到基態汞而放射出紫外線（UV），
而此汞游離氣體所放射出紫外線，會再經由內管壁上螢光材料之轉換作用而放
射出可見光。

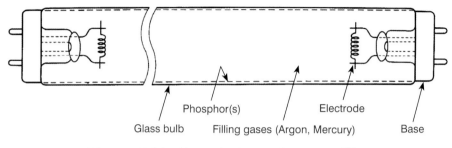

Phosphor(s)　Electrode

Glass bulb　Filling gases (Argon, Mercury)　Base

圖 2.30　日光燈（低壓汞氣體放電燈）之說明圖[19]。

　　至於日光燈所應用的螢光材料，早期是以單一組成（Single component）白光放射螢光粉 $Ca_5(PO_4)_3(F,Cl):Sb^{3+},Mn^{2+}$（Calcium halophosphate phosphors）為主，其激發及放射光譜如圖 2.31[34] 所示，而觀察此圖左方之激發光譜，可知此螢光粉非常適合汞游離氣體所放射出之 254nm 紫外線之激發，故其發光效率不錯；另由此圖右方之放射光譜可知此螢光粉之放射，實際上包含由 Sb^{3+} 活化劑所放射出藍綠光（480nm），以及由 Mn^{2+} 活化劑所放射出黃橘光（580nm），共同組合而成一寬帶（Broadband）的白光放射，同時亦可由 Sb^{3+} 及 Mn^{2+} 二項活化劑的相對比例，來調控成具有不同色溫的白光，然而此單一組成白光放射螢光粉之最大缺點為演色性不高。

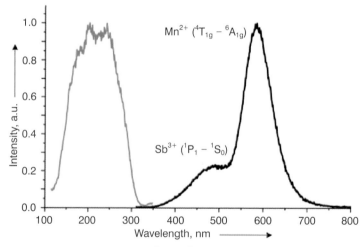

圖 2.31　$Ca_5(PO_4)_3(F,Cl):Sb^{3+}, Mn^{2+}$ 激發及放射光譜說明圖[34]。

　　而為了提昇日光燈等螢光燈的演色性，三原色（Three-color phosphor mixture）白光日光燈於是受到高度的重視，尤其是自 1970 年代各種稀土類螢光粉被開發完成以後，具有高發光效率及高演色性的三波段（Trichromatic）日光燈開始進入實用階段，如以 BAM（$BaMgAl_{10}O_{17}:Eu^{2+}$; 450nm）藍光螢光粉、CAT(Ce,Tb) $MgAl_{11}O_{19}$; 545nm）綠光螢光粉、YOX（$Y_2O_3:Eu^{3+}$; 611nm）紅光螢光粉組合而成之三波段日光燈而言，其演色性（R_a）可達 85 左右，色溫則可調控於 2500~6500K 之間，至於其放射光譜如圖 2.32[19] 所示：

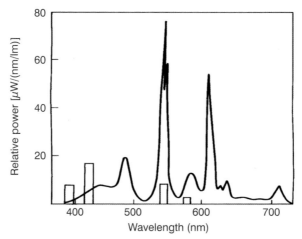

圖 2.32　　三波段（Trichromatic）日光燈放射光譜說明圖 [19] 。

　　迄今為止，全球已發展許多的螢光材料可作為螢光燈（日光燈）應用的螢光粉，其組成彙整如表 2.7 之內容所示：

　　發光二極體（Light Emitting Diode；LED）乃是一種固態的半導體光源，係利用各種化合物半導體（Compound semiconductor）材料所製造而成的一種元件，若將電流順向導入此元件，會造成電子與電洞的結合而發光。發光二極體可以選擇不同能隙特性的材料，而放射出各種不同顏色之可視光（Visible light），抑或是紅外線（Infrared; IR）與紫外線（Ultraviolet; UV）等之不可見光。現今，因 AlGaInP 與 GaInN 等各種高亮度 LED 材料系統之開發，以及新型製程技術如 MOCVD（Metal-Organic Chemical Vapor Deposition；有機金屬

表2.7　螢光燈（日光燈）常用的螢光粉說明表。

類別	螢光粉與發光顏色		
單色系白光	$Ca_5(PO_4)_3(F,Cl):Sb^{3+},Mn^{2+}$		
多色系白光	藍光（B）	綠光（G）	紅光（R）
	$BaMgAl_{10}O_{17}:Eu^{2+}$	$(Ce,Tb)MgAl_{11}O_{19}$	$Y_2O_3:Eu^{3+}$
	$(Sr,Ca,Ba)_5(PO_4)_3Cl:Eu^{2+}$	$LaPO_4:Ce^{3+}:Tb^{3+}$	$(Y,Gd)(P,V)O_4:Eu^{3+}$
		$GdMgB_5O_{10}:Ce^{3+}:Tb^{3+}$	
		$Zn_2SiO_4:Mn^{2+}$	
	其他		
	藍綠光（BG）		黃光（Y）
	$(Ba,Ca,Mg)_5(PO_4)_3Cl:Eu^{2+}$		$Y_3Al_5O_{12}:Ce^{3+}$
	$2SrO \cdot 0.84P_2O_5 \cdot 0.16B_2O_3:Eu^{2+}$		
	$Sr_4Al_{14}O_{25}:Eu^{2+}$		

氣相磊晶法）的發展，各種高亮度的各色系 LED 早已被開發出來，然因為材料能隙之故，不管是磷化物或是氮化物的 LED，單晶片 LED 之放射都是具有窄波段的單色光，如圖 2.33[35] 所示，而因一般照明及顯示背光源都需要白光，是故白光 LED 的開發乃是一項相當重要的課題。

　　而白光 LED 乃是日本日亞公司（Nichia）於 1996 年左右發展出來的產品，其係以 InGaN 系列的藍光發光二極體（發光波長為 450~460nm 左右的藍光），搭配釔鋁石榴石（YAG; Yttrium Aluminum Garnet）之黃光螢光粉（螢光主波長為 550~580nm 左右的黃光）所製成 [36]，經由光轉換及混光作用而獲得色溫約 6500K 的白光，如圖 2.34[35] 所示，此項白光 LED 的推出引起全球的矚目，也肇始了白光 LED 的應用紀元。

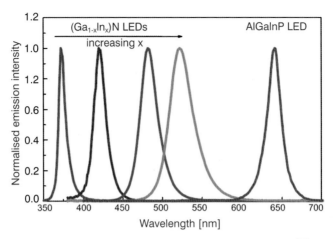

圖 2.33　典型發光二極體（LED）之放射光譜說明圖[35]。

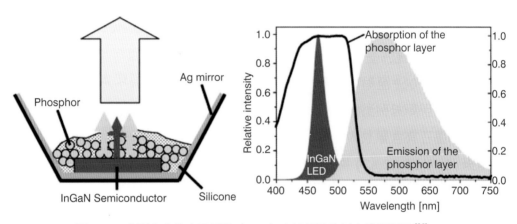

圖 2.34　典型白光發光二極體（LED）之結構及放射光譜說明圖[35]。

　　目前白光 LED 的製作方式主要有幾種，分別是：(i) 三原色（藍／綠／紅）LED 混成白光；(ii) 藍光 LED + 黃光螢光粉；(iii) 藍光 LED + 綠／紅光螢光粉；(iv) 紫外線 LED + 藍／綠／紅光三原色螢光粉。其中 (i) 乃是應用數個不同光色 LED 所製成的白光 LED，則屬「多晶型白光 LED（Multi-chip white-LED）」，其中 (ii)~(iv) 乃是單一 LED 晶片加上螢光粉而製成的「單晶型白光 LED（Single-chip white-LED）」，因其應用螢光材料進行光色轉換及混光，故通常又稱為 PC-LED（Phosphor-Converted LED），可以參考圖 2.35 之說明及比較。

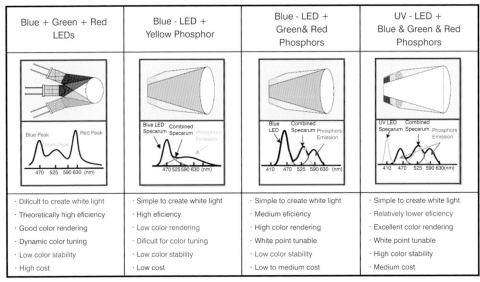

圖 2.35　各種白光發光二極體（White-LED）之比較說明圖。

　　多晶型白光 LED，在驅動回路上的設計較複雜，生產成本較高；而單晶型白光 LED 之製作容易、驅動單純且生產成本較低，在價格影響應用市場規模的考量下，單晶型白光 LED 生產技術遂成為目前國內外的開發重點。其中利用藍光 LED 激發黃光螢光粉（如：YAG:Ce 等）產生白光的方式最為簡單，目前市場上也最為普遍；而利用紫外光 LED 激發三原色（R/G/B）螢光粉的製造方式，則具有較佳的演色性，也是具有發展潛力。總而言之，利用螢光粉所製作的白光發光二極體，具有製作簡單、驅動容易、成本低廉等多項優點，在 LED 之照明與顯示應用當中，應當會成為未來的主流產品。

　　一般而言，LED 用光轉換材料的特性需求包含：(i) 適當的激發（Excitation）光譜；(ii) 適當的放射（Emission）光譜；(iii) 適當的 Stokes shift；(iv) 高量子效率（Quantum efficiency）；(v) 優良的熱淬滅（Thermal quenching）特性；(vi) 化學安定性（Stability）佳；(vii) 抗飽和（Saturation）特性佳等重要項目。迄今為止，已開發之各色系重要 LED 螢光粉，可以參考圖 2.36 之詳細說明，而由圖 2.35 之說明內容可知：目前重要的氧化物（Oxide）LED 螢光粉之發光顏色約涵蓋藍光至黃光之間、硫化物

（Sulfide）LED 螢光粉之發光顏色約涵蓋綠光至紅光之間、氮化物／氮氧化物（Nitride/Oxynitride）LED 螢光粉之發光顏色亦是涵蓋綠光至紅光之間。然其中硫化物 LED 螢光粉因化學安定性較差，較不具實際應用價值；而氧化物及氮化物／氮氧化物 LED 螢光粉，則為目前白光 LED 業界實際使用的主要對象。

- ❂ **Sulfide phosphors：**
  - ▫ Low chemical stability, sensitive to water & UV.
  - ▫ Possible interactions with encapsulant resin system
- ❂ **Oxide phosphors：**
  - ▫ Feasible red phosphors for LED are scarce.
  - ▫ More stable, but some sensitive to water.
- ❂ **Nitride phosphors：**
  - ▫ Higher covalency and feasible for LED-pumping
  - ▫ Generally stable, but difficult to synthesis.
- ❂ **Future trend：**
  - ▫ Nitride and oxynitride phosphors.
  - ▫ Nano-phosphors.
  - ▫ Glass-ceramic phosphors

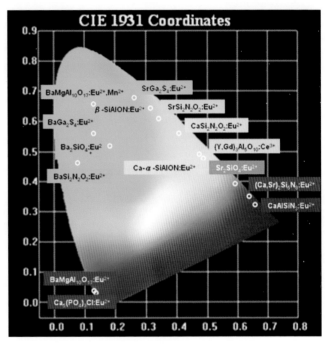

圖 2.36　各色系重要 LED 螢光粉說明圖。

另外，表 2.8 則說明目前 LED 常用與未來可能會應用到的各種重要螢光粉組成，並以顏色來進行分類，而目前 LED 業界使用之最主要的螢光粉則為 $Y_3Al_5O_{12}:Ce^{3+}$（黃光）、$(Ba,Sr)_2SiO_4:Eu^{2+}$（黃光）、$CaAlSiN_3:Eu^{2+}$（紅光）、β-SiAlON（綠光）等。

表2.8　可供發光二極體（LED）應用的重要螢光粉說明表。

藍光（B）	綠光（B）	黃光 （G）	紅光 （R）
$BaMgAl_{10}O_{17}:Eu^{2+}$	β-SiAlON	$Y_3Al_5O_{12}:Ce^{3+}$	$CaAlSiN_3:Eu^{2+}$
$Ca_5(PO_4)_3Cl:Eu^{2+}$	$Ba_2SiO_4:Eu^{2+}$	$(Ba,Sr)_2SiO_4:Eu^{2+}$	$(Sr,Ca)AlSiN_3:Eu^{2+}$
	$Lu_3Al_5O_{12}:Ce^{3+}$	$Tb_3Al_5O_{12}:Ce^{3+}$	$Ca_2Si_5N_8:Eu^{2+}$
	$SrSi_2N_2O_2:Eu^{2+}$	$CaSi_2N_2O_2:Eu^{2+}$	$Sr_2Si_5N_8:Eu^{2+}$
	$SrGa_2S_4:Eu^{2+}$	$(Y,Gd)_3Al_5O_{12}:Ce^{3+}$	$CaS:Eu^{2+}$
	$Ba_3Si_6Al_{12}O_2:Eu^{2+}$	$SrLi_2SiO_4:Eu^{2+}$	$(Sr,Ca)S:Eu^{2+}$
	$Ca_3Sc_2Si_3O_{12}:Ce^{3+}$	Ca-α-SiAlON	$K_2SiF_6:Mn^{4+}$

　　圖 2.35 及表 2.8 之說明內容清楚指出，現今各項重要 LED 螢光粉多數以 Eu^{2+}、Ce^{3+} 等金屬離子為活化劑，其主體材料則由硫化物（Sulfides）、氧化物（Oxides）、硫氧化物（Oxysulfides），逐漸朝往氮化物／氮氧化物（Nitrides/Oxynitrides）等方面發展。另一方面，為了降低螢光粉於 LED 應用時的散射損失（Scattering loss），奈米級螢光粉（Nano-phosphors）是未來非常值得開發的項目，而配合高功率發光二極體的應用需求，結合螢光粉與無機玻璃或透明陶瓷材料的玻璃陶瓷螢光材料（Glass-ceramic phosphors），也將會是具有發展潛力的開發項目。

　　不同於熱熾燈的熱發光（Incandescence），發光二極體屬於冷發光（Luminescence），其祇需極小的電壓及電流即可發光，具有省電、長壽命、耐震、體積小、反應快、環保等諸項的優點，而其下游應用的產品種類與範圍也日趨廣泛。早期因發光二極體之亮度較低，故主要以電子產品、工業儀表設備、汽車儀表、煞車燈、廣告看板、交通號誌等之「指示」及「顯示」應用，以及搖控器、紅外線無線通訊、自動裝置控制之「傳輸」等項應用為主，而目前 LED 已朝向高亮度的境界邁進，也由傳統之指示、顯示、搖控、通訊等諸項的應用，逐漸拓廣至「背光源」（Back light）與「一般照明」（General lighting）等領域方面的應用，具有高度的發現前景，而配合白光發光二極體的未來發展，螢光材料勢必會扮演相當關鍵的角色。

2.5 習題（Exercises）

1. 請概要說明物質發光（Light emission）形式的類別及差異性。

2. 請簡要螢光材料（Luminescent materials）的類別。

3. 無機螢光材料（Phosphor）的組成要素為何？其一般之化學式表示法為何？

4. 請說明黑白陰極射線管顯示器（Black-and-white CRT display）與彩色陰極射線管顯示器（Color CRT display）所應用的螢光粉。

5. 請說明場發射顯示器（Field Emission Display；FED）所應用的螢光粉。

6. 請說明電激發光裝置（Electroluminescent devices）的各種不同類別。

7. 交流電（AC）驅動之厚膜型電激發光裝置之操作電壓和頻率的範圍為何？並請說明其所應用的螢光粉。

8. 請說明螢光燈（日光燈）常用的螢光材料。

9. 請說明白光 LED 的各種可行製作方式。

10. 請列舉各種可供發光二極體（LED）應用的重要螢光粉。

2.6 參考資料（References）

[1] A. Lakshmanan, "Luminescence and Display Phosphors: Phenomena and Applications", Nova Science Pub. Inc. (2007)

[2] B.M. Krasovitskii et al. ,"Organic Luminescent Materials" (1988)

[3] P. Schlotter et al., Appl. Phys. A 64, 417-418, 18 (1997)

[4] K.M. Lee et al., Appl. Phys. A 80, 337-339 (2005)

[5] F. Hide et al., Appl. Phys. Lett., 70(20), 2664-2666 (1997)

[6] C. Zhang et al., J. Appl. Phys. 84(3), 1579-1582 (1998)

[7] A.P. Alivisatos et al., Science, 271, 933-937 (1996)

[8] A. Lakhtakia et al., "The Handbook of Nanotechnology. Nanometer Structures: Theory, Modeling and Simulation" (2004)

[9] Directive 2002/95/EC of The European Parliament and of The Council of 27 January 2003 on the restriction of the use of certain hazardous substances in electrical and electronic equipment, "Official Journal of the

European Union" (2003)

[10] W.M. Yen and M.J. Weber, "Inorganic Phosphors: Compositions, Preparation and Optical Properties", CRC Press (2004)

[11] R.J. Xie et al., "Nitride Phosphors and Solid-State Lighting", CRC Press (2011)

[12] G. Blasse and B. C. Grabmaier, "Luminescence Materials", Springer, Berlin (1994)

[13] R. B King "Encyclopedia of Inorganic Chemistry", 4, John Wiley & Sons (1994)

[14] R.C. Ropp, "Luminescence and the Solid State", Elsevier (2004)

[15] A.R. Duggal et al., United States Patent, US 6294800 (2001)

[16] S. R. Rotman, "Wide-gap luminescent materials: theory and applications", Kluwer Academic Publishers (1997)

[17] H. Winkler, "Advanced Phosphors for SSL Applications", Phosphor Global Summit 2007

[18] V.K. Chandra et al., Optical Materials, 34, 194-200 (2011)

[19] W.M. Yen, S. Shionoya and H. Yamamoto, "Phosphors Handbook", Second Edition, CRC Press (2006)

[20] S. Yang et al., SPIE Vol. 2408, pp.194-199 (1995)

[21] L.E. Shea et al., The Electrochemical Society Interface, pp. 24-27 (1998)

[22] S.A. Bukesov, SPIE Vol. 4511, pp.43-49 (2001)

[23] C.J. Summers, SPIE Vol. 2174, pp.9-15 (1994)

[24] W. Park et al., Materials Science and Engineering, B76, pp. 122-126 (2000)

[25] P.H. Holloway et. al, J. Vac.Sci. Technol. B 17(2), pp. 758-764 (1999)

[26] D. Kahng, Appl. Phys. Lett., 13, 210, (1968)

[27] T. Inoguchi et. al, 1974 SID Int. Symp. Digest, Society for Information Display, 84 (1974)

[28] J. C. Heikenfeld et. al., Information Display 12/03, pp. 20-25 (2003)

[29] M. Leskela et. al., "Encyclopedia of Materials: Science and Technology", Elsevier Science Ltd. (2001)

[30] A. Kitai, "Luminescent Materials and Applications", John Wiley & Sons, Ltd (2008)

[31] M. Sawada et. al., Journal of The Electrochemical Society, 148 (9), H103-H108 (2001)

[32] Y. Morimoto et al., "Recent progress on UV lamps for industries", pp.24-31, IAS (IEEE Industry application society)2 004 Annual Meeting (2004)

[33] T. Justel et al., "Fluorescent Lamp Phosphors-Is there still News ?", Phosphor Global Summit 2007 (2007)

[34] T. Justel et al., "Luminescent Materials", Ullmann's Encyclopedia of Industrial Chemistry (2012)

[35] C. Ronda, "Luminescence：From Theory to Applications", WILEY-VCH(2008)

[36] Y. Shimizu et al., United States Patent, US 5998925 (1999)

第三章

螢光材料製備

Synthesis of Phosphors

作者　劉偉仁

3.1 前言（Introduction）

　　螢光體的製備方法發展至今，由傳統的固態燒結法，到使用溶劑製備的濕態化學方法（wet chemical method）、微波反應法（microwave reacton）、水熱法（hydrothermal reaction）、合金法（alloy reaction）、燃燒法（combustion）等，這些方法都有其優缺點，在目前也都被廣泛地使用，這些合成方法的目的不外乎是希望能發展出高均勻度、高結晶性、粒徑適中、高純度、高亮度以及高發光效率的螢光產物。此外，對於所摻雜的稀土離子價數的不同，有些螢光體需要較強的還原氣氛進行反應，例如使 Eu^{3+} 還原成 Eu^{2+} 或 Ce^{4+} 還原成 Ce^{3+}，這個時候在燒結過程中還原氣氛的營造與控制就格外重要；有些螢光體的則不需要還原氣氛，甚至在空氣或富氧環境下可製備出高發光效率的螢光體，特別是對 Eu^{3+} 摻雜或 Mn^{4+} 摻雜的螢光體；除了考量稀土離子的價數，螢光體本身主體的特性需要一併考量，例如欲合成氮化物螢光體，有時會需要高壓下才能合成出純相，特別是對於高共價性的氮氧化物或氮化物螢光體，例如紅色的 $CaAlSiN_3:Eu^{2+}$ 氮化物螢光粉或綠色的 β-$SiAlON:Eu^{2+}$ 氮氧化物螢光粉，必須在 10~100 大氣壓下才能夠合成出具有高度結晶性的純相；此外，有些螢光粉的反應起始物對於水或氧氣特別敏感，則必須要有氣氛控制的手套箱內進行藥品的配置與研磨，例如 Ca_3N_2、Sr_3N_2、LaN 等氮化物先驅物，在大氣環境下則會迅速與氧氣反應生成白色的 CaO、SrO 或 La_2O_3，因此螢光體合成時的環境也相當重要。本章節則是針對目前常被應用的螢光粉合成方法進行介紹。

3.2 固態反應法（Solid state reaction）[1-3]

　　固態反應法是迄今最被廣泛使用於製備多晶固體的方法，顧名思義，就是反應物的原料是以固態的方式進行混合（mixing）、研磨（grinding），再放入高溫進行高溫燒結反應（sintering），而固態反應法所使用反應起始物（starting materials）大多為金屬碳酸鹽類（metal carbonates），例如 $CaCO_3$、$SrCO_3$ 或金屬氧化物（metal oxides），例如 CaO、SrO，依所需比例混合研磨後，再進行

後續的熱處理動作。此為一簡單且廣為應用的方法。

　　固態反應法的優點是方法簡單、低成本，僅需將反應起始物進行研磨後放入高溫燒結，即可獲得螢光粉體，但其缺點是產物的組成均勻度不佳，所以需要比濕化學方法更長的燒成時間及更高的燒成溫度，而且此法並無法有效的控制產物的粉體粒徑。

　　例如要使用固態反應法合成 $3mol\%Ce^{3+}$ 摻雜的 $Y_3Al_3O_{12}$ 螢光粉體，首先需準備起始物 Y_2O_3、Al_2O_3、CeO_2，由於 Ce^{3+} 是取代 Y^{3+} 的晶體位置，是故在進行化學計量的計算時要將 Y 的計量空出來給 Ce 填佔，尤其化學式 $(Y_{0.99}Ce_{0.01})_3Al_5O_{12}$ 得知 Y_2O_3、CeO_2 與 Al_2O_3 以莫爾數比為 Y:Ce:Al = 2.97:0.03:5 進行秤重，接著並以研缽進行起始物的混合研磨，有時為了讓起始物的混合更加均勻，會加入乙醇進行研磨或是以球磨機進行研磨，研磨完之混合物即可放入氧化鋁坩鍋內，並以 1400~1600℃ 的高溫進行燒結，在高溫燒結時，主要依據主體材料以及所欲摻雜之稀土離子價數來決定燒結的氣氛，例如製備 YAG:Ce 中的 Ce 是帶三價，但其 Ce 的先驅物 CeO_2 是帶四價，因此必須使用還原氣氛使 Ce^{4+} 還原成 Ce^{3+}，而還原氣氛的選擇包括「石墨雙坩鍋還原法」與「氮氫混合氣氛法」，以下將分別說明之：

　　圖 3.1 為石墨還原氣氛氧化鋁雙坩鍋反應容器裝置示意圖，外部大坩鍋內填充石墨，內部小坩鍋則是放入欲反應的先驅物，兩個坩鍋加蓋後放入箱型爐內在大氣下進行加熱，當高溫時由於大坩鍋的內部屬於缺氧狀態，因此石墨在高溫會生成具還原能力的 CO 對小坩鍋內的先驅物進行還原反應，因此對於 Eu^{2+}、Tb^{3+}、Ce^{3+}、Mn^{2+} 等稀土離子則可利用此雙坩鍋石墨進行螢光粉的合成反應。此方法的優點是不需要昂貴的管狀氣氛爐即可進行大量螢光粉的合成，但缺點是石墨還原的能力比較不佳，這樣的還原環境對於矽酸鹽或磷酸鹽螢光體來說比較有機會還原，然而，對於較難還原的螢光材料，可能會有無法完全還原或甚至完全不能還原的情況發生，進而影響合成螢光粉的發光效率，因此就必須選用「氮氫混合氣氛法」搭配管狀高溫爐進行合成，由於管狀高溫爐氣密性極佳，因此在合成螢光粉時幾乎可完全將稀土離子還原，進而獲得高發光

效率之螢光材料；若我們所欲合成之螢光體所摻雜的稀土離子或過渡金屬離子為氧化態稀土離子，例如 Eu^{3+}、Mn^{4+}、Pr^{3+} 等，則可直接將先驅物放入氧化鋁坩鍋內直接在大氣環境下對以箱型爐加入即可。

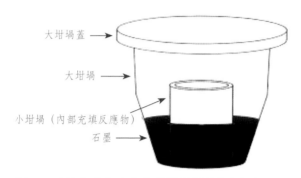

大坩堝蓋 →

大坩堝 →

小坩堝（內部充填反應物）→

石墨 →

圖 3.1　石墨還原氣氛氧化鋁雙坩鍋反應容器裝置示意圖。

3.3 溶膠—凝膠法（Sol-gel method）[4]

　　此法主要是利用二元有機酸（dicarboxylic acid）與金屬鹽類混合均勻，以多元醇（polyol，通常為乙二醇 ethylene glycol）為溶劑，加熱攪拌或者是直接將金屬鹽類與多元醇加熱混合以形成金屬醇鹽錯合物（metal alkoxide），經部分水解後，即可形成黏稠狀的凝膠（gel），再經過熱裂解（pyrolysis）後，即可得到粉末狀前驅物。此法製程簡易、具有量產的潛能。溶膠法最大的優點在於能獲得組成均勻，粒徑大小可控制在一定範圍內，且再現性極佳。此外，此法並具有能塗佈（spray coating）於大面積基材上的特點，但是其缺點為金屬醇鹽錯合物取得成本較高，不利於商業化量產。

3.4 共同沉澱法（Coprecipitation Method）[5]

　　共同沉澱法的基本原理，乃利用適當的沉澱劑（通常為有機酸、鹼），如草酸根（oxalate）、檸檬酸根（citrate）與碳酸根（carbonate）等，將各種不同

的金屬離子從溶液中以相近的速率形成沉澱，再經過過濾、乾燥等動作形成組成均勻的前驅物。此法的優點為合成容易，不需要特殊的設備或者昂貴的原料即可進行。此外，本法尚有程序的控制、原料的取得容易、製程再現性高、具量產潛能等優點。

3.5 微乳液法（microemulsion method）[6]

利用油相（oil）、水相（water）兩個互不相溶的相態，加上界面活性劑，使得油相—水相界面的表面積擴張，表面張力下降；當表面張力下降到一定程度時，系統的表面活化能（或張力）之增加量相當小。因而產生乳化現象（emulsification），而當表面張力幾乎趨進於零或暫時為負值時，便會形成我們所稱的微乳液（micromusification）。

由於微乳液中的液滴直徑約在 0.01~0.1μm 之間，且粒徑分佈均勻，在 W/O 相微乳液中，水相被油相包覆在內，形成所謂反微胞（reverse-micelle），化學反應如氧化、還原、水解等均可在微胞內進行，因此又可叫做「奈米反應器」（nanoreactor），此即為微乳液法的最大優點。

3.6 水熱法（hydrothermal method）[7,8]

此法適用於合成高溫不穩定相—即低溫相或次穩定相（metastable phase），以及含有特殊氧化態的化合物。水熱反應是在密閉反應器內進行，依反應溫度可區分為兩類：

一、中溫高壓型：溫度範圍在 100~275°C間，所以適用於以鐵氟龍當內容器的 Parr acid digestion bomb（高壓反應器，如圖 3.2[7] 所示），其容量約為 23ml，材質的溫度及壓力上限分別為 260°C 與 100 bar，一般使用 65% 的溶液填充度，將高壓反應容器置於高溫爐中加熱至反應溫度即可。此法雖然能承受的溫度與壓力有限，但是若能選擇適當的酸鹼 pH 值，亦能利用此反應器合成新穎化合物。

二、高溫高壓型（>275℃）：此系統中，水熱反應是在密閉的高溫反應器內進
　　行，水的臨界溫度與壓力分別是 374.1℃與 217.6atm，在高溫高壓水熱反
　　應系統中，水的性質變化包括：密度變低、表面張力變低、黏度變低等。
　　所以當處於超臨界狀態時，水中離子的滲透速率會大幅增加，使得其中晶
　　體的生長速度增快。

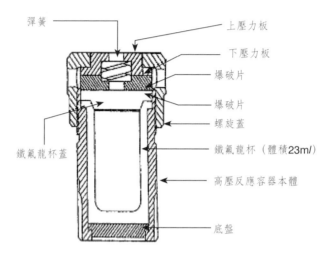

彈簧　　　　　　　上壓力板
　　　　　　　　　下壓力板
　　　　　　　　　爆破片
　　　　　　　　　爆破片
　　　　　　　　　螺旋蓋
鐵氟龍杯蓋　　　鐵氟龍杯（體積23ml）
　　　　　　　　　高壓反應容器本體
　　　　　　　　　底盤

圖 3.2　高壓反應容器側面透視圖。

3.7 其他合成方法

　　對於部分氮化物或氮氧化物螢光粉，由於其高共價性，一般的常壓高溫是
無法合成出純相，且由於合成氮氧化物或氮化物，大多使用 AlN、Si_3N_4 等相
當安定的結構陶瓷做為先驅物，這些結構陶瓷具有極佳的化學穩定性（chemical
stability）與熱機械性質（thermo-mechanical properties）、高強度（strength）、
高硬度（hardness），在室溫下極為安定，即便在高溫下，其溶解度（solubility）
亦相當低，因此不易與其他的化合物進行均相的反應；為了提高這些氮化物先
驅物的溶解度，一般會在高溫高壓下進行氮氧化物或是氮化物的合成，藉由高
壓大幅提升反應物的溶解度，進而製備出高度結晶性的螢光材料。

　　因此必須在合成氮化物螢光粉的過程提供更大的驅動力（Driving force），使其克服反應活化能（Activatoin energy），進而製備出高度結晶性的螢光材料。而提高趨動力之方法可從反應先驅物的選擇、先驅物的合成、加熱方式、反應壓力等方式來大幅提高整體反應的轉化率。

　　一般對於氧化物螢光材料，大多使用金屬氧化物或碳酸鹽類進行合成，但這些先驅物其化學活性較低，若要進行特定的氮氧化物或氮化物的合成是有其困難性！但利用極高溫度還是有機會對一些氮氧化物進行合成，例如黃色的 α-sialon 氮氧化物螢光粉即可在常壓下以 1700℃進行合成，其反應式如下：

$$(12-m-n)/3 \ Si_3N_4 + (2n-m)/6 \ Al_2O_3 + (4m + n)/3 \ AlN + m/2 \ CaO$$
$$\rightarrow Ca_{m/2}Si_{12-m-n}Al_{m+n}OnN_{16-n} \qquad （3\text{-}1）$$

　　或是綠色氮氧化物螢光粉 $SrSi_2N_2O_2:Eu^{2+}$ 亦可在常壓下以 ~1400℃進行合成，反應式如下：

$$(1-x)SrCO_3 + 1/6 \ Si_3N_4 + 1/2 \ SiO_2 + (x/2) \ Eu_2O_3 \rightarrow SrSiN_2O_2:Eu^{2+} \qquad （3\text{-}2）$$

　　由上所知，由於 Si_3N_4 的反應活性很低，因此需要極高的反應溫度才成合成出所需要的氮氧化物螢光粉體；此外，由於 Si_3N_4 暴露在空氣中會生成表面氧化層 SiO_2，因此再進行合成氮化物螢光粉時，會無可避免地造成氧的污染（oxygen comtamination），進而降低氮化物螢光粉的發光效率。

　　因此，有許多研究團隊針對先驅物的部分進行研究，例如以 $Si(NH)_2$（silicon dimide）取代 Si_3N_4 作為 Si 的來源進行紅色氮化物螢光粉 $Sr_2Si_5N_8$ 的合成 [9-11]，其反應式如下：

$$2 \ Sr + 5 \ Si(NH)_2 \rightarrow Sr_2Si_5N_8 + 5 \ H_2 + N_2 \qquad （3\text{-}3）$$

　　除了對矽的來源由 Si_3N_4 改為反應性極高的 $Si(NH)_2$ 進行改善外，對於鹼土金屬的來源亦可進行改良，將碳酸鹽類或氧化物改為高反應性的鹼土金屬，

例如方程式 3 的鍶金屬，我們亦可以參照 Hintzen 研究團隊[12]，利用這些高反應性的鹼土金屬在一填充 N_2 的密閉反應器內進行 800~1000℃的反應，製備出其氮化物，例如 Sr_3N_2、Ba_3N_2、EuN 等，因此可利用所製備之氮化物先驅物進行氮化物的合成，反應式如下所示：

$$2\ Sr_3N_2 + 5\ Si_3N_2 \rightarrow 3\ Sr_2Si_5N_8$$

（3-4）

當先驅物準備完成後，一般會使用三種不同的加熱設備對氮化物螢光粉進行以固態反應法的合成，包括：(i) 氣體壓力燒結爐（gas-pressure sintering furnance）、(ii) 高頻爐（radio frequency furnance）、(iii) 水平管狀高溫爐（horizontal tube furnance），氣體壓力燒結爐的壓力範圍可達 0.1~1.0 MPa，而高頻爐與水平管狀高溫爐僅能在大氣環境下進行操作[13]。

此外，尚有氣體還原氮化法（Gas Reduction and Nitridation, GRN）與碳熱還原法（Carbothermal Reduction and NItridation, CRN），以下將分別敘述之：

一、氣體還原氮化法（Gas Reduction and Nitridation, GRN）

一般來說，利用固態反應法製備出來的螢光粉通常會顆粒團聚，且粒徑較大以及具有寬廣的粒徑分佈，需要進行顆粒粉碎化的後處理（Pulverization），但透過粉碎化處理製程會使螢光粉產生表面缺陷（defects or traps）進行造成螢光淬滅（luminescence quench），也就是被激發的電子被這些缺陷捕捉，進而大幅降低螢光粉的發光效率。此外，對於某些螢光粉的先驅物，像是鹼土金屬（Ca、Sr、Ba）或氮化物（LaN、Ca_3N_2、Sr_3N_2）對空氣很敏感且價格非常的昂貴，因此，許多氮化物螢光粉的研究則開始著重在如何使用簡單、低成本的方式製備顆粒小、粒徑均一且高亮度的螢光材料。

所謂的氣體還原氮化法就是一個簡單且有效的方法，此方法主要是透過 NH_3 的氣氛下對氧化物先驅物進行高溫燒結，進而可獲氮氧化物或氮化物螢光材料。Suehiro 等學者[14]即利用 CaO-SiO_2-Al_2O_3-Eu_2O_3 在 1400~1550℃下通入 NH_3-CH_4 的混合氣體成功合成出約 300nm 的 Ca-α-sialon:Eu^{2+} 黃色氮氧化物螢光粉，NH_3-CH_4 混合氣體在此所扮演的角色同時提供還原氣氛以及氮的來源對

氧化物進行氮化。同樣地方法與概念也應用在利用以 La_2O_3-SiO_2-CeO_2 的系統中對綠色氮化物螢光粉 $LaSi_3N_5$:Ce^{3+} 的製備研究[15]。此外，像是其他氮化物螢光粉，包括 $CaSiN_2$ 或 $Sr_2Si_5N_8$ 均成功地在 NH_3 的高溫氣氛下進行合成[16, 17]。

一般來說，透過氣體還原氮化法所製備出來的螢光粉通常粉體較為鬆散、粒徑較小，並且具有相當窄的粒徑分佈，此外，所需的燒結溫度會比一般傳統固態反應法低 100~200℃。

二、碳熱還原氮化法（Carbon Reduction and Nitridation, CRN）

碳熱還原氮化法是利用高溫時在先驅物周圍有碳的環境下將氧化物還原，碳熱還原法通常可用來從氧化物先驅物製備氮化物或氮氧化物螢光粉，其反應如下：

$$3\ M_xO + 3C + N_2 \rightarrow M_{3x}N_2 + 3CO \qquad (3\text{-}5)$$

例如，Si_3N_4 粉末是由碳與 SiO_2 在氮氣環境下高溫反應藉由殘留碳將氧移除，進而獲得 Si_3N_4。近幾年來，碳熱還原法也被研究用來製備氮氧化物或氮化物螢光粉。Piao 等學者[18]即是利用在 1550℃的氮氣氣氛下加熱 MCO_3（M = Sr 或 Ca）、Si_3N_4、Eu_2O_3 和石墨成功合成出紅色氮化物營光粉 $M_2Si_5N_8$（M = Sr 或 Ca），藉由精準的石墨量的控制，我們可以在不使用手套箱的環境下使用穩定的碳酸鹽類先驅物合成氮化物螢光粉。

Ammothermal Method 是使用一種液相製程技術以相當低的溫度製備氮化物，此製程相較於固態反應法，可不需要高溫、高壓，其所製備出來的粉體具有奈米尺度且具有多變的表面形貌。

Li 等學者[19]利用此方法合成 $CaAlSiN_3$:Eu^{2+} 紅色氮化物螢光材料，首先是將 Ca-Eu-Al-Si 合金和 sodium amide 在 100 MPa 加熱到 800℃，此時的氨水是處於超臨界狀態（supercritical state）。在這樣的狀態下，可以在相當低的合成溫度下製備具有奈米晶相的 $CaAlSiN_3$:Eu^{2+} 螢光體。Zeuner 等學者[20]也同樣有類似的方式以較低的合成溫度合成 $M_2Si_5N_8$:Eu^{2+}（M = Ca、Sr、Ba）螢光

粉體，藉由在超臨界 ammonia 溶解金屬並在 1150~1400℃下進行高溫合成，藉由控制溫度、燒結時間、冷卻速率、先驅物等參數製備球型螢光材料。

　　本章節介紹多種合成方法對進行螢光材料的製備，可依據所欲製備螢光粉之材料特性、粒徑需求以及稀土離子價態進行選擇，不同的合成路徑，其所製備出來螢光體之表面形貌、晶粒、顆粒大小均有相當顯著的差異，此外，即便使用相同的起始物，改變燒結條件，包括燒結溫度、燒結時間、燒結氣氛、助熔劑的使用與否，均大大地影響最後所合成螢光粉之發光效率表現，實際的參數調控還需合成經驗的累積以及經驗法則的協助方能製備出大顆粒、結晶性好、高發光效率之螢光材料。

3.8 習題（Exercises）

1. 何謂固態反應法，其優缺點為何？

2. 何謂助熔劑？其在固態反應法所扮演的功用為何？

3. 就固態反應法而言，哪些實驗參數會影響最後樣品的發光效率？

4. 何謂共沈澱法，其優缺點為何？

5. 試說明如何使用碳熱還原法製備螢光粉，其使用時機為何？

6. 何謂氣體還原氮化法（Gas Reduction and Nitridation, GRN），其優缺點為何？

7. 何時需使用高壓環境對螢光粉進行合成？

8. 對於螢光粉之合成中，燒結氣氛如何進行選擇？

9. 對液態反應法而言，欲合成出高發光效率螢光粉，需注意哪些實驗參數的調控？

10. 粒徑控制對於螢光粉的封裝極為重要，哪些步驟可對螢光粉的粒徑進行調控？

3.9 參考資料（References）

[1] W. R. Blumenthal and D. S. Philips, J. Am. Ceram. Soc., 79, 1047 (1996)

[2] A. Ikesue and I. Furusato, J. Am. Ceram. Soc., 78, 225 (1995)

[3] W.M. Yen and M.J. Weber, "Inorganic Phosphos : Compositions, Preparation and Optical Properties," (2004).

[4] R. P. Rao, J. Electrochem. Soc., 143, 189 (1996).

[5] M. Gomi and Kanie, Jpn. J. Appl. Phys., 35, 1798 (1996).

[6] 張有義、郭蘭生編著,「膠體與界面化學入門」,高立圖書公司,台北市,民國 86 年。

[7] 林麗玉,國立交通大學應用化學所,碩士論文,民國 89 年 6 月。

[8] 蔡文娟,國立清華大學化學所,博士論文,民國 87 年 3 月。

[9] H. A. Hoppe, H. Lutz, P. Morys, W. Schnick and A. Seilmeier, "Luminescence in Eu^{2+}-doped $Ba_2Si_5N_8$: fluorescence, thermoluminescence, and upconversion," J. Phys. Chem. Solids, 61, 2001-2006 (2000).

[10] T. Schlieper and W. Schnick, "Nitrido-silicate I: Hochtemperatur-synthesen und kristallstruktur von $Ca_2Si_5N_8$," Anorg. Allg. Chem., 621, 1037 (1995).

[11] T. Schileper, W. Milius, W. Schnick, "Nitrido-silicate II: Hochtemperatur-synthesen und kristallstruktur von $Sr_2Si_5N_8$ und $Ba_2Si_5N_8$," Anorg. Allg. Chem., 621, 1380 (1995).

[12] Y. Q. Li, J. E. J. van Steen, J. W. H. van Krevel, G. Botty, A. C. A. Delsing, F. J. Disalvo, G. de With and H. T. Hintzen, "Luminescence properties of red-emitting $M_2Si_5N_8$:Eu^{2+} (Ca, Sr, Ba) LED conversion phosphors," J. Alloys Compond, 417, 273-279 (2006).

[13] R. -J. Xie, N. Hirosaki, Y. Li and T. Takeda, "Rare-earth activated nitride phoshors: synthesis, luminescence and applications," Materials, 3, 3777-3793 (2010).

[14] T. Suehiro,N. Hirosaki, R. J. Xie, M. Mitomo, "Powder synthesis of Ca-α-sialon as a host material for phosphos," Chem. Mater., 17, 308-314 (2005).

[15] T. Suehiro, N. HIrosaki, R. J. Xie, T. Sato, "Blue-emitting $LaSi_3N_5$:Ce^{3+} fine powder phosphor for UV-conveting white light-emitting diodes," Appl. Phys. Lett., 95, 051903 (2009).

[16] S. Neeraj, N. Kijima, A. K. Cheetham, "Red-emitting cerium-based phosphor materials for solid-state lighting applications," Chem. Phys. Lett., 387, 2 (2004).

[17] L. H. Li, R. J. Xie, N. Hirosaki, T. Takeda, G. H. Zhou, "Synthesis and luminescence properties of orange-red-emitting $M_2Si_5N_8$:Eu^{2+} (M = Ca, Sr, Ba) light-emitting diode conversion phosphors by a simple nitridation of MSi_2," Int. J. Appl. Ceram. Technol., 6, 459-464 (2009).

[18] X. Q. Piao, T. Horikawa, H. Hanzawa and K. Machida, "Characterization and luminescence properties of $Sr_2Si_5N_8$:Eu^{2+} phosphor for white light-emitting-dioes illumination," Appl. Phys. Lett., 88, 161908-161913 (2006).

[19] J. W. Li, T. Watanabe, N. Sakamoto, H. S. Wada, T. Setoyama, M. Yoshimura, "Synthesis of a multinary nitride, Eu-doped $CaAlSiN_3$, from alloy at low temperatures," Chem. Mater., 20,

2095-2105 (2008).

[20] M. Zeuner, P. J. Schmidt and W. Schnick, "One-pot synthesis of single-source precursors for nanocrystalline LED phosphors $M_2Si_5N_8$:Eu^{2+} (M = Sr, Ba)," Chem. Mater., 21, 2467 (2009).

第四章

螢光玻璃陶瓷技術

Technique of Glass Ceramic Phoshoprs

作者 黃健豪

4.1 前言（Introduction）

　　近年全球的化石能源（Fossil Fuel）日益枯竭，環境污染也日趨嚴重，「節能」與「環保」特性受眾矚目。傳統光源中：熱熾燈（Incandescent lamp；如鎢絲燈泡）的發光效率不高，而各種高效率氣體放電燈（Gas discharge lamp / Fluorescent lamp；包含日光燈與 HID 燈等）如：如省電燈泡、T5 螢光燈管、複金屬燈卻含有水銀等毒性物質，就能源及環保的觀點而言，二者皆不是非常理想的光源。隨「節能」及「環保」的雙重訴求下，發展高效率、省能源與符合環保需求的「綠色」照明光源為固態光源，其固態光源（Solid State Lighting; SSL）乃是利用半導體等固體材料所製作而成的光源系統，有別於必須於真空或充填少量特殊氣體下操作的熱熾燈或各種氣體放電燈等傳統光源。廣義而言：固態光源包含 LED（Light emitting diode）與 OLED（Organic light emitting diode）等項目，然就效率、使用壽命、成本及技術成熟度等項因素評估，白光 LED 光源同時具有高效率、省能源、無毒性與各項功能特性，被認為將會是未來最具有應用潛力取代熱熾燈與螢光燈之最理想的綠色革命性光源。就「節能」方面而言，傳統熱熾燈泡（75W）的效率約為 13Lm/W，日光燈（T8）效率約 83Lm/W，HID 燈（Metal Halide）則為 100Lm/W，目前白光 LED 之商業化產品，發光效率已高於 100Lm/W，早已具有取代傳統光源的實力，可以參考圖 4.1 之說明[1]。另據評估，白光 LED 之終極效率應可達到 200Lm/W左右（2020 年或以後；An OIDA Technology Roadmap Update 2002）；另外就「環保」方面而言，伴隨著用電量的降低，也可以有效地減低碳排放（Carbon emissions）、氮氧化物（NO_x）、硫氧化物（SO_x）與溫室效應（Greenhouse effect）等各項的污染，而白光 LED 更是不含水銀（Hg）或其他危害物的綠色光源，可以符合未來環保的嚴苛訴求。

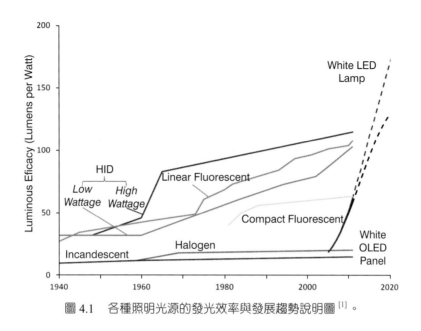

圖 4.1　各種照明光源的發光效率與發展趨勢說明圖 [1]。

　　除了「節能」與「環保」的訴求之外，由於未來人類對於光源的需求將日趨多元化，而不再僅侷限於簡單的照明、指示或顯示，將有可能增加許多「功能」上的訴求。由於白光 LED 等半導體光源因具有輕薄、短小、高亮度及易於調控等項特性，將有可能開啟許多光源系統的新型設計及應用，例如：智慧型光源（Intelligent /Smart lighting；可依需求調控色溫、光色、亮度等）、高亮度投射燈（High intensity projection lighting；大型場所投射燈及投影機光源等）、無影光源（Shadowless lighting；如醫院手術室或特殊需求場所用燈）、殘光型光源（Afterglow Lighting；大停電時尚具有殘光功能）、發光天花板 /玻璃地板（Illuminated ceiling /Glass floors）、發光布簾（Curtains of light）等，皆開始邁入實際的應用階段，白光 LED 不同的可行製作方法中，其中利用藍光 LED 激發黃光螢光粉（如：YAG:Ce etc.）產生白光的方式最為簡單，目前市場上也最為普遍，然而利用螢光粉所製作的白光 LED，因具有製作簡單、驅動容易、成本低廉等多項優點，對於白光 LED 的未來發展，螢光材料（Phosphor）勢必會扮演相當關鍵的角色，目前 Phosphor 市場之主要的應用類別為：

Lighting (Fluorescent lamp & LED etc.)、LCD、CRT、PDP、Others（X-Ray、UV lamps、Photocopy machines、Image/Scintillators、Long afterglow、Security papers 等），由於許多應用於照明與顯示的光源，未來均被 LED 光源所取代，故未來螢光材料的市場需求，將會以可應用於 LED 的螢光材料最為殷切。若以一般應用螢光材料所製作的白光 LED（PC-W-LED：Phosphor-converted white-LED）而言，螢光材料佔白光 LED 封裝體約 7% 的成本比例，如圖 4.2 所示[2]，可謂相當重要。

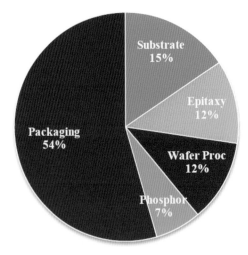

圖 4.2　白光 LED 封裝體之成本比例說明圖[2]。

　　白光 LED 之封裝體包含：「LED 晶片（LED chip）」、「螢光材料（Phosphors）」、「封裝材料（Encapsulant）」與「導熱／導電材料（Thermal/Electrical materials）」等各種關鍵材料，而上述各種材料攸關 LED 之發光效率、安定性、演色性、使用壽命等項特性。現行白光 LED 的轉換效率不高、安定性差，以及演色性不佳之缺點，主要來自於螢光粉及封裝材料等項特性因素的影響；另一方面，白光 LED 的使用壽命，亦與螢光材料及封裝材料具有密切的關聯性，是故可進行光轉換的「螢光材料」，以及保護 LED 晶片的「封裝材料」，為其中最重要的關鍵材料，其說明及特性需求如圖 4.3 所示：

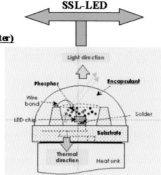

圖 4.3　白光 LED 封裝製程之關鍵材料及特性需求說明圖。

　　螢光材料攸關單晶片白光 LED 的發光效率（Efficacy/Efficiency）、安定性（Stability）、演色性（Color rendering）、色溫（Color temperature）、使用壽命（Lifetime）等項特性，可謂是單晶片白光 LED 系統中相當重要的關鍵材料。早期被建議可應用於 LED 的螢光材料，多數以硫化物、氧化物及硫氧化物為主，而近年來則有往氮化物與氮氧化物發展的趨勢。一般而言，於 LED 之封裝體當中，其螢光層之設計須利用透光性材料為基材（matrix），包覆螢光粉體並能使其均勻分散，將其置於 LED 晶片上或是封裝體槽穴上方，並覆上一封裝覆蓋層。此基材必須具有良好透光性、可成型性、製程快速、與螢光粉不反應等項特性。目前 LED 封裝材料主要是選用環氧樹脂（Epoxy）或矽樹脂（Silicone），其材料範例及化學結構式，如圖 4.4 所示：

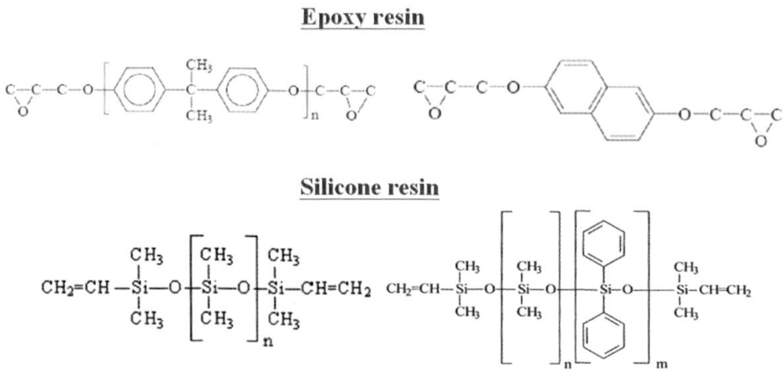

Epoxy resin

Silicone resin

圖 4.4　LED 封裝材料之類別及化學結構式說明圖。

　　螢光粉多是結合環氧樹脂（Epoxy）、矽樹脂（Silicone）等有機膠材進行封裝，倘若應用於高功率或是短波長之 LED 晶片激發時，有機封裝樹脂容易變質產生黃化（Yellowing）及老化（如圖 4.5 所示）[3]、取光效率差、安定性不佳、壽命短等現象項，進而影響其透光性及輸出功率；然而這些有機封裝膠材之氣密性通常不佳，水分子或是氧分子會滲透到膠材內部，而降低螢光粉與晶片的效率，並導致使用壽命的減短；此外，目前有機膠材之折射係數（Refractive index; RI）較低，約介於 1.40~1.53 之間，與螢光粉 1.80~1.90 之折射係數差距，會造成光線的散射而降低光取出效率，有鑑於此，許多研究已朝向螢光粉結合無機封裝材料之技術開發，亦即是將螢光粉分散於玻璃等無機封裝材料，而形成片狀的無機複合螢光體（Phosphor plate; Glass-ceramic phosphor），如圖 4.6 所示[4]。

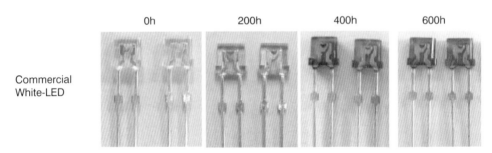

圖 4.5　白光 LED 在長時間 150℃下熱處理後劣化情形說明圖[3]。

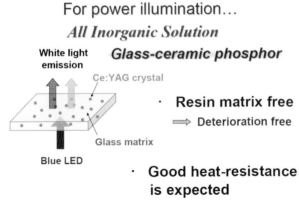

圖 4.6　LED 封裝材料之類別及化學結構式說明圖[4]。

　　環氧樹脂（Epoxy）或矽樹脂（Silicone）等有機封裝膠材，其耐熱溫度及熱穩定性低（玻璃轉移溫度（Tg）通常小於 150℃），於高功率及長時間使用下，容易產生黃化或裂化現象；反觀無機封裝材料多屬於玻璃（Glass）、陶瓷（Ceramic）之類的材料，具有耐熱溫度及熱穩定性高（其玻璃轉移溫度（Tg）通常可大於400℃）、高折射率，於高功率及長時間之使用下，不易變質或黃化，且玻璃或陶瓷等無機封裝材料之折射係數通常較環氧樹脂或矽樹脂等有機封裝膠材為高，倘若與螢光粉結合，透過折射係數的調控及匹配（RI matching）技術，可以有效地降低螢光粉的散射損失。

　　一般而言，無機材料之化學安定性遠比有機材料高，且無機材料之折射係數通常比有機材料高，而其可選擇及調控的範圍亦較為寬廣。其中將透明有機膠材改成透明的無機玻璃或陶瓷材料的最明顯優點為封裝材料之光／熱安定性的提昇，以及可以透過相對折射係數的調控及匹配來降低螢光粉於封裝材料中之散射損失，進而增長使用壽命與提昇取光效率。無機複合螢光體材料（Inorganic composite-phosphor）乃是結合無機螢光粉與無機玻璃或透明陶瓷材料的一種複合螢光材料，亦即是將無機螢光粉分散於透明性的玻璃或陶瓷基材中，事實上，無機複合螢光體材料目前具有許多不同之類別及製作方法，大致上可分為下列三種：

(i) 陶瓷螢光材料（Ceramic phosphor；簡稱 CP）；

(ii) 玻璃陶瓷螢光材料（Glass ceramic phosphor；簡稱 GCP）；

(iii) 玻璃螢光材料（Glass phosphor or Phosphor in glass；簡稱 GP 和 PIG）。

　　其製作方法分別說明可以參考表 4.1 之簡要說明及比較分析。

表4.1　無機複合螢光體材料之類別說明表。

類別／名稱	陶瓷螢光材料 （Ceramic phosphor; CP）	玻璃陶瓷螢光材料 （Glass ceramic phosphor; GCP）	玻璃螢光材料 （Glass phosphor or Phosphor in glass; GP or PIG）
製作方法	混合螢光粉及陶瓷材料後或單獨使用螢光粉並進行高溫高壓燒結。	由玻璃母材中結晶出螢光材料。	混合螢光粉及玻璃材料後進行燒結。
說　明	適合於單一或組合螢光材料系統。	適合於單一螢光材料系統。	適合於單一或組合螢光材料系統。
挑　戰	螢光粉高溫劣化及須在高溫高壓。	切片技術及厚度控制。	螢光粉與玻璃粉相容性。
備　註	可應用的螢光材料系統較多。	可行的螢光材料較受限制。	可應用的螢光材料系統較多。

4.2 陶瓷螢光材料合成技術
（Synthetic technique of ceramic phosphors; CP）

　　陶瓷螢光體材料的製作，通常將螢光粉或是再添加 SiO_2、Al_2O_3、Y_2O_3、TiO_2 等之陶瓷材料均勻混合後以高溫或高溫高壓燒結或真空燒結；S. Nishiura 等人 [5] 以 $Y(NO_3)_3 \cdot 6H_2O$, $Al(NO_3)_3 \cdot 9H_2O$ and $Ce(NO_3)_3 \cdot 6H_2O$ 之劑量比為 Y:Al:Ce = 2.997:5:0.003 比例溶於水中，加入 2.5 M 的 NH_4HCO_3 水溶液，在室溫下將調製 pH 值為 6.2 使之沉澱，再經水洗烘乾後，置入高溫爐內燒結 1200℃/90 分鐘後，可得到 YAG 粉體，將此粉體研磨至 200~300nm 大小，再依比例加入分散劑（Kyoeisha Chemical Co., LTD, Flowlen G-700），SiO_2 與粘結劑（Sekisui Chemical Co., LTD, S-LEC BL-1）球磨 24 小時，最後在真空下燒結 1780℃/20 小時，可得到 YAG:Ce^{3+} 陶瓷螢光材料，YAG:Ce^{3+} 陶瓷螢光材料之表面形貌，如圖 4.7 所示，插圖顯示直徑 10.5 毫米及厚度為 0.632 毫米高透明的黃色 YAG:Ce^{3+} 陶瓷螢光片。

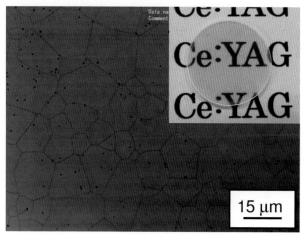

圖 4.7 YAG:Ce^{3+} 陶瓷螢光材料之表面形貌 [5]。

當在波長為 465 奈米的發光二極體（LED）激發下，YAG:Ce^{3+} 陶瓷螢光片的厚度越厚時 465 奈米波長的藍光晶片波長也隨之減小，而 YAG:Ce^{3+} 的放光效率也隨之增加，如圖 4.8 所示，這也說明了 YAG:Ce^{3+} 陶瓷螢光片的厚度越厚時，所得到的色座標會往黃光偏移，當陶瓷螢光片的厚度小於 0.287 毫米時，YAG:Ce^{3+} LED 陶瓷螢光片的放光顏色為藍白光，厚度約大於 0.6 毫米時，YAG:Ce^{3+} LED 陶瓷螢光片的放光顏色為淡黃光，如圖 4.9 所示。然而，在 20 毫安培電流下，YAG:Ce^{3+} LED 陶瓷螢光片的流明效率隨著陶瓷螢光片的厚度增加而增強約 32.1~73.5Lm／瓦，然而當陶瓷螢光片的厚度大於 0.632 毫米時，LED 陶瓷螢光片的流明效率確往下下降，其原因為 YAG:Ce^{3+} 陶瓷螢光片厚度太厚，會導致藍光晶片被陶瓷螢光片擋光而造成發光效率降低，在 0.632 毫米的陶瓷螢光片有最好的流明效率約為 73.5Lm／瓦。

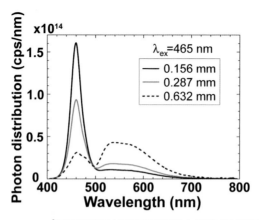

圖 4.8 YAG:Ce^{3+} 陶瓷螢光材料不同厚度之電激發光譜圖 [5]。

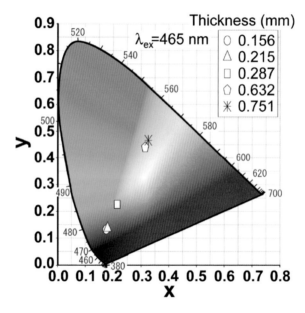

圖 4.9 YAG:Ce^{3+} 陶瓷螢光材料不同厚度之色座標圖 [5]。

Xiaodong Li 等人 [6] 以 γ-Al$_2$O$_3$, Y$_2$O$_3$, Gd$_2$O$_3$, CeO$_2$ 粉末置入乙醇內再加入 0.5wt.% 正矽酸乙酯（tetraethyl orthosilicate, 簡稱 TEOS），液相球磨 12 小時後 烘乾，置入高溫爐內燒結 1200℃，得到 YAG 粉體，以 200MPa 的壓力壓至約 為直徑約 8 毫米高度為 3 毫米初胚，之後在真空下燒結 1600~1700℃/5 小時 [7]，

可得到 (Y,Gd)AG:Ce^{3+} 陶瓷螢光材料。圖 4.10 為 (Y$_{1-x}$Gd$_x$)$_3$Al$_5$O$_{12}$:Ce^{3+} 陶瓷螢光材料在真空下燒結 1600℃/5 小時之表面形貌，圖 4.10(a-c) 在真空下燒結 1600℃/5 小時可得到存的石榴石結構，而平均粒徑大小會隨著 Gd 的添加量增加而變小約 4.98, 4.51 和 4.00 微米大小，此結果相對於 Gd 摻雜的莫耳濃度為 0.01, 0.5 及 0.75；圖 4.10(a-c) 表面形貌是很平整幾乎無孔洞產生，隨著添加量變都為 Gd 時，表面會產生很多的小孔洞 [8]，且此晶相並不是石榴石結構而是 α-Al$_2$O$_3$ 和 (Y,Gd,Al)$_2$O$_3$ 兩相共同存在。

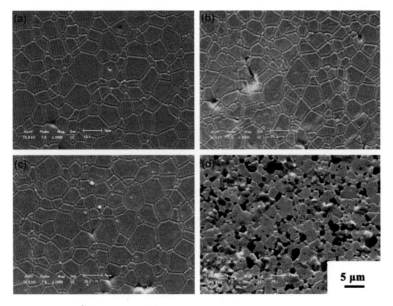

圖 4.10　(Y$_{1-x}$Gd$_x$)$_3$Al$_5$O$_{12}$:Ce^{3+} 陶瓷螢光材料之表面形貌：(a) x = 0.01；(b) x = 0.5；(c) x = 0.75；(d) x = 1 [6]。

　　圖 4.11 說明 Y$_{1.48}$Gd$_{1.5}$Ce$_{0.02}$Al$_5$O$_{12}$ 陶瓷螢光材料之穿透度及放光光譜圖，在 400~500nm 範圍下，Y$_{1.48}$Gd$_{1.5}$Ce$_{0.02}$Al$_5$O$_{12}$ 陶瓷螢光材料有個強的吸收，在 800nm 時，穿透度最大約為 65%；在 400~500nm 範圍下激發下，Y$_{1.48}$Gd$_{1.5}$Ce$_{0.02}$Al$_5$O$_{12}$ 陶瓷螢光材料會在 500~700nm 範圍下產生的黃光發光；插圖顯示高透明的黃色 Y$_{1.48}$Gd$_{1.5}$Ce$_{0.02}$Al$_5$O$_{12}$ 陶瓷螢光片。

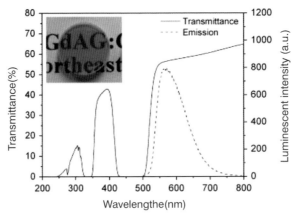

圖 4.11　$Y_{1.48}Gd_{1.5}Ce_{0.02}Al_5O_{12}$ 陶瓷螢光材料之穿透度及放光光譜圖 [6]。

　　陶瓷螢光體材料可應用的螢光材料系統均較為多元，且可同時適合於單一或組合螢光材料系統，對於色度座標、色溫、演色性等色光特性的調控彈性度高，未來應用範圍廣泛，而且此製備方式可得到較高的發光效率及穿透度，但陶瓷螢光材料的製備須在高溫真空或高溫高壓設備下，此製備方式會受限於儀器設備及高成本，且光色及色座標的調控也只能依靠陶瓷螢光材料的厚薄度來調控，陶瓷螢光片厚度越薄所連帶加工成本也越高，其著名的國際大廠如荷蘭 PHILIPS/LUMIRAMICS 與德國 SIEMENS，如圖 4.12 及 4.13 所示。

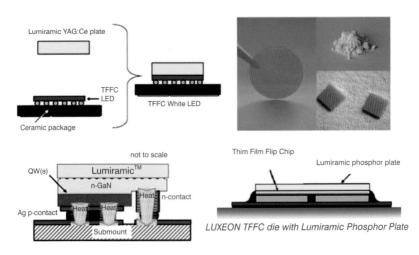

圖 4.12　荷蘭 PHILIPS/LUMIRAMICS 黃光 YAG 及紅光 $(Sr, Ba)_2Si_5N_8$ 陶瓷螢光材料及其裝置圖 [9, 10]。

圖 4.13　德國 SIEMENS YAG:cE^{3+} 陶瓷螢光材料製備方法[11]。

4.3 玻璃陶瓷螢光材料合成技術
（Synthetic technique of glass ceramic phosphor; GCP）

　　玻璃陶瓷螢光粉製程方法乃是將含有螢光材料之原料的金屬氧化物及些許玻璃材料之原料的金屬氧化物混合，利用高溫熔融澆鑄淬滅成玻璃態後，再經由長時間高溫熱處理控制原料成分比例而析出螢光材料。Shunsuke Fujita 等人[3] 以 Ce^{3+}- 摻雜在 SiO$_2$-Al$_2$O$_3$-Y$_2$O$_3$ 玻璃系統裡，均勻混合後，在 1500~1650℃高溫爐內燒結 5 小時，得到熔融玻璃，再置入 1200℃和 1500℃的高溫爐內還原，即得 YAG:Ce^{3+} 玻璃陶瓷螢光材料，如圖 4.14 顯示，此方式製備出來的 YAG:Ce^{3+} 玻璃陶瓷螢光材料可得到純的石榴石晶相，插圖顯示 YAG:Ce^{3+} 玻璃陶瓷螢光材料表面形貌，YAG:Ce^{3+} 玻璃陶瓷螢光材料均勻分佈於玻璃基材裡，其平均粒徑大小約為 20 微米大小。

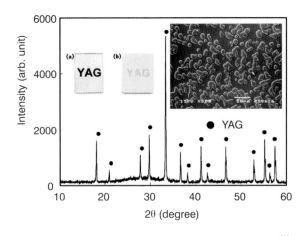

圖 4.14　YAG 玻璃陶瓷螢光材料之粉末繞射圖及表面形貌 [3]。

　　YAG:Ce[3+] 玻璃陶瓷片的電激發光譜圖顯示，YAG:Ce[3+] 玻璃陶瓷片的放光強度，其中心在 550 奈米，會隨著玻璃陶瓷片的厚度增加而隨之增強，如圖 4.15 所示，且藍光晶片的放光位置在 460 奈米的強度會隨之減弱，藉由調控玻璃陶瓷片的厚薄度可得到黃光位置穿越白光區至藍白光，此結果如插圖所示；當 YAG:Ce[3+] 玻璃陶瓷片的厚度為 0.5 毫米時可得到正白光，如圖 4.16 所示，其相對於螢光膠材的流明效率約為 80% [3]。

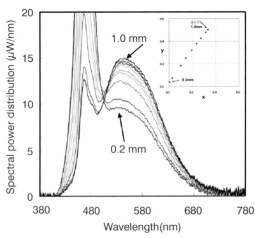

圖 4.15　不同厚度的 YAG 玻璃陶瓷螢光材料之電激發光譜圖 [12]。

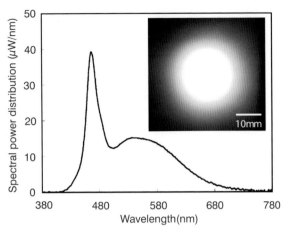

圖 4.16　0.5mm 厚的 YAG 玻璃陶瓷螢光材料之電激發光譜圖 [3]。

　　Tanabe 等人 [13] 以 $42SiO_2$-γCaO-$(38-\gamma)SrO$-$20MgO$-$0.2EuO$ 組成比例，加入 1wt.% 的氯化銨當助熔劑，均勻混合，置入外層含有石墨的雙坩堝內，在 5% 的氫氣還原氣氛下燒結至 1550℃/1 小時，再將此玻璃移至 750℃的燒結爐內 退火 30 分鐘，可得到玻璃粗胚（as-made glasses），然後將玻璃粗胚裁切研磨 約為 7 毫米 ×7 毫米 ×5 毫米大小的玻璃塊材，再置入外層含有石墨的雙坩堝 內及在 5% 氫氣還原氣氛下還原 1000℃/5 小時，即得 $(Ca,Sr)_2MgSi_2O_7$ 玻璃陶 瓷螢光材；圖 4.17 說明 $42SiO_2$ -γCaO-$(38-\gamma)SrO$-$20MgO$-$0.2EuO$ ($\gamma = 0, 10, 20,$ 30, 38) 玻璃陶瓷螢光材料之粉末繞射圖，隨著 Ca 比例增加，粉末繞射峰往高 角度偏移，原因為 Ca 的離子半徑小於 Sr，結果也顯示所有的比例之玻璃陶瓷 螢光材料都是單一純相，並無雜相產生。

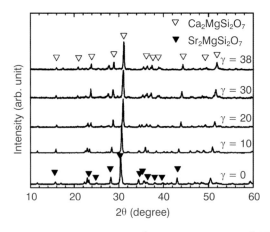

圖 4.17　$42SiO_2$ -γCaO-(38-γ)SrO-20MgO-0.2EuO（γ = 0, 10, 20, 30, 38）玻璃陶瓷螢光材料之粉末繞射圖[13]。

在 396 奈米波長激發下，$42SiO_2$-γCaO-(38-γ)SrO-20MgO-0.2EuO 玻璃陶瓷螢光體呈現一個寬帶的藍綠光至綠光放光，這個寬帶的放光是來至於 Eu^{2+} 離子的 $4f^6 5d^1 \rightarrow 4f^7$ 轉移，而放光位置會隨著 CaO 的增加而紅位移，從 470 奈米（γ = 0）紅位移至 530 奈米（γ = 35），而且放光光譜的半高寬也會隨 CaO 的增加而變寬，原因是因為 Ca 離子的半徑小於 SrO，增加結晶場強度，造成 Eu^{2+} 的 5d 軌域有較大分裂，因而使放光光譜紅位移，如圖 4.18 所示。

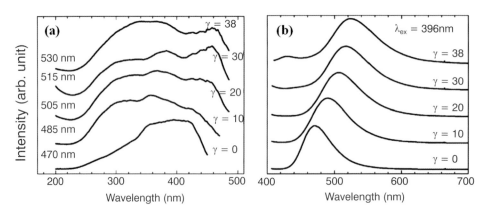

圖 4.18　$42SiO_2$ -γCaO-(38-γ)SrO-20MgO-0.2EuO（γ = 0, 10, 20, 30, 38）玻璃陶瓷螢光材料之激發放光光譜圖[13]。

42SiO$_2$ -γCaO-(38-γ)SrO-20MgO-0.2EuO（γ = 0, 10, 20, 30, 38）玻璃陶瓷螢光材料的激發光譜呈現一個從 250~450 奈米的寬帶激發，隨著 CaO 含量增加，激發波長也越寬，當 γ > 20 時，此玻璃陶瓷螢光體已經可應用於藍光晶片的發光二極體。在 378 奈米波長激發下，增加 42SiO$_2$ -γCaO-(38-γ)SrO-20MgO-0.2EuO 玻璃陶瓷螢光體 CaO 含量，色光可從藍白光位移至黃綠光區域，x 軸的色座標為 0.15~0.30，y 軸為 0.25~0.60, 範圍裡，如圖 4.19 所示。

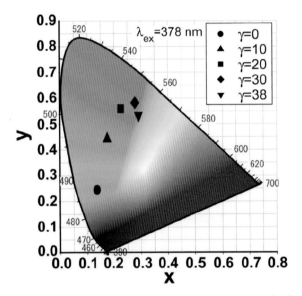

圖 4.19　42SiO$_2$ -γCaO-(38-γ)SrO-20MgO-0.2EuO（γ = 0, 10, 20, 30, 38）玻璃陶瓷螢光材料之色座標圖[13]。

　　CaO-SiO$_2$ 玻璃陶瓷螢光材料的製備方式與 Tanabe 等人製備 42SiO$_2$-γCaO-(38-γ)SrO-20MgO-0.2EuO 方法相近，差異在組成及合成溫度不一樣，CaO-SiO$_2$ 玻璃陶瓷螢光材料的合成溫度是在 1300℃還原 3 小時候再升溫至 1550℃維持 15 分鐘，得玻璃粗胚（as-made glasses），在 1050℃的燒結爐內退火時（簡稱 1050GC），晶相為 β-Ca$_2$SiO$_4$ 和 Ca$_3$Si$_2$O$_7$ 兩相共存，當溫度升至 1200℃時（簡稱 1200GC），晶相都轉為 Ca$_3$Si$_2$O$_7$ 相。於陰極螢光影像圖可清楚看出玻璃粗胚（as-made glasses）只有 β-Ca$_2$SiO$_4$ 結晶相，如圖 4.20(a)；對 1050 玻璃陶瓷

螢光材料量測不同位置的元素分析發現，位置 1 的 Ca/Si 比約為 62:37，此點判定為 β-Ca$_2$SiO$_4$ 結構，位置 2 的 Ca/Si 比約為 56:41，判定為 Ca$_3$Si$_2$O$_7$ 結構，位置 3 的 Ca/Si 比約為 48:51，此點並無螢光特性，因此判定為玻璃混合物，結果如表 4.2 所示。然而在 1050℃的燒結爐內退火後會有 β-Ca$_2$SiO$_4$ 和 Ca$_3$Si$_2$O$_7$ 兩相共存，β-Ca$_2$SiO$_4$ 為放 515 波長的綠光，Ca$_3$Si$_2$O$_7$ 為放 600 波長的橘紅光，如圖 4.20。

表4.2　CaO-SiO$_2$ 玻璃陶瓷螢光材料在1050℃熱處理後之元素分析[11]。

point number	cation molar ratio (%)atom			
	Ca	Si	Eu	Al
1	61.5	37.4	1.1	0.0
2	56.4	41.1	0.4	2.0
3	47.5	51.0	0.6	0.9

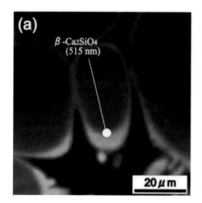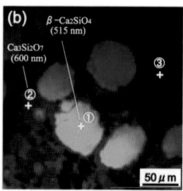

圖 4.20　陰極螢光影像圖：(a) β-Ca$_2$SiO$_4$; (b) β-Ca$_2$SiO$_4$ 與 Ca$_3$Si$_2$O$_7$ 螢光材[14]。

　　1050 玻璃陶瓷螢光材料的光譜圖顯示，激發範圍可從 300~500 奈米，這代表此玻璃陶瓷螢光材料可應用於近紫外及藍光晶片激發的發光二極體，放光波長從 450~750 奈米之間，這個不對稱的放光是來自於 β-Ca$_2$SiO$_4$ 515 奈米的綠色放光和 Ca$_3$Si$_2$O$_7$ 600 奈米的橘色共存放光，色座標約在（0.32, 0.36），結果如圖 4.21 所示。

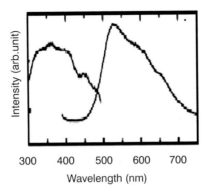

圖 4.21　CaO-SiO$_2$ 玻璃陶瓷螢光材料在 1050℃熱處理後之激發放光光譜圖 [14]。

　　Tanabe 等人 [15] 以 Ba$_{1-x}$Eu$_x$Si$_2$O$_5$ 劑量比例混合並加入 5wt.% 的氯化銨當助熔劑，均勻混合，置入外層含有石墨的雙坩堝內，在氮氣氣氛下燒結 1200℃/2 小時後再升溫至 1500℃/3 小時，於氮氣及石墨下是為了使 Eu^{3+} 還原成 Eu^{2+}，在將此玻璃移至 800~1000℃ 的燒結爐內退火，得到玻璃粗胚（as-made glasses），如圖 4.22 為 BaSi$_2$O$_5$ 玻璃陶瓷螢光材料摻雜不同濃度 Eu^{2+}（x = 0.001~0.05 莫耳）退火前及後照片，退火前 BaSi$_2$O$_5$ 玻璃陶瓷螢光粗胚為有色透明，隨著 Eu 的摻雜量增加，顏色由淡綠至深綠最後變為橘黃色，經過 950℃退火後，BaSi$_2$O$_5$ 玻璃陶瓷螢光體轉變成無透明，原因為，在 950℃退火後 BaSi$_2$O$_5$ 玻璃陶瓷螢光體由無晶相轉變成 BaSi$_2$O$_5$ 結晶相，另外 BaSi$_2$O$_5$ 玻璃陶瓷螢光體的量子效率會隨著摻雜 Eu^{2+} 濃度增加而減弱。

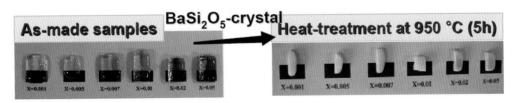

圖 4.22　BaSi$_2$O$_5$ 玻璃陶瓷螢光材料摻雜不同濃度 Eu^{2+}（x = 0.001~0.05 莫耳）在 950℃下退火前及後照片 [15]。

　　圖 4.23 說明 BaO-SiO$_2$ 玻璃陶瓷螢光材料在 800~1000℃ 不同還原溫度下的粉末繞射圖及激發放光光譜圖，在小於 800℃ 退火時，此玻璃陶瓷螢光材料並無結晶性，在 850℃ 退火下，玻璃陶瓷螢光材料開始有 Ba$_5$Si$_8$O$_{21}$ 及 Ba$_3$Si$_5$O$_{13}$ 兩相晶相共存產生，當退火溫度大於 950℃ 時，可得到 BaSi$_2$O$_5$ 單相；由螢光光譜圖可看出玻璃粗胚幾乎無螢光特性，小於 900℃ 時，螢光強度是非常弱，當溫度為 950℃ 與 1000℃ 時，會有最強吸收與放光，另外最加放光波長會隨著退火溫度的上升而藍位移。

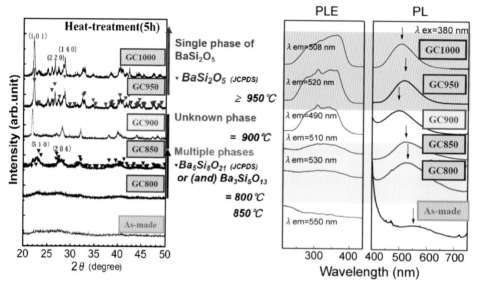

圖 4.23　BaO-SiO$_2$ 玻璃陶瓷螢光材料在 800℃~1000℃不同還原溫度下之粉末繞射圖及激發放光光譜圖 [12] 。

　　玻璃陶瓷螢光材料之可行的螢光材料較受限制，並非所有螢光材料系統都適用，且僅適合於單一螢光材料系統，倘若要製備出高演色性的光是非常不容易，而且色光特性（如：色度座標、色溫、演色性等）的調控也會受限制，然而玻璃陶瓷螢光的發光效率也相較較差，因此對未來應用範圍較小。

4.4 玻璃螢光材料合成技術（Synthetic technique of glass phosphor or Phosphor in glass; GP or PIG）

一般乃將螢光粉與玻璃材料混合後，燒結至玻璃的軟化點與結晶溫度區間，而於燒結過程中，若採用 HIP（Hot isostatic pressing）高壓燒結或是採取真空燒結，可以減少氣泡產生，提高緻密度，最後試片再進行裁切研磨等加工即可。玻璃螢光體材料主要分為兩種：(i) 將螢光粉與玻璃材料均勻混合後，進行高溫燒結，而於燒結過程中，可採用 HIP（Hot isostatic pressing）高壓燒結或是採取真空燒結，可以減少氣泡產生，提高緻密度；(ii) 將螢光粉、玻璃粉與液態高分子膠材均勻混合後以網印、旋轉塗佈或刮刀等方法將混合膠材塗佈於玻璃基板上，經由低溫烘乾，再進行中溫燒結至玻璃粉的軟化點。Woon Jin Chung [16] 等人利用 SiO_2-B_2O_3-RO（R= Ba; Zn）玻璃系統（SiO_2 25~40mol%, B_2O_3 25~40mol%, and RO (R = Ba, Zn) 20~35mol%）經 1400℃高溫熔融 1 小時後，經水淬，研磨至約 50μm 大小的玻璃粉，經 800℃燒結後可得到穿透度大於 75% 的玻璃，如圖 4.24 所示。

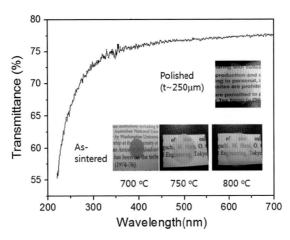

圖 4.24　SiO_2-B_2O_3-RO（R= Ba; Zn）玻璃粉在不同溫度燒結下之照片及穿透度 [16]。

將玻璃粉與 YAG 螢光粉混合不同比例（9:1, 8:2, 7:3）燒結 750℃/30 分鐘，可得到玻璃螢光體材料，在相同厚度情況下，藉由增加 YAG 螢光粉比例，其

玻璃螢光體可從白光調至黃光，如圖 4.25 所示，此色光的調控亦可改變玻璃螢光片的厚薄度，玻璃螢光片越薄，色光較偏藍，越厚越偏黃。

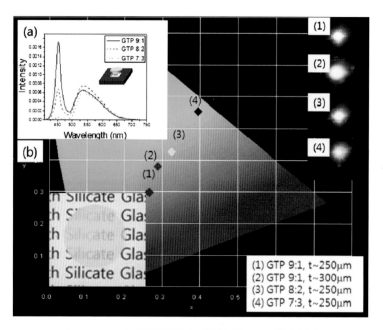

圖 4.25　SiO$_2$-B$_2$O$_3$-RO（R = Ba; Zn）玻璃粉混合不同比例 YAG 螢光粉之：
(a)LED 光譜圖；(b) LED 色度座標[16]。

　　Hiroyo Segawa 等人[17]以溶膠—凝膠法製備玻璃螢光材料，首先取正矽酸甲酯溶於 tetramethoxysilane（TMOS），二甲基甲醯胺（Dimethylformamide, 簡稱 DMF）溶於甲醇裡，再加入粒徑約為 10 毫米之 1~7wt.% 的 Ca-α-SiAlON:Eu^{2+} 螢光粉、去離子水及氨水進行水解與縮合反應，乾燥烘乾，如插圖 4.26 (a) 所示，然後置入 1050℃的高溫爐燒結 2 小時，即得 Ca-α-SiAlON:Eu^{2+} 玻璃螢光材料，如插圖 4.26 (b) 顯示；圖 4.26 說明 4wt.% Ca-α-SiAlON:Eu^{2+} 玻璃螢光材料之光學影像，顏色較深的部份為 Ca-α-SiAlON:Eu^{2+} 螢光粉，此形狀及大小與 Ca-α-SiAlON:Eu^{2+} 螢光粉並無改變，淡色的為正矽酸甲酯水解與縮合成小於 10nm 無結晶性的二氧化矽粒子。

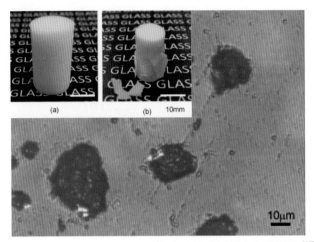

圖 4.26　4 wt.% Ca-α-SiAlON:Eu^{2+} 玻璃螢光材料之光學影像 [17]。

　　圖 4.27(a) 說明 1 毫米厚度之 1~7 wt.% Ca-α-SiAlON:Eu^{2+} 玻璃螢光片的放光光譜，在 450nm 有一根尖的峰，其主要是來自於藍光穿透 Ca-α-SiAlON:Eu^{2+} 玻璃螢光片所造成，而在 500~780nm 範圍裡有個寬帶放光，放光中心在 585nm，其寬帶放光是來至於 Ca-α-SiAlON:Eu^{2+} 螢光粉放光；隨著 Ca-α-SiAlON:Eu^{2+} 螢光粉摻雜量的增加（1wt.% 至 7wt.%）Ca-α-SiAlON:Eu^{2+} 螢光粉放光強度也隨之增強，當 Ca-α-SiAlON:Eu^{2+} 螢光粉的摻雜濃度至 4wt.% 時，放光強度為最強，然後隨著摻雜濃度大於 4wt.%，放光強度隨著摻雜濃度增強而減弱，原因為摻雜濃度大於 4wt.% 時，Ca-α-SiAlON:Eu^{2+} 玻璃螢光片的穿透度變差，導致 Ca-α-SiAlON:Eu^{2+} 玻璃螢光片受藍光激發後，光無法穿透，則造成放光效率減弱；此結果也如同 Ca-α-SiAlON:Eu^{2+} 玻璃螢光片的厚度太厚，也是容易造成光無法穿透玻璃螢光片，如圖 4.27(b) 所示。

　　圖 4.28 說明 1、3 和 4 毫米厚度之 1~7wt.% 的 Ca-α-SiAlON:Eu^{2+} 玻璃螢光材料之色座標圖，無論在 1 毫米厚度之 1~7wt.%、3 毫米厚度之 1~7wt.% 或 5 毫米厚度之 1~7wt.% 的 Ca-α-SiAlON:Eu^{2+} 玻璃螢光片，放光的色座標都會隨著 Ca-α-SiAlON:Eu^{2+} 螢光粉摻雜濃度增加而色光往黃光偏移，製備條件為 1 毫米厚度之 3wt.% 與 4wt.% 與 3 毫米厚度之 1wt.% 的 Ca-α-SiAlON:Eu^{2+} 玻璃螢

光材料最接近白光區；其放光效率最高為 1 毫米厚度 4wt.% 的 Ca-α-SiAlON:
Eu²⁺ 玻璃螢光片。

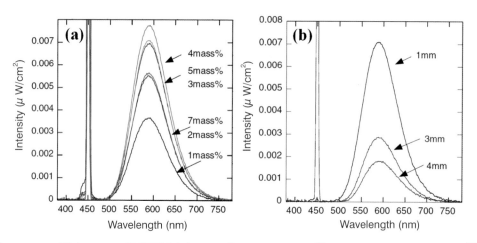

圖4.27　1mm 厚之 1~7wt.% 及不同厚度之 5wt.%的 Ca-α-SiAlON:Eu²⁺ 玻璃螢光材料之放光光譜圖[17]。

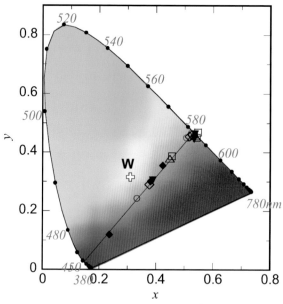

圖4.28　1、3 和 4 毫米厚度之 1~7wt.% 的 Ca-α-SiAlON:Eu²⁺ 玻璃螢光材料之色座標圖（實心菱
　　　　形：1wt.%，中空圓形：2wt.%, 中空菱形：3wt.%, 實心三角形：4wt.%, 中空三角形：
　　　　5wt.%, 中空正方形 7wt.% 的 Ca-α-SiAlON:Eu²⁺）[17]。

　　Sheng Liu 等人[18] 以 7wt.% SiO_2, 44wt.% B_2O_3, and 49wt.% PbO 比例之玻璃粉與 YAG:Ce^{3+}、有機溶劑及黏合劑均勻混合，即得玻璃螢光膠材，以網版印刷技術將螢光膠網印在玻璃基板上，烘乾並燒結 700℃/30 分鐘，可得玻璃螢光材料的厚度約在數毫米 ~200 毫米之間，YAG:Ce^{3+} 玻璃螢光片及分佈於玻璃基材上之光學影像，如圖 4.29 所示，光學影像清楚顯示出 YAG:Ce^{3+} 螢光的粒徑大小及形狀，粒徑約為 13 微米，形狀接近圓球形。

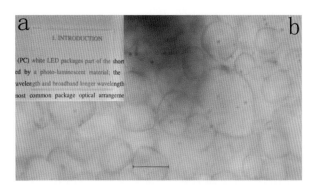

圖 4.29　(a)YAG:Ce^{3+} 玻璃螢光片；(b) YAG:Ce^{3+} 螢光體分佈於玻璃基材上之光學影像[18]。

　　YAG:Ce^{3+} 玻璃螢光材料厚度的可藉由調控網版印刷的參數及設定值，YAG:Ce^{3+} 玻璃螢光材料剖面影像，如圖 4.30，玻璃螢光材料的厚度約在 30~75 微米之間，隨著厚度的增加，YAG:Ce^{3+} 玻璃螢光材料的放光及電激發效率也隨之增加，如圖 4.31 所示。

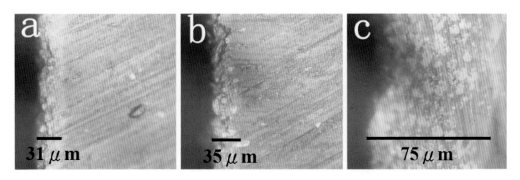

圖 4.30　YAG:Ce^{3+} 玻璃螢光材料剖面影像：(a) 31μm; (b) 35μm; (c) 75μm.[18]。

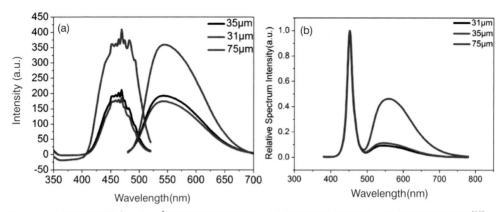

圖 4.31　不同厚度的 YAG:Ce^{3+} 玻璃螢光材料之：(a) 激發放光光譜圖；(b) 電激發光譜圖[18]。

　　將玻璃螢光膠材以網版印刷的技術網印在玻璃基材上，主要是應用於高功率（high power）及分離式螢光粉（Remote Phosphor）的發光二極體，其 InGaN 發光二極體晶片結合玻璃螢光材料裝置圖，如圖 4.32 所示。利用分離式的裝置是要隔絕晶片的熱傳至螢光粉，而降低螢光材料的放光及長時效使用後封裝體的色偏移。

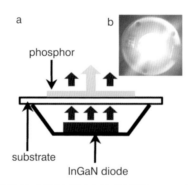

圖 4.32　(a) InGaN LED 晶片結合玻璃螢光材料裝置圖；(b) 白光 LED 玻璃螢光體[18]。

　　Wood-Hi Cheng 等人[19] 以 35SiO$_2$-55Na$_2$O-7Al$_2$O$_3$-3Li$_2$O 玻璃組成比例均勻混合，置入白金坩鍋燒結 1300℃/ 小時，直接將玻璃液倒入水中，收集玻璃碎片，球磨成粉末，再依 1~5wt.% 不同比例混合 YAG:Ce^{3+} 螢光材粉，燒結 650℃，則製得 YAG:Ce^{3+} 玻璃螢光材，將玻璃螢光材研磨至 0.5 毫米的厚度，

不同濃度的 YAG:Ce^{3+} 玻璃螢光材料照片，如圖 4.33 所示。

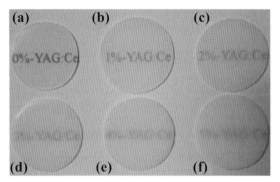

圖 4.33　不同濃度的 YAG:Ce^{3+} 玻璃螢光材料照片：
(a) 0wt.%; (b) 1wt.%; (c) 2wt.%; (d) 3wt.%; (e) 4wt.%; (f) 5wt.%[19]。

　　藉由調控 YAG:Ce^{3+} 摻雜在 SiO$_2$-Na$_2$O-Al$_2$O$_3$-Li$_2$O 玻璃粉內之比例（1~5wt.%），YAG:Ce^{3+} 玻璃螢光的流明效率約在 48.5 流明／瓦至 51 流明／瓦之間，放光效率隨著 YAG:Ce^{3+} 摻雜濃度增加而增加，至 3wt.% 時流明效率最高，然後隨著濃度增加而減弱，當 YAG:Ce^{3+} 摻雜濃度為 4wt.% 時，為最接近正白光（0.33, 0.33）位置，此時流明效率約為 51 流明／瓦；由圖 4.34 得知，玻璃螢光片的濃度越高，色光越往黃光偏移。

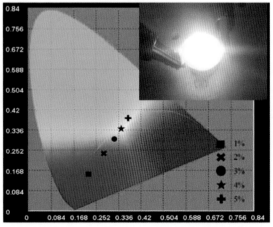

圖 4.34　1wt.%~5wt.% 不同濃度的 YAG:Ce^{3+} 玻璃螢光材料之色座標[19]。

　　玻璃螢光材料的製備須考慮螢光粉與玻璃物系匹配性，如：螢光粉與玻璃粉是否會發生反應，玻璃粉與螢光粉接觸時是否產生結晶，許多螢光粉在高溫操作下，會產生劣化或氧化現象，考慮玻璃粉的玻璃轉化溫度（Glass transition temperature, Tg）、玻璃軟化溫度（Glass softening temperature, Ts）、玻璃結晶溫度（Glass crystal temperature, Tc）等特性，螢光粉與玻璃粉的熱膨脹係數是否相近與匹配（Coefficient of expansion, COE）；然而玻璃粉的製備程序複雜及費工，須先將原物料均勻混合後至高溫爐內熔溶、水淬、研磨至微米級粉體；玻璃螢光體材料可同時適合於單一或組合螢光材料系統，對於色度座標、色溫、演色性等色光特性的調控彈性度高，而且玻璃螢光材料的放光效率（emission efficacy）、色座標（Commission International I'Eclairage chromaticity coordinates）、演色性（color rendering index）、色溫（correlated color temperature）可藉由螢光粉與玻璃粉混合比例及玻璃螢光材料的厚薄度調控，此方法截至目前為最接近商業化應用，其著名的國際大廠如德國 SCHOTT 與日本 OHARA，如圖 4.35 及 4.36 所示。

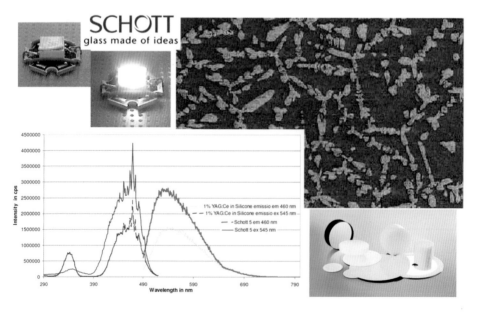

圖 4.35　德國 SCHOTT YAG:Ce^{3+} 玻璃螢光材料[20]。

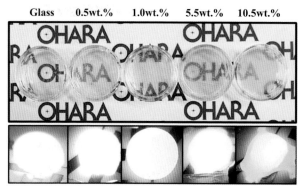

圖 4.36　日本 OHARA 玻璃螢光材料 [21]。

4.5 螢光玻璃陶瓷之實際應用與性能
（Permormance of glass ceramic phoshpors）

　　發光二極體隨其發光效率的不斷提昇，與所具有之「節能」與「環保」的雙重特性，一般認為將會是取代熱熾燈與螢光燈的革命性光源。然就一般照明或顯示應用而言，若欲利用發光二極體來製作白光光源，則必需應用光色組合的技術，始能達成獲得白光的目的，而在各種可行的光色組合技術中，以螢光材料結合有機封裝膠材進行 LED 的封裝，來進行光色轉變及混合，是一種最便捷、最節省成本的方法。另就高功率白光 LED 而言，其相關應用材料的特性需求與傳統 LED 迴異，必須特別注重「高效率」與「安定性」的要求，始能符合節能及長壽命的訴求，然衡諸現有應用材料系統的特性，已無法完全滿足未來白光 LED 的發展需求。

　　傳統上，於白光 LED 的製作當中，曾有建議使用有機螢光材料（Fluorescent dyes or pigments）作為光轉換材料，然因有機螢光材料之安定性差，使用壽命不長，故目前商業化白光 LED，絕大部份均是使用無機螢光粉（Phosphors）作為光轉換材料。另一方面，螢光粉多是結合環氧樹脂（Epoxy）、矽樹脂（Silicone）等有機膠材進行封裝，因為有機膠材質輕、透光性佳、經濟且低溫成型容易，倘若應用於高功率或是短波長之 LED 激發晶片時，環氧樹脂或

矽樹脂等有機材料易劣化，至使材料硬化脆裂，且封裝環氧樹脂或矽樹脂亦易泛黃變色，影響穿透率及取光效率差、安定性不佳、壽命短等項缺點，如圖 4.37 所示，故極需開發高效能的封裝方式與材料，以因應未來白光 LED 的發展需求。玻璃陶瓷螢光材料乃是結合螢光粉與無機玻璃或透明陶瓷材料的一種複合螢光材料，亦即是將螢光粉分散於透明性的玻璃或陶瓷基材中。簡而言之，即是於 LED 封裝時，將螢光粉所結合的透明有機膠材改成透明的無機玻璃或陶瓷材料。一般而言，無機材料之化學安定性遠比有機材料高，且無機材料之折射係數通常比有機材料高，而其可選擇及調控的範圍亦較為寬廣。其中將透明有機膠材改成透明的無機玻璃或陶瓷材料的最明顯優點為封裝材料之光 / 熱安定性的提昇，以及可以透過相對折射係數的調控及匹配來降低螢光粉於封裝材料中之散射損失，進而能導致使用壽命的增長與取光效率提昇。

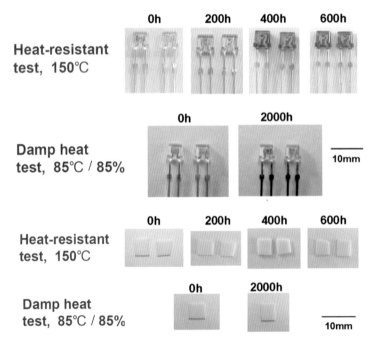

圖 4.37　YAG:Ce^{3+} 螢光膠材和 YAG:Ce^{3+} 玻璃陶瓷螢光材於溫度 150℃與 85℃、濕度 85% 下之黃變測試 [22]。

　　圖 4.38 說明玻璃陶瓷螢光材和螢光膠材在溫度 85℃/ 濕度 85% 下及溫度 150℃下之放光強度及色偏移測試，在溫度 85℃/ 濕度 85% 條件下測試，玻璃陶瓷螢光材和螢光膠材於 1000 小時前放光強度並無差異，當大於 1000 小時後，玻璃陶瓷螢光材還是幾乎維持不變，而螢光膠材的放光強度隨著測試時間增加而快速減弱，在色座標的部分，螢光膠材會隨著測試時間增長而有稍微往藍光偏移，玻璃陶瓷螢光材的色座標幾乎維持不變；然而在溫度 150℃條件下測試放光強度及色偏移現象，螢光膠材的放光強度隨著測試時間增加而快速減弱，而色座標會隨著測試時間增長而快速微往黃光偏移，相反的，若測試玻璃陶瓷螢光材，其放光強度及色座標幾乎無改變，這樣的結果顯示，玻璃陶瓷螢光材

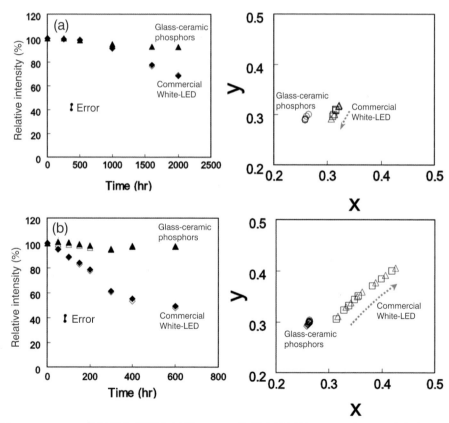

圖 4.38　YAG:Ce^{3+} 玻璃陶瓷螢光材與 YAG:Ce^{3+} 螢光膠材於：(a) 溫度 85℃ / 濕度 85%；
(b) 溫度 150℃ 下之放光強度及色偏移測試 [3]。

在雙 85（溫度 85℃/ 濕度 85%）及高溫（溫度 150℃）測試下，放光效率及色偏移都優於螢光膠材，這也說明玻璃陶瓷螢光材幾乎不受溫度及濕度影響。

圖 4.39 說明 YAG:Ce^{3+} 螢光粉（YAG Polycrystal）、YAG:Ce^{3+} 玻璃陶瓷螢光材（YAG G.C.）和 Gd YAG:Ce^{3+} 玻璃陶瓷螢光材（GdYAG G.C.）之溫度對螢光強度的影響，此結果顯示，無論是 YAG:Ce^{3+} 螢光粉、YAG:Ce^{3+} 玻璃陶瓷螢光材和 Gd YAG:Ce^{3+} 玻璃陶瓷螢光材，其螢光強度都隨著溫度增加而減弱，原因為溫度越高能量震動損失越大，使得螢光強度越差；在 150℃時，YAG Polycrystal 約減弱 10%，YAG:Ce^{3+} 玻璃陶瓷螢光材約減少 30%，而 Gd YAG:Ce^{3+} 玻璃陶瓷螢光材減少最多約 80%，YAG:Ce^{3+} 玻璃陶瓷螢光材的熱穩定性比 YAG:Ce^{3+} 螢光粉差的原因可能來自於 YAG:Ce^{3+} 玻璃陶瓷螢光材的能量震動損失大於 YAG:Ce^{3+} 螢光粉，而造成熱穩定較差；Gd YAG 螢光粉的熱穩定性本來就較差，倘若製備成 Gd YAG:Ce^{3+} 玻璃陶瓷螢光材，其螢光強度的熱穩定性勢必越差。

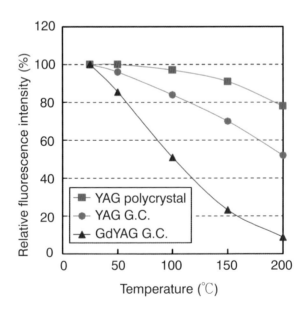

圖 4.39　YAG:Ce^{3+} 螢光粉、YAG:Ce^{3+} 玻璃陶瓷螢光材和 Gd YAG:Ce^{3+} 玻璃陶瓷螢光材之溫度對螢光強度的影響 [23]。

4.6 習題（Exercises）

1. 請概要說明螢光玻璃陶瓷的優勢與缺點。

2. 請簡要說明螢光玻璃陶瓷的分類。

3. 請說明陶瓷螢光體材料（Ceramic phosphor；CP）的優缺點。

4. 請說明玻璃陶瓷螢光體材料（Glass-ceramic phosphor；GCP）的優缺點。

5. 請說明玻璃螢光體材料（Glass phosphor or Phosphor in glass；GP or PIG）的優缺點。

6. 請敘述陶瓷螢光材料、玻璃陶瓷螢光材料及玻璃螢光材料（CP, GCP, GP or PIG）的合成方法。

7. 請概述玻璃螢光體材料的應用。

8. 請說明無機封裝材料與有機封裝膠材的差異性。

4.7 參考資料（References）

[1] US DOE, *Solid-State Lighting Research and Development: Multi-Year Program Plan*, **2012**, April.

[2] US DOE, *Solid-State Lighting Research and Development: Manufacturing Roadmap*, **2012**, August.

[3] S. Tanabe, S. Fujita, S. Yoshihara, A. Sakamoto, S. Yamamoto, *Proc. of SPIE*, **2005**, *5941*, 594111.

[4] S. Tanabe et al., *Phosphor Global Summit-San Diego*, **2008**, Mar 05.

[5] S. Nishiura, S. Tanabe, K. Fujioka, Y. Fujimoto and M. Nakatsuka, *Mater. Sci. Eng.*, **2009**, *1*, 012031.

[6] X. Li, J. G. Li, Z. Xiu, D. Huo and X. Sun, *J. Am. Ceram. Soc.*, **2010**, *93*, 2229.

[7] W. Zhao, C. Mancini, D. Amans, G. Boulon1, T. Epicier, Y. Min, H. Yagi, T. Yanagitani, T. Yanagida and A. Yoshikawa, *Jpn. J. Appl. Phys.*, **2010**, *49*, 022602.

[8] 魏念，盧鐵城，黎峰，張偉，馬奔原，盧忠文（四川大學物理系，成都 610065）http://www.paper.edu.cn/releasepaper/content/201210-304

[9] http://www.philipslumileds.com/

[10] *Phosphor Global Summit-Scottsdale, Arizona, LUMIRAMICS*, **2012**, March 20.

[11] W. Rossner et al., *Phosphor Global Summit-New Orleans, SIEMENS Corporate Technology*, **2013**, March 18.

[12] S. Fujita, A. Sakamoto and S. Tanabe, *IEEE J. Sel. Top. Quantum. Electron.*, 2008, 14, 1387.

[13] S. Nishiura and S. Tanabe, *IEEE J. Sel. Top. Quantum Electron.*, 2009, 15, 1177.

[14] T. Nakanishi and S. Tanabe, *Phys. Status Solidi A*, **2009**, 206, 919.

[15] T. Nakanishi and S. Tanabe, *J. Light&Vis. Env.*, **2008**, 32, 93.

[16] Y. K. Lee, J. S. Lee, J. Heo, W. B. Im and W. J. Chung, *Opt. Lett.*, **2012**, 37, 3276.

[17] H. Segawa, H. Yoshimizu, N. Hirosaki and S. Inoue, *Sci. Technol. Adv. Mater.*, **2011**, 12, 034407.

[18] L. Yang, M. Chen, Z. Lv, S. Wang, X. Liu and S. Liu, *Opt. Lett.*, **2013**, 38, 2240.

[19] W. C. Cheng, S. Y. Huang, C. C. Tsai, J. S. Liou, J. H. Chang, J.Wang and W. H. Cheng, *16th Opto-Ele. and Comm. Conf.*, **2011**, Jul., 490.

[20] A. Engel, M. Letz, T. Zachau, E. Pawlowski, K. Seneschal-Merz, T. Korb, D. Enseling, B. Hoppe, U. Peuchert, J.S. Hayden, *SCHOTT glass made of ideas*.

[21] T. Nishinosono, *OHARA INC. R&D Dept.*

[22] S. Tanabe and T. Nakanishi, *Phosphor Global Summit-San Diego*, **2008**, March 04.

[23] S. Fujita and S. Tanabe, *J. Appl. Phys.*, **2009**, 48, 120210.

第五章

商用螢光粉
Commercial LED Phoshpors

作者　劉偉仁

5.1 白光 LED 產業現況（Introduction to white LEDs）

　　由於白光發光二極體具有壽命長、省能、低污染等優勢，未來十分有機會取代熱熾燈與螢光燈，利用 LED 晶片加上螢光粉混成白光為目前市場上白光 LED 之主流，螢光材料在其中扮演重要的角色，而近年來因發光特性及穩定性的因素影響螢光材料研究已逐漸往氮氧／氮化物發展，本章節將介紹產業現況、螢光材料及目前市場上廣泛使用的綠、黃及紅光螢光材料特性進行介紹。

　　白光發光二極體（Light-Emitting Diode; white LED）具有體積小、封裝多元、熱量低、壽命長、耐震、耐衝擊、發光效率高、省電、無熱輻射、無污染問題（不含水銀）、低電壓、易起動等多項優良特性，符合未來對照明光源的環保及節能訴求，為「綠色照明光源」中的明日之星，一般認為將會是取代熱熾燈與螢光燈的革命性光源。

　　目前白光 LED 可由幾種不同的方法製成，其中以螢光材料加上 LED 晶片的方式因成本低、效率佳的優勢，是目前最為廣泛使用的一種，螢光材料在白光 LED 中扮演重要的角色，從早期硫化物及硫氧化物螢光粉，因其化學穩定性不佳，目前已逐步被氧化物及氮氧／氮化物螢光材料取代，而其高穩定性及高發光效率十分受矚目。文中將介紹白光 LED 產業現況、白光 LED 應用、螢光粉基本原理，也針對市場上藍光 LED 用的螢光材料進行彙整，近年許多研究單位投入螢光材料研究，不外乎期望能找出高效率且突破專利束縛的新組成，或以更簡易的方式合成出氮氧／氮化物螢光材料。

　　政府呼應國際節能減碳潮流，經濟部能源局目前正積極推動照明革命，將逐步汰換白熾燈泡為省電燈泡或其他高效率燈具（如 T5 螢光燈管、複金屬燈、LED 等），以期能達成節能減碳的目標。根據統計，國內白熾燈的銷售量每年約有 2,218 萬顆，年用電量約 10.8 億度，為推動照明節能及創造優質生活的光環境，政府亦積極推動「585 白熾燈汰換計畫」，預期以 5 年時間（2008~2012年），逐步推動國內白熾燈汰換為省電燈泡或其他高效率燈具，若全部完成汰換，估計每年可省下約 8 億度電，減少近 50 萬公噸二氧化碳排放，相當於造

林 2,784 萬顆樹的效益。

隨著 LED 在照明或背光方面的應用需求持續增加,近年產品技術的提升,
使得產品成本逐年降低,發光效率也逐年增加,根據 DIGITIMES [1] 預估雖然
目前 LED 照明佔整體照明市場比例仍低,如圖 5.1 所示,在 2011 年約為 6.6%,
但未來環保意識抬頭,各國禁用白熾燈及許多國家都將 LED 列為節能政策的
方向之一,大廠也陸續推出節能照明新產品,使得 LED 成本逐漸降低,
DIGITIMES 預估 2012 年全球 LED 照明市場規模將達 165 億美元,總照明滲透
率達到 11.3%,而未來在 2014 年全球 LED 照明產值滲透率可望達到 20% 以上。

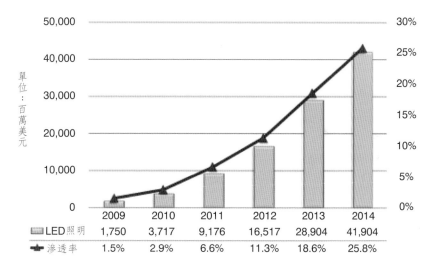

圖 5.1 　2009~2014 年 LED 照明市場規模及滲透率預測 [1]。

此外,DIGITIMES [1] 也指出在 LED 照明應用中,又以 LED 燈泡發展速
度較快,如圖 5.2 所示,2011 年滲透率為 1.8%,其中又以日本占有較大需求比
重,預估,2012 年滲透率將為 5.4%,此數字偏低的原因在於價格因素,未來
如單價降低,加上發光效率提升,其滲透率可望逐步增加。

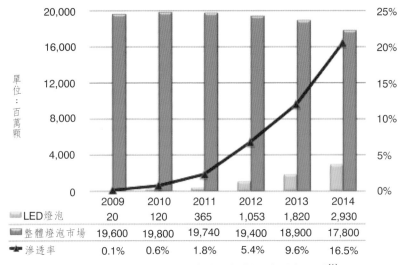

	2009	2010	2011	2012	2013	2014
LED燈泡	20	120	365	1,053	1,820	2,930
整體燈泡市場	19,600	19,800	19,740	19,400	18,900	17,800
滲透率	0.1%	0.6%	1.8%	5.4%	9.6%	16.5%

圖 5.2　2009~2017 年 LED 燈泡市場規模及滲透率預測 [1]。

　　美國能源局（DOE）資料 [2] 指出 LED 中各項目之成本，如圖 5.3 所示，其中占成本最大部分約 50% 為 Other Back-End 包含基板移除（Substrate removal）、晶粒切割（Chip separation）及封裝（Packaging），第二大就是螢光材料部分，占 LED 其中成本 20%，由此更可看出螢光材料在白光 LED 中扮演關鍵的角色。

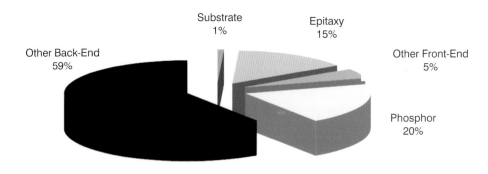

圖 5.3　LED 中各項目之成本 [2]。

現今各項重要 LED 螢光粉多數以 Eu^{2+}、Ce^{3+}、Mn^{2+} 等金屬離子為活化劑，其主體材料則由硫化物、氧化物、硫氧化物，逐漸朝往氮化物／氮氧化物等方面發展，主要原因在於氮化物／氧氮化物螢光材料，比一般氧化物螢光材料之具有更強之共價特性，透過電子雲擴張效應之原因，通常會促使螢光材料之激發／發光偏向較長之波段，頗適合於 NUV-LED 或 Blue-LED 之激發與應用。另一方面，目前 LED 螢光粉之活化劑則以具寬波段激發／發光特性的稀土元素（$4f \rightarrow 5d$ 電子遷移之離子如 Eu^{2+}、Ce^{3+} etc.）或過渡元素（如 Mn^{2+}、Mn^{4+}、Sb^{3+} etc.）為首選，另外具窄波段發光激發／發光特性的的稀土元素活化劑（$4f \rightarrow 4f$ 電子遷移之離子如 Eu^{3+}、Tb^{3+}、Pr^{3+} etc.）因在 350~460nm 之波段間較難激發，受專利涵蓋的項目較少，其中較為重要的 Eu^{2+} 及 Ce^{3+} 等兩項活化劑。以 Eu^{2+} 活化劑而言，若搭配具有適當晶格場效應（Crystal-field effect）及電子雲擴張效應／共價性效應（Nephelauxetic effect／Covalency effect）影響的主體材料，則其發光顏色可以涵蓋紅～藍的可見光波長範圍，如圖 5.4 所示 [3]。

Chemical composition	λ_{max}	x	y	
CaS:Eu	655 nm	0.70	0.30	Nitrides + Sulfides
CaAlSiN$_3$:Eu	650 nm	0.66	0.34	
Sr$_2$Si$_5$N$_8$:Eu	615 nm	0.62	0.38	
SrS:Eu	610 nm	0.63	0.37	
Ba$_2$Si$_5$N$_8$:Eu	580 nm	0.52	0.48	
Sr$_2$SiO$_4$:Eu	575 nm	0.44	0.50	
SrSi$_2$N$_2$O$_2$:Eu	540 nm	0.36	0.61	
SrGa$_2$S$_4$:Eu	535 nm	0.27	0.69	
SrAl$_2$O$_4$:Eu	520 nm	0.26	0.55	
Ba$_2$SiO$_4$:Eu	505 nm	0.16	0.57	
Sr$_4$Al$_{14}$O$_{25}$:Eu	490 nm	0.14	0.35	Oxynitrides + Oxides
SrSiAl$_2$O$_3$N:Eu	480 nm	0.14	0.30	
BaMgAl$_{10}$O$_{17}$:Eu	450 nm	0.15	0.06	
Sr$_2$P$_2$O$_7$:Eu	420 nm	0.17	0.01	
BaSO$_4$:Eu	374 nm	0.17	0.00	
SrB$_4$O$_7$:Eu	368 nm	0.17	0.00	

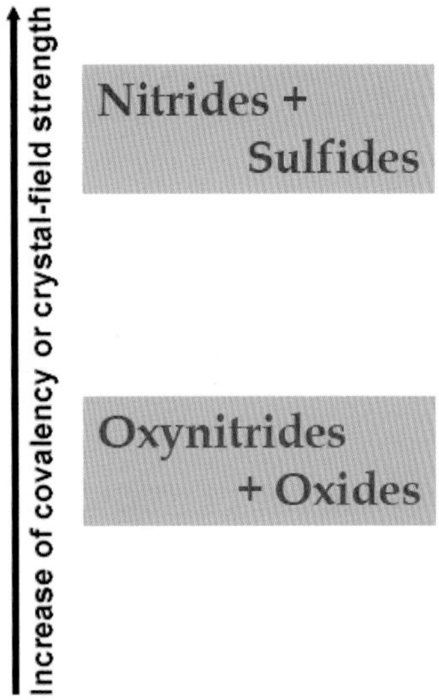

Increase of covalency or crystal-field strength

圖 5.4　以 Eu^{2+} 為活化劑之各色系 LED 螢光粉範例說明 [3]。

5.1.1 白光LED應用

　　光源在不同的應用上，是具有不同的應用需求條件，以光源在照明方面的應用而言，光源所發出的光線乃是經由被照物體的光吸收及光反射步驟，再間接的投射入人類的眼睛，在光色特性上著重於演色性與色溫之特性需求。如前所述，單一 LED 晶片加上螢光粉而製成白光 LED 為目前市場主流，而單晶型白光 LED 混光方式又可以晶片種類分為藍光及紫外兩種，然目前業界主要使用藍光晶片搭配螢光材料進行混光，利用藍光晶片混光可藉由以下幾種方式達成：(1) 藍光 LED + 黃光螢光粉 [4,5]；(2) 藍光 LED + 黃光螢光粉 + 紅光螢光粉 [6,7]；(3) 藍光 LED + 綠光螢光粉 + 紅光螢光粉 [8,9]。螢光應選擇具有高的發光效率且與人眼視效函數匹配；至於光源在顯示方面的應用，其發出的光線則是直接的投射入人類的眼睛，則注重於色純度與色域 / 色彩飽和度等特性需求；另光源在背光方面的應用，因光源發出的光線則是經由彩色濾光膜（Color filter）的過濾後，再投射入人類的眼睛，故亦較注重於透過彩色濾光膜之光色純度與色域 / 色彩飽和度等特性需求，目前 LED 應用於背光源主要利用藍光 LED 加上綠色及紅色螢光材料，在背光方面，因要求光色純度與色域 / 色彩飽和度等特性需求，螢光材料通常選擇具有較窄的半高寬，此外發光波長也須與濾光片相匹配，是故，白光 LED 在照明及顯示背光上的應用，就光學原理及人類視覺的機制而言，其所需求的特性條件各有不同，如表 5.1 之說明。

表5.1　光源在不同應用的需求條件說明。

130

Differentiation of Light-Sources Application		
Light Source + Object	Light Source + Color Filter	Light Source
Absorption Reflectance	Absorption Transmission	Direct View
Color Rendering Color Temperature	Color Purity (Saturation) Color Gamut	Color Purity (Saturation) Color Gamut
· Contiuuous specrrum visible is better. · Broadband emissious usually preferred.	· Low absorption by color filter is better. · Trichrouatic narrowbant emission is preferred.	· Good color purity to obtain wider color gainut is esseitual. · Trichromatic harrowband emission is preferred.

5.1.2 白光LED螢光材料介紹

表 5.2 為目前市場上常見之黃、綠及紅光螢光粉，並列出螢光粉的發光強度、半高寬、耐候性（化學穩定性）及熱穩定性，後續將針對其中代表性的螢光粉進行介紹。

表5.2　目前市場上常見之黃、綠及紅光螢光粉。

	組成	發光強度	半高寬	耐候性	熱穩定性
黃光螢光粉	$Y_3Al_5O_{12}:Ce^{3+}$	○	寬	○	△
	$Tb_3Al_5O_{12}:Ce^{3+}$	△	寬	○	△
	$(Ca,Sr,Ba)_2SiO_4:Eu^{2+}$	○	寬	△	X
綠光螢光粉	$(Sr,Ba)_2SiO_4:Eu^{2+}$	○	寬	△	X
	β-SiAlON: Eu^{2+}	△	中	○	△
	$Lu_3Al_5O_{12}:Ce^{3+}$	○	寬	○	○
	$(Sr,Ba)Si_2O_2N_2:Eu^{2+}$	△	中	○	○
	$CaSc_2O_4:Ce^{3+}$	△	寬	○	○
	$Ca_3Sc_2Si_3O_{12}:Ce^{3+}$	△	寬	○	○
紅光螢光粉	$(Ca,Sr)S:Eu^{2+}$	○	寬	X	X
	$(Ca,Sr,Ba)_2Si_5N_8:Eu^{2+}$	○	寬	○	○
	$(Ca,Sr)AlSiN_3:Eu^{2+}$	○	寬	○	○

以下將分段描述之

5.2 $Y_3Al_5O_{12}:Ce^{3+}$螢光粉（$Y_3Al_5O_{12}:Ce^{3+}$phosphors）

　　1996 年日亞化學（Nichia）提出藍光 LED 搭配黃光 $Y_3Al_5O_{12}:Ce^{3+}$(YAG) 螢光粉產生白光的專利（US5998925）[10]，經由光轉換及混光作用而獲得色溫約 6,500K 的白光，此項白光 LED 的推出引起全球的矚目，也肇始了白光 LED 應用的新紀元，YAG 為一具有石榴石結構的材料，因此 $Y_3Al_5O_{12}$ 也被稱為釔鋁石榴石，當在此材料中添加稀土 Ce^{3+} 離子，此材料在藍光具有寬廣的激發波段，並放射 550~560nm 的黃光，圖 5.5 為 $Y_3Al_5O_{12}:Ce^{3+}$ 之激發及放射圖譜，文獻 [11] 也指出利用陽離子（Gd^{3+} 或 Ga^{3+}）對 $Y_3Al_5O_{12}$ 主體結構進行取代，可以改變 YAG:Ce^{3+} 發光波段，提供不同色溫白光 LED 使用，歐斯朗（Osram）以稀土元素 Tb 完全取代 YAG 中 Y 原子（簡稱 TAG）（US6669866）[12]，同樣也可得到具有黃光發光特性的 TAG:Ce^{3+}，但其效率仍低於 YAG:Ce^{3+}。

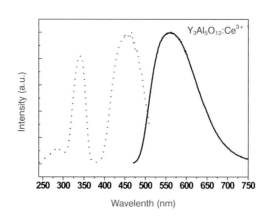

圖 5.5　$Y_3Al_5O_{12}:Ce^{3+}$ 之激發及放射光譜。

　　Yang 等學者 [13] 利用水熱法製備 YAG:Ce 螢光材料，利用硝酸釔、硝酸鋁、硝酸鈰等起始物在水熱罐內分別以 100℃持溫 4 小時，240℃持溫 20 小時，之後將樣品放入管狀氣氛爐以不同溫度進行 2 個小時的燒結，進而獲得

YAG:Ce 螢光體，圖 5.6(a) 為在不同燒結溫度下的 XRD 圖譜，其結果顯示在 1200℃以上即可獲得 YAG 純相，遠比固態燒結的需求溫度低 400℃，隨燒結溫度的增加，螢光體的結晶性也隨之增加；圖 5.6(b) 為利用水熱法所製備之 YAG:Ce 表面形貌，其平均粒徑為 200nm ，且屬於規則的圓球狀；圖 5.6(c) 和 5.6(d) 則分別為不同燒結溫度與不同 Ce 摻雜濃度的 PL 光譜圖，在固定 0.01mol% 的 Ce 摻雜量下，以燒結溫度 1300℃所合成之 YAG 強度最強，而在濃度效應方面，則以 0.1mol% 的 Ce 摻雜量下具有最好的放光強度表現。

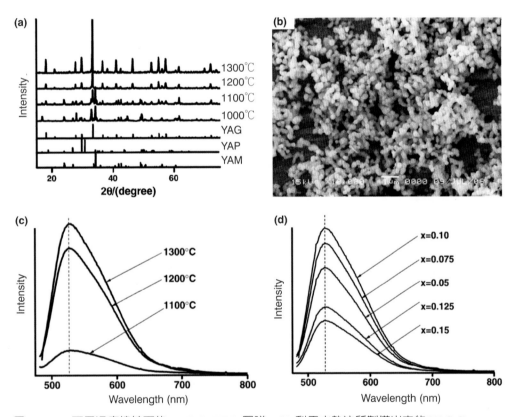

圖 5.6　(a) 不同溫度燒結下的 YAG:Ce XRD 圖譜；(b) 利用水熱法所製備出來的 YAG:Ce；
　　　　(c) 不同燒結溫度下的 YAG:Ce 放光光譜；　(d) 不同 Ce 摻雜濃度的 YAG:Ce 放光光譜。

Song 等學者 [14] 則以固態反應法搭配助熔劑對 YAG 螢光粉進行表面形貌精準的控制，分別以 Y_2O_3、Al_2O_3、CeO_2 的反應起始物搭配 5wt.% BaF_2 助熔

劑先以乙醇進行濕試球磨後，再放入高溫爐進行固態合成反應，所合成之 YAG 組成配方為 $(Y_{0.97}Ce_{0.03})_3Al_5O_{12}$，圖 5.7(a) 與 5.7(b) 是在 1700℃下對於有添加與未添加 5% BaF_2 助熔劑下 YAG:Ce 之表面形貌分析，很明顯地可觀察出未添加助熔劑時，即便經過高達 1700℃的高溫進行固態反應，其螢光粉的顆粒仍相當地不均勻，反觀使用助熔劑的樣品經過高溫燒結後，其螢光粉體的粒徑相當均一，大約 50~100μm，此結果顯示助熔劑對於表面形貌控制的重要性。圖 5.8 分別為 1400℃、1500℃、1600℃與 1650℃下對螢光粉進行燒結之 YAG:Ce 表面形貌分析，當在 1400~1500℃的燒結溫度進行燒結時，螢光粉顆粒團聚現象很顯著，直到超過 1600℃以上才觀察出明顯的顆粒生成，由此可知燒結溫度對於以固態反應法合成 YAG 來說也是一個很重要的參數。圖 5.9(a) 為不同燒結溫度下對 YAG 螢光粉進行燒結之 XRD 分析，當燒結溫度超過 1300℃以上即會產生 $Y_3Al_5O_{12}$ 的相，溫度超過 1500℃以上可得到純相 YAG；圖 5.9(b) 則是比較有添加助熔劑與沒添加助熔劑之 YAG 的 PL 放光光譜分析，很明顯地，藉由 5wt.% BaF_2 的添加，不僅 YAG 的粒徑分佈較為均一、顆粒表面較為光滑，其放光強度以優於未添加助熔劑之 YAG 螢光粉。

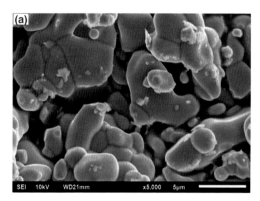

圖 5.7　(a) 1700℃ 未使用 5% BaF_2；　(b) 1700℃使用 5% BaF_2 之 YAG:Ce表面形貌分析。

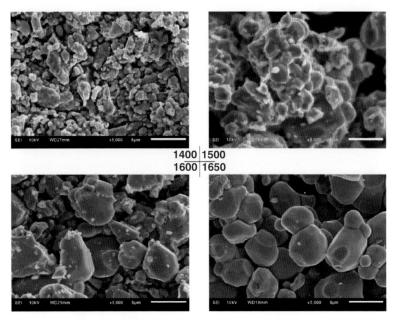

圖 5.8　不同溫度下燒結 YAG:Ce 之表面形貌。

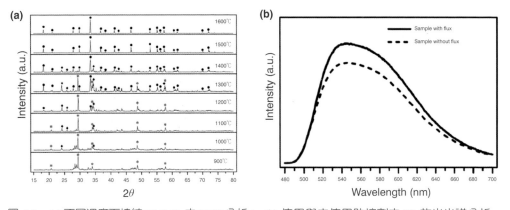

圖 5.9　(a) 不同溫度下燒結 YAG:Ce 之 XRD 分析；　(b) 使用與未使用助熔劑之 PL 放光光譜分析。

　　Tabrizi 學者[15] 利用 Pechini 法將硝酸鋁、硝酸釔、硝酸鈰溶解在 80 毫升去離子水中，並加入檸檬酸（檸檬酸：陽離子莫耳數比 = 1:1）利用磁石攪拌至澄清混和溶液再加入乙二醇（乙二醇：檸檬酸莫耳數比 = 1:2），接著在 80℃下攪拌均勻以移除水分，將凝膠放入 100℃烘箱持溫 24 小時，最後將前驅物研

磨後放入高溫爐以不同溫度燒結 3 小時，進而獲得 YAG:Ce 螢光體。圖 5.10 左為在不同燒結溫度下的 XRD 圖譜，其結果顯示在 800℃才開始出現 YAG 相，而隨著燒結溫度的增加，螢光體的結晶性也隨之增加，且無雜相存在；圖 5.10 右為加入乙二醇與檸檬酸比例：(a)1:1 及 (b)2:1 在鍛燒溫度 900℃下燒結 3 小時之 SEM 圖，其結果顯示當乙二醇比例增加可使粒子大小變小且減緩粉體間的凝聚現象；圖 5.10 左下與右下分別為不同鍛燒溫度與不同乙二醇、檸檬酸加入比例的 PL 光譜圖，在固定 1.0wt.% 的 Ce 摻雜量下，以 1200℃燒結溫度所合成之 YAG 強度最強，而隨著乙二醇與檸檬酸比例增加，能使結晶過程中最初粒子間的作用力減緩，進而形成低凝聚力且放光強度佳的螢光粉體。

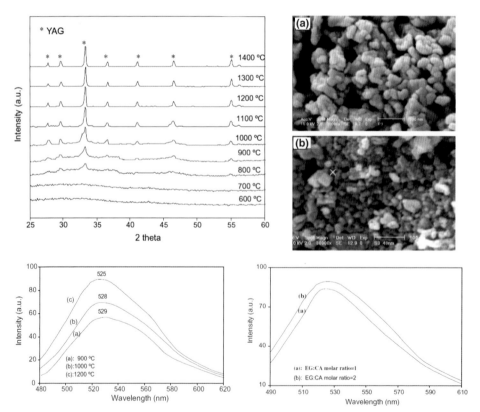

圖 5.10　左上：不同溫度燒結下的 YAG:Ce XRD 圖譜；
　　　　　右上：乙二醇與檸檬酸比例為 (a)1:1 (b)2:1 經 900℃燒結後之 SEM 圖；
　　　　　左下：不同鍛燒溫度下的 YAG:Ce 放光光譜；
　　　　　右下：不同比例之乙二醇與檸檬酸經 1200℃燒結後放光光譜圖。

Zhu 等學者[16] 利用溶膠凝膠法（Sol-gel process, SG）製備 YAG:Ce 螢光材料，將氧化釔及硝酸鈰溶在 60 毫升濃度為每公升 0.5 莫耳的硝酸鋁溶液中，其陽離子比例為 $Y_{2.94}Al_5O_{12}$:$Ce_{0.06}$，混和溶液持續攪拌並加熱至 80℃下持溫 2 小時，接著在 120℃下持續 5 小時以烘乾水分得到前驅物，之後放入高溫爐在還原氣氛下以不同溫度燒結 3 小時，進而獲得 YAG:Ce 螢光體。圖 5.11 為前驅物在不同鍛燒溫度下的 XRD 圖譜，發現在 900℃時始有 YAG 相產生，當燒結溫度來到 1400℃時為 YAG 純相；圖 5.12 為 (a) 溶膠凝膠法之前驅物經 1550℃燒結 3 小時；(b) 商用樣品之表面形貌，顯示經 SG 法所製出的粉體顆粒較統一、近球體且無凝聚現象，大小為 3～4μm，比起商用樣品小了 10μm；SG 法能使 Ce^{3+} 均勻地進入 YAG 晶格，提高發光效率，圖 5.13 為不同燒結溫度之放光光譜，粉體由 SG 法合成在燒結溫度 1550℃ 下具有比商用樣品更高的放光強度。

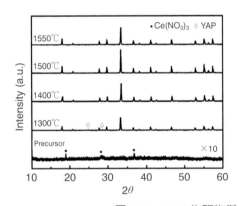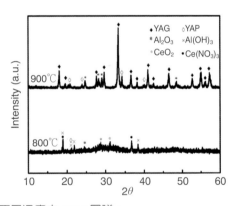

圖 5.11　YAG 先驅物與不同溫度之 XRD 圖譜。

圖 5.12　(a) 前驅物由 SG 法製得經 1550 ℃ 燒結 3 小時。　(b) 商用樣品之 SEM 圖。

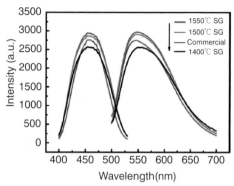

圖 5.13　SG 法經不同鍛燒溫度下的 YAG:Ce 放光光譜。

　　Jiao 等學者[17] 在溶膠凝膠法中，利用助熔劑 LiF 合成 YAG:Ce 螢光粉，將氧化釔、氧化鈰先溶在稀硝酸中，加入硝酸鋁，接著加入些許過氧化氫及檸檬酸（檸檬酸與硝酸莫耳比為 1:1），溶液混合均勻在 60℃下加熱至淡黃色溶膠狀，再繼續加熱至 400℃得前驅物，將前驅物加入 LiF 研磨後在 500~800℃下空燒四小時即得 YAG:Ce 螢光體。圖 5.14 左為前驅物加入 4wt.% LiF 經不同燒結溫度下 XRD 圖譜，在 540℃鍛燒溫度開始有 YAG 相形成；圖 5.14 右為前驅物加了 4wt.% LiF 經 400℃燒結之 DTA/TG 熱重分析曲線；120~500℃重量損失原因為有機化合物的熱解，而 500~800℃的放熱範圍標示出 YAG 的結晶相，證實了 XRD 的光譜結果；圖 5.15 左為有無加入 LiF 及經不同鍛燒溫度之放光光譜，加入 LiF 在 800℃下燒結有最強的放光強度；圖 5.15 右為前驅物加入不同量 LiF 經鍛燒後的粉體放光強度比較圖，顯示 LiF 加入量在 4wt.% 有著最佳的放光強度。

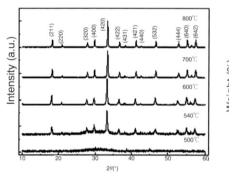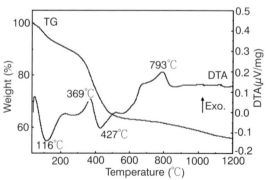

圖 5.14　左：前驅物加入 4wt.% LiF 經不同燒結溫度下 XRD 圖譜；
　　　　　右：前驅物加了 4wt.% LiF 經 400℃燒結之 DTA/TG 熱重分析曲線。

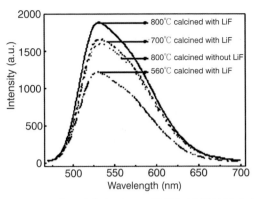
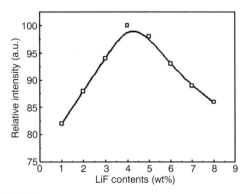

圖 5.15　左：有無加入 LiF 及經不同鍛燒溫度之放光光譜；
　　　　右：前驅物加入不同量 LiF 經鍛燒後的粉體放光強度比較圖。

　　Xinyu 等學者 [18] 利用共沉澱流變法製備 YAG:Ce 螢光材料，將硝酸釔、硝酸鋁、硝酸鈰溶在去離子水中，其陽離子濃度為每升 0.2 莫耳，接著以每分鐘 5 毫升的量滴入 NH_4HCO_3(1.2mol/L) +$(NH_4)_2SO_4$ 至混和溶液中並攪拌均勻，將沉澱物水洗乾燥後加入 CH_3COOH ，加熱至 80℃ 並持溫 24 小時，之後放入管狀高溫爐 600℃ 還原氣氛下燒結 3 小時，最後將前驅物加入助溶劑 BaF_2 研磨後以 1400℃ 還原氣氛下燒結 3 小時，進而得到 YAG:Ce 螢光粉體。圖 5.16 為加入不同量 CH_3COOH 燒結後之表面形貌，隨著醋酸加入的量越多，平均粒徑越大，但形態卻從近球體轉呈長方體；圖 5.17 為兩種不同方法製備 YAG 的放光光譜圖，由固相和醋酸形成的流變相有著較佳的擴散環境，能提升放光強度，因此共沉澱流變法比一般共沉澱法所製備出的粉體放光強度高了 43%。

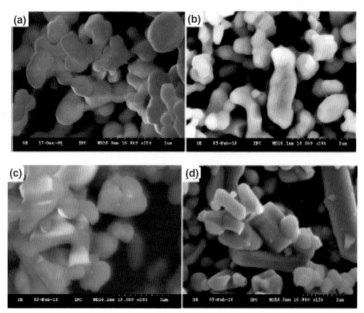

圖 5.16　加入 (a)0wt.%; (b)200wt.%; (c)300wt.%; (d)400wt.% CH$_3$COOH 燒結後之表面形貌。

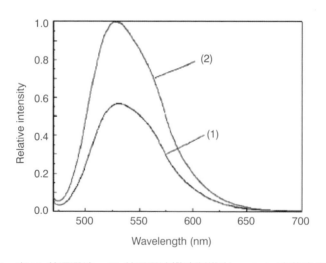

圖 5.17　由 (1) 共沉澱法；(2) 共沉澱流變法製備出 YAG:Ce 之放光光譜。

Lizer 等學者[19] 以 Si-N 鍵取代 Al-O ，將 Y$_2$O$_3$、Al$_2$O$_3$、Si$_3$N$_4$、CeO$_2$ 以 Y$_{3-a}$Ce$_a$Al$_{(5-x)}$Si$_x$O$_{(12-x)}$N$_x$（a = 0.06；x = 0~0.06）比例組成並加入 1wt.%AlF$_3$ 做為助熔劑，加入 1.6 倍過量的 Si$_3$N$_4$ 研磨並溶在 MEK/ET 溶劑中，加入些許

hypermer KD1，接著加熱至 120℃持溫兩小時，最後再以 1650℃混氫氣體下
（H_2/N_2）燒結 8 小時，得 YAG:Ce 螢光材料。圖 5.18 左為依序加入越多量
Si_3N_4 所燒結後的分子組成結果，YAG 純相出現在 x 小於 0.3 時，當 x 大於 0.3
時會有 Si_3N_4、Y_2O_3 相出現明顯改變 YAG 組成結構；圖 5.18 右為加入不同比
例 Si_3N_4 燒結所測得之放光光譜，隨著 Si_3N_4 加入的量越多時，曲線最大波峰
會產生紅位移，但當 x 大於 0.3 後，波峰就此固定並不繼續位移，其紅位移產
生原因為兩種 Ce^{3+} 離子的存在，一為高能階下的氧配體與另一是 Si-N 部分取代
Al-O 的低能階。此篇研究結果證實將 YAG 螢光粉氮化可使其放光光譜紅位移。

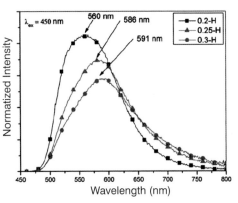

圖 5.18　左：加入不同量之 Si_3N_4 在 1650℃混氫氣體下燒結 8 小時之相組成分析；
　　　　　右：不同 Si_3N_4 添加之螢光粉 PL 放光光譜。

5.3 $Lu_3Al_5O_{12}:Ce^{3+}$螢光粉（$Lu_3Al_5O_{12}:Ce^{3+}$ phosphors）

　　在日亞化學（Nichia）提出的專利[10]中提到另一結構類似 $Y_3Al_5O_{12}:Ce^{3+}$
的螢光材料 $Lu_3Al_5O_{12}:Ce^{3+}$（可簡寫為 LuAG），其激發及放射光譜如圖 5.19 所
示，其激發光譜特性類似於 YAG，適合被藍光（440~460nm）所激發，Lu 取
代 Y 之後使發光波段藍位移至 510~550 寬帶綠光，此系列發光效率較矽酸鹽及
β-SiAlON 高，且其熱穩定性為其中最佳者。

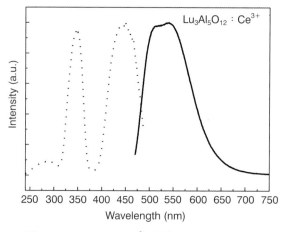

圖 5.19　$Lu_3Al_5O_{12}:Ce^{3+}$ 之激發及放射光譜。

　　Kim 等學者[20]以噴沫熱裂解法（Spray pyrolysis）製備 LuAG 綠色螢光粉，圖 5.20(a) 為所製備出之反應先驅物，為粒徑 1~5μm 的球型顆粒，將此先驅物放入高溫進行燒結，圖 5.20(b) 是在不同的燒結溫度下所獲得 LuAG 之 XRD 圖譜，結果顯示在 800℃以下，主要是 Lu_2O_3，超過 900℃則可觀察到 LuAG 的相，當溫度提高到 1000℃以上則可獲得純相。圖 5.21 是對球狀先驅物以不同溫度進行燒結下之 LuAG 之表面形貌，由此可知藉由噴沫造粒製備之 LuAG 先驅物從 1200~1500℃都能夠製備出粒徑均一的螢光粉體，可有效避免當使用固態反應法在較高溫度會產生顆粒團聚的現象，圖 5.22(a) 為以 1400℃燒結之 LuAG 粒徑分佈，平均粒徑約 500nm，而在發光效率方面，圖 5.22(b) 則為不同溫度燒結下之 LuAG 放光光譜分析，結果顯示隨著燒結溫度的增加，其發光強度越強。

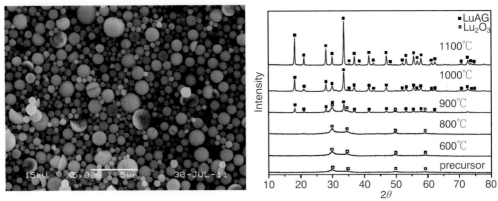

圖 5.20　(a) LuAG 的先驅物經噴沫造粒後的表面形貌；

　　　　(b) 先驅物經不同燒結溫度下之 XRD 圖譜分析。

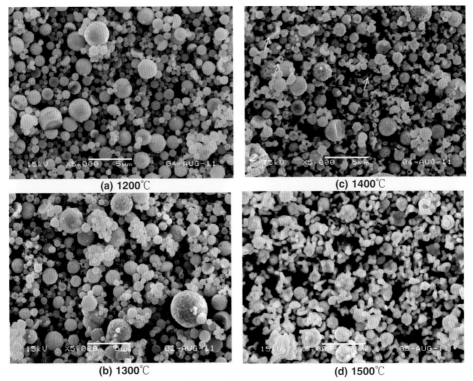

圖 5.21　在不同燒結溫度下 LuAG 之表面形貌：(a)1200℃；(b)1300℃；(c)1400℃；(d)1500℃。

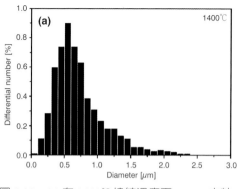
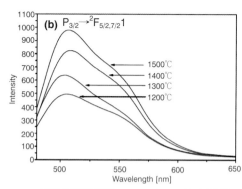

圖 5.22　(a) 在 1400℃燒結溫度下 LuAG 之粒　　(b) 不同燒結溫度 LuAG 之 PL 放光圖譜。
　　　　　徑分佈；

　　Praveena 等學者[21]以溶膠凝膠法製備奈米 $Lu_3Al_5O_{12}$:Ce 綠色螢光材料，所選用的先驅物包括 $Lu(NO_3)_3$、$Al(NO_3)_3$、$Ce(NO_3)_3$、檸檬酸（citric aicd）和甘油（poly ethtlene glycol）進行溶膠凝膠反應，再以 500℃以及 900℃在空氣下進行兩階段燒結，進而獲得奈米螢光粉粉體，圖 5.23(a) 為 XRD 圖譜分析，由結果可知所合成出來的 LuAG 與標準圖譜 JCPDS-18-0761 完全吻合；圖 5.24(a)為 LuAG 分別在 25℃、100℃與 150℃之 PL 放光光譜，結果發現光譜幾乎重疊，檢視 LuAG 具有相當優異的熱穩定性，而圖 5.24(b) 則是 LuAG 與 YAG 進行熱穩定性的比較，LuAG 隨溫度增加，其發光強度幾乎不會衰減，反觀 YAG 螢光粉隨溫度增加，其發光效率隨之下降，在 160℃時其強度已掉到 < 80%。

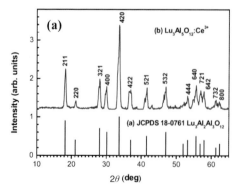
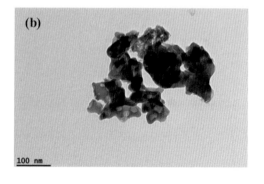

圖 5.23　(a) 本研究合成 LuAG 之 XRD 圖譜　　(b) 奈米 LuAG 之 TEM 表面形貌。
　　　　　與標準圖譜比較；

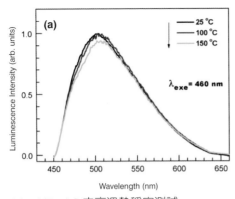

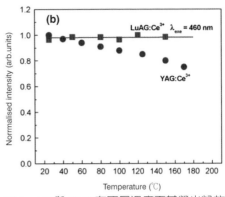

圖 5.24 (a)LuAG 之高溫熱穩定測試：　　　(b) LuAG 與 YAG 在不同溫度下其螢光粉放光
　　　　　　　　　　　　　　　　　　　　　強度之變化情形。

5.4 (Ca,Sr,Ba)$_2$SiO$_4$:Eu^{2+}螢光粉

除了 YAG 外，另一類相當重要的螢光材料為矽酸鹽的 (Ca,Sr,Ba)$_2$SiO$_4$: Eu^{2+}，包括 GE(US6429583)[13] 和豐田合成（US6809347）[14] 都有提出相關專利，在矽酸鹽材料系統中有兩種不同的晶相，分別為低溫單斜晶相（β-Sr$_2$SiO$_4$）及高溫斜方晶相（α-Sr$_2$SiO$_4$），在此矽酸鹽材料添加 Eu^{2+} 做為發光中心，可得到具有寬廣激發帶之螢光材料，適合用於紫外或藍光 LED，而其放光波段則隨著不同陽離子所造成晶場分裂大小而改變，其發光波長可由 507nm 的綠光到 605nm 的橘紅光，如圖 5.25 所示 [15]，此系列螢光材料發光效率佳，但其發光特性受溫度效應影響嚴重，隨著溫度升高其發光強度大幅衰減。

Chen 等學者 [25] 以微波輔助加熱之固態反應法探討 NH$_4$Cl 助熔劑效應對於 Sr$_{1.9}$SiO$_4$:Eu$_{0.1}$$^{3+}$ 螢光體之晶體結構、發光特性與表面形貌之關係，圖 5.26(a) 是以 2.45GHz 的微波加熱爐以 1.3KW 進行加熱所獲得之 XRD 圖譜，結果顯示不同含量之 NH$_4$Cl 可獲得 α-Sr$_2$SiO$_4$ 的主相與微量 Eu$_2$O$_3$ 的雜相：圖 5.26(b) 是比較不同 NH$_4$Cl 添加量對於 Sr$_{1.9}$SiO$_4$:Eu$_{0.1}$$^{3+}$ 螢光粉發光強度之比較，結果顯示有添加 NH$_4$Cl 助熔劑的樣品均比沒有添加的樣品來得好，其中又以 1% NH$_4$Cl 的樣品其放光強度最強。圖 5.27 則為未添加與添加 1% NH$_4$Cl 樣品經過高溫燒結

之表面形貌分析，結果顯示藉由 1% NH₄Cl 助熔劑的添加可有效提升樣品的結晶性，進而提升其發光效率。

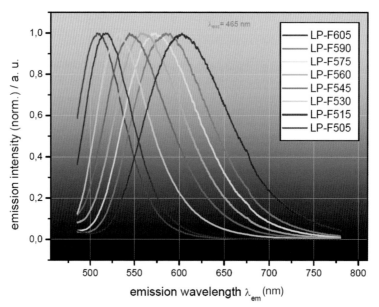

圖 5.25 (Ca,Sr,Ba)$_2$SiO$_4$:Eu^{2+} 之激發及放射光譜 [15]。

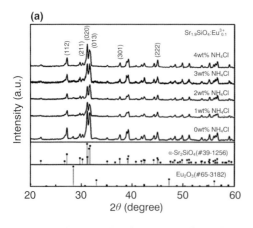
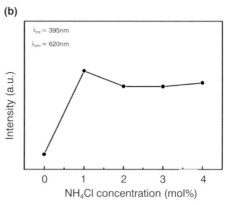

圖 5.26 (a) 以不同計量之 NH₄Cl 當作助熔劑合成 Sr$_{1.9}$SiO$_4$:Eu$_{0.1}$$^{3+}$ 之 XRD 圖譜分析；

(b) 以不同計量之 NH4Cl 當作助熔劑合成 Sr1.9SiO4:Eu0.13+ 之 PL 放光強度比較。

圖 5.27　未添加 (a) 與添加 1% NH$_4$Cl 之 Sr$_{1.9}$SiO$_4$:Eu$_{0.1}$$^{3+}$ 螢光粉經 1200℃高溫燒結後之表面形貌比較。

　　Lee 等學者 [26] 則是針對探討 (Ba$_{1.1}$Sr$_{0.88}$)SiO$_4$:Eu$_{0.02}$ 綠色螢光粉中 Ba 的來源進行深入探討，利用噴沫造粒與後端的高溫燒結製程製備此螢光材料，其主要利用部分的 BaF$_2$ 取代 Ba(NO$_3$)$_2$，並探討其表面形貌與螢光粉的發光特性，圖 5.28 為不同 BaF$_2$/Ba(NO$_3$)$_2$ 之比例進行高溫燒結後之 SEM 表面形貌，在相同 SEM 倍率下很明顯地觀察到 BaF$_2$/Ba(NO$_3$)$_2$ 比例增加可有效提升螢光粉的結晶性與粒徑；該研究團隊接著對於不同 Ba 來源比例的螢光粉進行發光效率的研究，其結果如圖 5.29(a) 所示，其中以 BaF$_2$/Ba(O$_3$)$_2$ = 0.04/1.06 的比例下其 PL 放光強度最強，作者並以此樣品與藍光晶片進行封裝測試，並與商品綠粉進行比較，由圖 5.29(b) 之結果顯示其封裝效率幾乎與商用綠粉相當。

(a)BaF$_2$/Ba(NO$_3$)$_2$ = 0.0/0.1　　　　**(b)BaF$_2$/Ba(NO$_3$)$_2$ = 0.01/1.09**

(c)BaF$_2$/Ba(NO$_3$)$_2$ = 0.03/1.07　　　　**(d)BaF$_2$/Ba(NO$_3$)$_2$ = 0.04/1.06**

(e)BaF$_2$/Ba(NO$_3$)$_2$ = 0.06/1.04　　　　**(f)BaF$_2$/Ba(NO$_3$)$_2$ = 0.08/1.02**

圖 5.28　先驅物以不同的 Ba 來源進行 1150℃燒結製備（Ba$_{1.1}$Sr$_{0.88}$）SiO$_4$:Eu$_{0.02}$ 螢光粉之表面形
　　　　貌分析：

(a) BaF$_2$/Ba(NO$_3$)$_2$ = 0.0/0.1；　　　　(d) BaF$_2$/Ba(NO$_3$)$_2$ = 0.04/1.06；

(b) BaF$_2$/Ba(NO$_3$)$_2$ = 0.01/1.09；　　　(e) BaF$_2$/Ba(NO$_3$)$_2$ = 0.06/1.04；

(c) BaF$_2$/Ba(NO$_3$)$_2$ = 0.03/1.07；　　　(f) BaF$_2$/Ba(NO$_3$)$_2$ = 0.8/1.02。

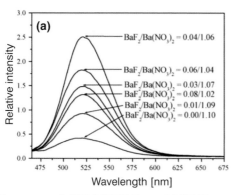 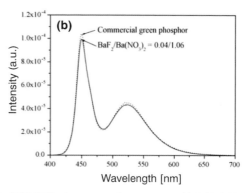

圖 5.29　(a) 先驅物以不同的 Ba 來源進行 1150℃燒結製備（Ba$_{1.1}$Sr$_{0.88}$）SiO$_4$:Eu$_{0.02}$ 螢光粉之放光光譜分析；

　　　　　(b) 將最佳組成樣品與藍光晶片組成白光 LED 之白光光譜，並以商用綠粉進行比較。

5.5 β-SiAlON螢光粉

　　β-SiAlON 為 β-Si$_3$N$_4$ 的 Si 及 N 原子分別被 Al 及 O 原子取代形成的固體溶液，β-SiAlON 具有耐氧化、耐蝕性、耐潛變性等特性，日本的 NIMS[27,28] 在 2005 年發表了由 β-SiAlON 做為主體的螢光材料，圖 5.30 為 β-SiAlON:Eu^{2+} 之激發及放射光譜，此材料適合被紫外或藍光所激發，此材料摻雜 Eu^{2+} 後為一放射 540~550nm 的綠光螢光材料，其發光強度略遜於前面提到的矽酸鹽類螢光粉，但此材料有較佳的熱穩定性，缺點是合成條件較嚴苛，需在高溫（>1500℃）及高壓（100atm）的環境下合成。

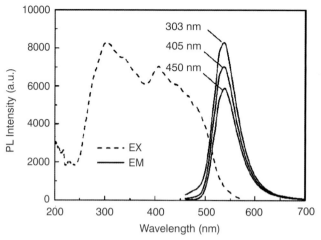

圖 5.30　β-SiAlON: Eu^{2+} 之激發及放射光譜 [27] 。

5.6 SrSi$_5$N$_8$:Eu^{2+}螢光粉（SrSi$_5$N$_8$:Eu^{2+}phosphors）

氮化物材料是近幾年來十分受到矚目的材料系統，由於藍光 LED ＋ 黃光螢光粉所得的白光演色性偏低，因此會添加紅光的材料提高演色性，早期使用的 Y$_2$O$_3$:Eu^{3+} 及 SrS:Eu^{2+} 分別有效率不佳及化學穩定性差等問題，氮化物因為具有良好的化學穩定性與高共價性，使其具有優越的發光特性，後續將介紹兩種目前市場上最常使用的氮化物紅光螢光材料，第一個是 M$_2$Si$_5$N$_8$:Eu^{2+}（M ＝ Ca, Sr, Ba），最早為歐斯朗（Osram）所發表的專利（US6649946）所述 [29]，其激發及放射光譜如圖 5.31 所示，此材料激發光譜涵蓋紫外與藍光區域，發光波段可藉由陽離子調控從 620~650nm，其發光效率與熱穩定性則略遜於 (Ca,Sr)AlSiN$_3$:Eu^{2+}。

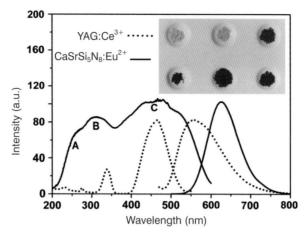

圖 5.31　(Ca, Sr)$_2$Si$_5$N$_8$:Eu^{2+} 之激發及放射光譜 [30]。

5.7 CaAlSiN$_3$:Eu^{2+}螢光粉（CaAlSiN$_3$:Eu^{2+} phosphors）

　　最早可追溯至日本的 NIMS 的研究團隊所發表高效率紅光 (Ca,Sr)AlSiN$_3$:Eu^{2+} 螢光粉（US7573190）[31]，此螢光粉需用氮化物原料在高溫高壓的環境下合成，其激發光譜非常寬廣，涵蓋紫外光到紅光波段，三菱化學（Mitsubishi Chemical）相關資料曾指出單純 Ca 的 CaAlSiN$_3$:Eu^{2+} 的發光約在 650nm 左右（圖 5.32），添加部分 Sr 的 (Ca,Sr)AlSiN$_3$:Eu^{2+} 發光波長會藍位移至 630nm 左右，其發光效率會大幅提升（圖 5.33），前者的半高寬較窄適合應用於背光，後者的半高寬較寬且其波段較接近人眼視效函數及高發光效率，因此適合做為照明的應用，此材料的缺點為合成所需的設備門檻較高。

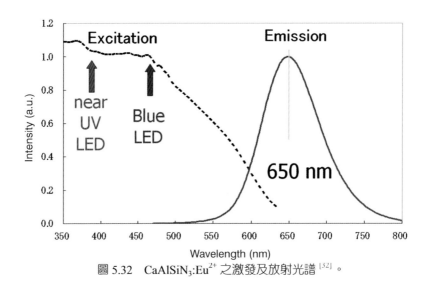

圖 5.32　CaAlSiN$_3$:Eu^{2+} 之激發及放射光譜 [32]。

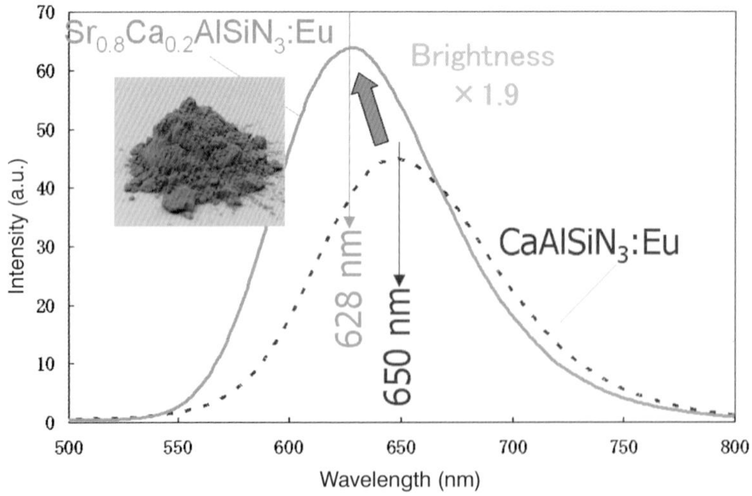

圖 5.33　(Ca,Sr)AlSiN$_3$:Eu^{2+} 之激發及放射光譜 [32]。

5.8 其他新穎螢光材料相關研究

　　Zhou 等人 [33] 成功的以固態反應法合成新穎螢光粉 Na$_2$Ca$_4$(PO$_4$)$_3$F:Eu^{2+}，再以共摻雜 Tb^{3+} 改變其發光特性；由圖 5.34(a) 可以得知所合成之樣品皆

為純相；圖 5.34(b) 之激發與放光光譜顯示 $Na_2Ca_4(PO_4)_3F$ 主體摻雜 Eu^{2+} 可放射出 452nm 的藍光，摻雜 Tb^{3+} 可獲得 545nm 的綠光放光；圖 5.34(c) 為 $Na_2Ca_4(PO_4)_3F{:}0.01Eu^{2+}/xTb^{3+}$ 的 PL 圖，該研究團隊利用 Eu^{2+}/Tb^{3+} 的能量轉移大幅提升 Tb^{3+} 的發光強度；圖 5.35(d) 為 $Na_2Ca_4(PO_4)_3F{:}0.01Eu^{2+}/xTb^{3+}$ 的 CIE 色度座標圖，隨著 x 增加，色度座標從藍光往綠光移動，由上述結果顯示，$Na_2Ca_4(PO_4)_3F{:}0.01Eu^{2+},Tb^{3+}$ 是近 UV LED 具應用潛力的光轉換材料。

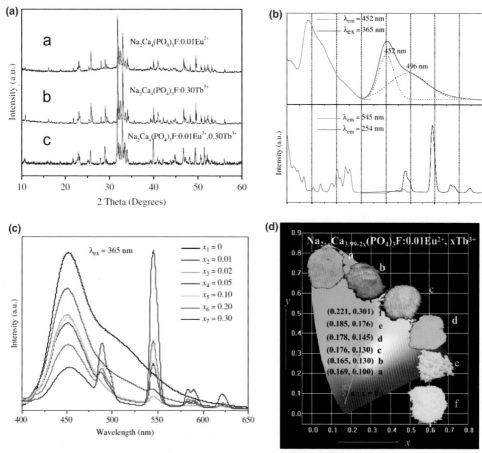

圖 5.34　(a) $Na_2Ca_4(PO_4)_3F{:}0.01Eu^{2+}$、$Na_2Ca_4(PO_4)_3F{:}0.30Tb^{3+}$ 與 $Na_2Ca_4(PO_4)_3F{:}0.01Eu^{2+},0.30Tb^{3+}$ 之 XRD 圖譜；

　　　　(b) $Na_2Ca_4(PO_4)_3F{:}0.01Eu^{2+}$ 與 $Na_2Ca_4(PO_4)_3F{:}0.30Tb^{3+}$ 之激發及放光圖譜；

　　　　(c) $Na_2Ca_4(PO_4)_3F{:}0.01Eu^{2+}/xTb^{3+}$ 之 PL 圖；

　　　　(d) $Na_2Ca_4(PO_4)_3F{:}0.01Eu^{2+}/xTb^{3+}$ 之 CIE 色度座標圖。

Wu 等人 [34] 成功以固態反應法合成新穎螢光粉 $Ca_3Mg_4(PO_4)_4$:Eu^{2+}, Mn^{2+}，以共摻雜改變其發光特性，$Ca_3Mg_4(PO_4)_4$:Eu^{2+},Mn^{2+} 螢光粉激發範圍可為 200nm 到 430nm，可應用在近紫外光 LED 燈上，由圖 5.35(a) 之 XRD 圖譜顯示可以得到共摻雜皆為純相的螢光體；圖 5.35(b) 與 (c) 為不同 Eu/Mn 摻雜比例螢光體之激發或放光光譜，由光譜顯示摻雜 Eu^{2+} 發 461nm 的藍光，摻雜 Mn^{2+} 可放射出 672nm 的紅光；圖 5.35(d) 為 $Ca_3Mg_4(PO_4)_4$:Eu^{2+},xMn^{2+} 的 CIE 圖，隨著 x 增加從藍光偏紅光拉至白光，所以 $Ca_3Mg_4(PO_4)_4$:Eu^{2+},Mn^{2+} 螢光粉是近 UV LED 具潛力的。

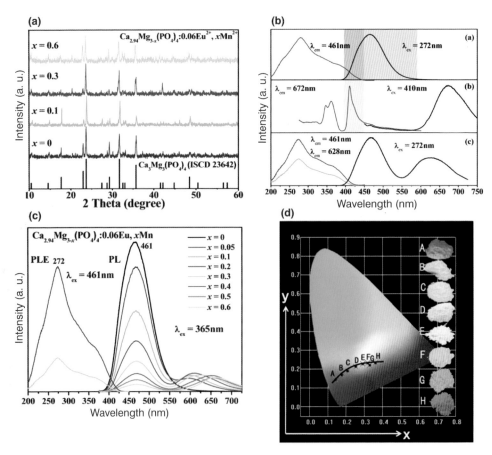

圖 5.35　(a) $Ca_3Mg_4(PO_4)_4$:$0.06Eu^{2+}$,xMn^{2+}(x = 0, 0.1, 0.3, 0.6) 之 XRD 圖譜；

　　　　(b) a.$Ca_3Mg_4(PO_4)_4$:$0.06Eu^{2+}$、b.$Ca_3Mg_4(PO_4)_4$:$1.0Mn^{2+}$、c. $Ca_3Mg_4(PO_4)_4$:$0.06Eu^{2+}$,$0.3Mn^{2+}$ 之激發及放光圖譜；

　　　　(c) $Ca_3Mg_4(PO_4)_4$:Eu^{2+},xMn^{2+}(x = 0~0.6) 之激發及放光圖譜。

　　Yu 等人 [35] 成功的以固態反應法合成新穎螢光粉 $CaLaGa_3S_7$:Eu^{2+}，CaLa-Ga_3S_7:Eu^{2+} 螢光粉其放光為 554nm 的黃綠光如圖 5.35(a)，摻雜 0.15 的 Eu^{2+} 其發光強度最強如圖 5.36(c)，圖 6.36(d) 為 $CaLaGa_3S_7$:Eu^{2+} 的色度座標圖（x = 0.40, y = 0.58）與 YAG:Ce^{3+}（x = 0.41, y = 0.56）很接近，因此 $CaLaGa_3S_7$:Eu^{2+} 是很好的黃綠色螢光粉，可結合紅色及藍色螢光粉應用在白光 LED 上。

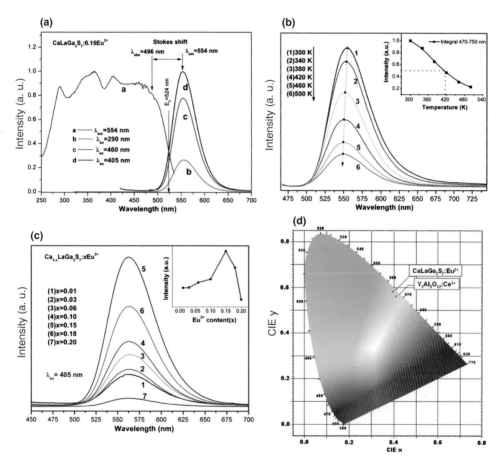

圖 5.36　(a) $CaLaGa_3S_7$:0.15Eu^{2+} 螢光粉之激放光圖譜：(a) λe_m = 554nm；
　　　　　(b) $CaLaGa_3S_7$:0.15Eu^{2+} 螢光粉其放光與溫度之關係：(b) λe_x = 290nm；
　　　　　(c) $CaLaGa_3S_7$:xEu^{2+} 之 PL 放光圖譜：(c) λe_x = 460nm；
　　　　　(d) $CaLaGa_3S_7$:Eu^{2+} 及 YAG:Ce^{3+} 之 CIE 色度座標圖。(d) λe_x = 405nm。

Shang 等人[36] 成功的以溶膠凝膠法合成新穎螢光粉 $Ca_8La_2(PO_4)_6$:Ce^{3+}，Eu^{2+}、$Ca_8La_2(PO_4)_6$:$0.04Ce^{3+}$ 螢光粉以 310nm 激發可發 415nm 的藍光如圖 5.37(a), $Ca_8La_2(PO_4)_6$:$0.05Eu^{2+}$ 螢光粉以318nm 激發可發 453nm 的藍光如圖 5.37(b)，圖 5.37(d) 為 $Ca_8La_2(PO_4)_6$:Ce^{3+}, yEu^{2+}，發現摻雜越多的 Eu^{2+} 有紅位移，所以 $Ca_8La_2(PO_4)_6$:Ce^{3+}, Eu^{2+} 螢光粉是藍色螢光粉中具潛力的。

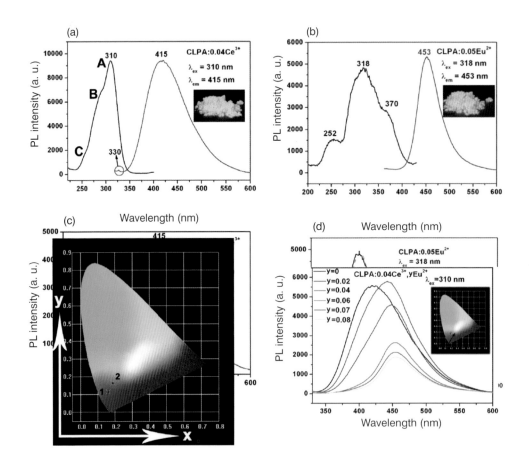

圖 5.37　(a) $Ca_8La_2(PO_4)_6$:$0.04Ce^{3+}$ 螢光粉之激放光圖譜；
　　　　(b) $Ca_8La_2(PO_4)_6$:$0.05Eu^{2+}$ 螢光粉之激放光圖譜；
　　　　(c) $Ca_8La_2(PO_4)_6$:$0.04Ce^{3+}$（point 1）及 $Ca_8La_2(PO_4)_6$:$0.05Eu^{2+}$（point 2）螢光粉之 CIE 色度座標圖；
　　　　(d) $Ca_8La_2(PO_4)_6$:$0.04Ce^{3+}$、yEu^{2+} 螢光粉之 P 放光圖譜。

Geng 等人 [37] 成功的以固態反應法合成新穎螢光粉 $Ca_2YF_4PO_4:Eu^{2+}$、Mn^{2+}，圖 5.38(a) 以 Eu^{2+}、Mn^{2+} 或 Eu^{2+}/Mn^{2+} 共摻於 $Ca_2YF_4PO_4$ 主體中均可獲得純相；圖 5.38(b) 則為最佳摻雜組成 15mol% Eu^{2+} 下之激發與放光光譜；接著該團隊並比 Eu/Mn 進行共摻，放射光譜如圖 5.38(c) 所示，藉由其能量轉移將藍光的 Eu 傳給放射紅光的 Mn，進而獲得白光，其一系列相對應的 CIE 座標與螢光粉被 365nm 激發之放光照片如圖 5.38(d) 所示，最接近之白光組成為 $Ca_2YF_4PO_4:0.015Eu^{2+}$, $0.015Mn^{2+}$，其螢光粉激發範圍可從 275nm 到 420nm，PL 放光為 455nm 寬帶藍光及 570nm 的橘紅光，螢光粉色度座標為（0.327, 0.312），且此螢光粉具有較好的熱穩定性，$Ca_2YF_4PO_4:Eu^{2+}$, Mn^{2+} 螢光粉未來可應用在白光 UV LED。

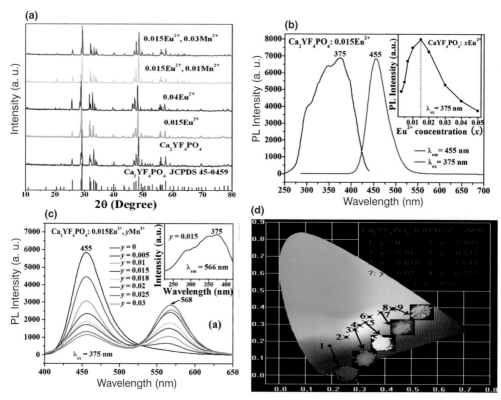

圖 5.38　(a) $Ca_2YF_4PO_4:Eu^{2+},Mn^{2+}$ XRD 圖譜；
　　　　(b) $Ca_2YF_4PO_4:0.015Eu^{2+}$ 之激放光圖譜及 $Ca_2YF_4PO_4:xEu^{2+}$ 發光強度比較圖；
　　　　(c) $Ca_2YF_4PO_4:0.015Eu^{2+},yMn^{2+}$ 螢光粉之放光圖譜；
　　　　(d) $Ca_2YF_4PO_4:0.015Eu^{2+},yMn^{2+}$ 螢光粉之 CIE 色度座標圖。

Wu 等學者 [38] 利用固態反應法合成新穎螢光粉 $Sr_3Si_6O_3N_8:Eu^{2+}$，以 Ce^{3+} 共摻雜來提升發光強度，利用碳酸鍶、氮化矽、氧化銪、氧化鈰起始物放入氧化鋁坩堝，在管狀爐內以 1400℃燒結持溫 4hr，通入氣氛為 5%H_2 + 95% N_2，獲得 $Sr_3Si_6O_3N_8:Eu^{2+}/Ce^{3+}$ 螢光體，圖 5.38(a) 為不同 Eu^{2+} 摻雜濃度下的 XRD 圖譜，其結果顯示摻雜 Eu^{2+} 並不會影響結構的主體；圖 5.39(b) 為不同 Eu^{2+} 摻雜濃度的 PL/PLE 光譜圖，摻雜 0.15mol% 的 Eu^{2+} 具有最好的放光強度表現；圖 5.39(c) 為固定摻雜 0.15mol%Eu^{2+} 下，以不同的 Ce^{3+} 共摻雜的 PL 光譜圖，以 0.15mol%Eu^{2+}/0.05mol%Ce^{3+} 下具有最好的放光強度表現，強度增強 140%；圖 5.39(d) 為摻雜 Eu 以及 Ce 的光譜圖，顯示能量轉從 Ce^{3+} 到 Eu^{2+} 是可能發生的，所以 $Sr_3Si_6O_3N_8:Eu^{2+}/Ce^{3+}$ 提升螢光粉發光強度可應用在白色 LED 上。

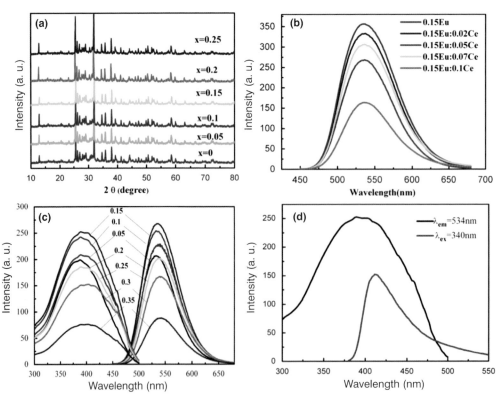

圖 5.39 (a) 不同 Eu^{2+} 摻雜濃度下的 XRD 圖譜；
(b) 摻雜不同 Eu^{2+} 濃度的激發與放光光譜；
(c) 固定 0.15 mol% Eu^{2+} 下，不同 Ce^{3+} 摻雜濃度的激發光譜；
(d) 摻雜 Eu^{2+} 激發光譜以及 Ce^{3+} 的放光光譜。

Hur 等學者[39] 利用固態反應法合成新穎螢光粉 $Ca_{15}(PO_4)_2(SiO_4)_6:Eu^{2+}$，利用碳酸鈣、磷酸氫二銨、二氧化矽、氧化銪起始物先球磨、乾燥、預熱後，放入氧化鋁坩堝中以 1300℃燒結持溫 8hr，通入氣氛 5% H_2/balance N_2，獲得 $Ca_{15}(PO_4)_2(SiO_4)_6:Eu^{2+}$ 螢光體，圖 5.40(a) 為 $Ca_{14.925}(PO_4)_2(SiO_4)_6:0.075Eu^{2+}$ 的粒徑大小分佈圖（PSD），其顯示是不規則的且質量中數粒徑為 4.402μm，圖 5.40(b) 為摻雜不同 Eu^{2+} 濃度下的 XRD 圖，其結果顯示摻雜 Eu^{2+} 並不會影響結構的主體，圖 5.40(c) 為 $Ca_{14.925}(PO_4)_2(SiO_4)_6:0.075Eu^{2+}$ 與商業化 $Ba_2SiO_4:Eu^{2+}$ 的 PL/PLE 光譜圖，指出相較於商業化螢光體有較短的激發與放光波長，圖 5.40(d) 為摻雜不同 Eu^{2+} 濃度的 PL 光譜圖，其結果顯示最佳摻雜濃度為 0.005mol%Eu^{2+}。

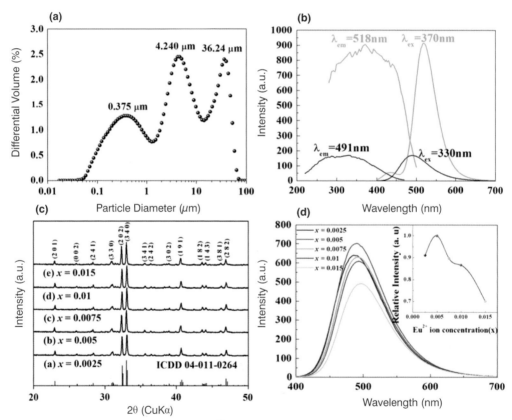

圖 5.40　(a) $Ca_{14.925}(PO_4)_2(SiO_4)_6:0.075Eu^{2+}$ 的粒徑大小分佈圖（PSD）；
　　　　　(b) 摻雜不同 Eu^{2+} 濃度下的 XRD 圖；
　　　　　(c) $Ca_{14.925}(PO_4)_2(SiO_4)_6:0.075Eu^{2+}$ 與商業化 $Ba_2SiO_4:Eu^{2+}$ 的激發與放光光譜圖；
　　　　　(d) 摻雜不同 Eu^{2+} 濃度的放光光譜圖。

Brgoch 等學者 [40] 利用固態反應法合成新穎螢光粉 $(Ba_{1-x}Sr_x)_9Sc_2Si_6O_{24}:Ce^{3+}$、$Li^+$，利用碳酸鋇、碳酸鍶、氧化鈧、二氧化矽、氧化鈰、碳酸鋰起始物放入氧化鋁坩堝，在管狀爐內以 1350℃燒結持溫 3hr，通入還原氣氛（5%H_2 + 95% N_2），獲得 $(Ba_{1-x}Sr_x)_9Sc_2Si_6O_{24}:Ce^{3+}$,$Li^+$ 螢光體，圖 5.41(a) 為 $Ba_9Sc_2Si_6O_{24}$ 的晶體結構圖，靠近 [100] 方向以及延著 [001] 方向，包含 ScO_6 層八面體與矽氧四面體共用角；圖 5.41(b) 為不同濃度 Sr 取代 Ba 的 XRD 圖，其結果顯示濃度在 0～0.75mol% 之間接近純相；圖 5.41(c) 和 6.41(d) 為不同濃度 Sr 取代 Ba 的 PLE 與 PL 光譜圖，其結果顯示濃度在 1mol% 時的發光強度較佳。

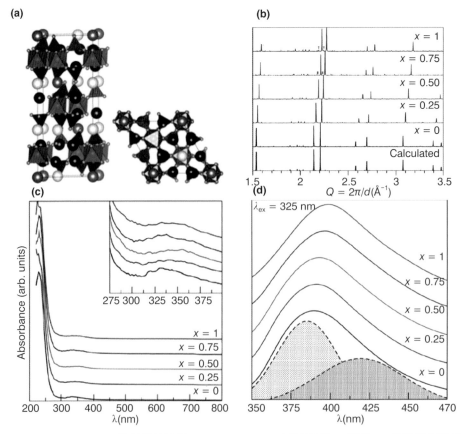

圖 5.41　(a) $Ba_9Sc_2Si_6O_{24}$ 的晶體結構圖；　　(c) 不同濃度 Sr 取代 Ba 的激發光譜圖；
　　　　　(b) 不同濃度 Sr 取代 Ba 的 XRD 圖；　　(d) 不同濃度 Sr 取代 Ba 的放光光譜圖。

Lee 等學者[41]利用固態反應法合成新穎螢光粉部份氮化 $Ca_{13.7}Eu_{0.3}Mg_2Si_8O_{32}$(CMSN:Eu^{2+})，利用碳酸鈣、氧化鎂、二氧化矽、氮化矽、氧化銪起始物在摻雜 Eu^{2+} 最佳濃度 0.3mol% 下加熱，通入還原氣氛（5%H$_2$ + 95%N$_2$）燒結不同溫度 1100~1400°C 持溫 4hr，進而獲得 $Ca_{13.7}Eu_{0.3}Mg_2Si_8O_{32}$(CMS:Eu^{2+}) 和 CMSN:Eu^{2+} 螢光體，圖 5.42(a) 與圖 5.42(b) 為 $Ca_{13.7}Eu_{0.3}Mg_2Si_8O_{28+\delta}N_{4-\delta}$(CMSN-2:Eu^{2+}) 的中子繞射與與 XRD 圖譜，其結果顯示添加 N$_3^-$ 呈現較佳的光學特性；圖 5.43(a) 與圖 5.43(b) 為 CMS:Eu^{2+} 和 CMSN-2:Eu^{2+} 的表面形貌，其粒徑範圍在 10~30µm，顆粒大小與形態並無顯著變化；圖 5.44 為 CMS:Eu^{2+}、CMSN-1:Eu^{2+} 和 CMSN-2:Eu^{2+} 的 PL/PLE 光譜圖，其結果顯示放光能量會向長波長方向紅位移，N$_3^-$ 不僅影響光學特性，也成功取代 CMS 主體晶格，其發光強度提高至 148%。

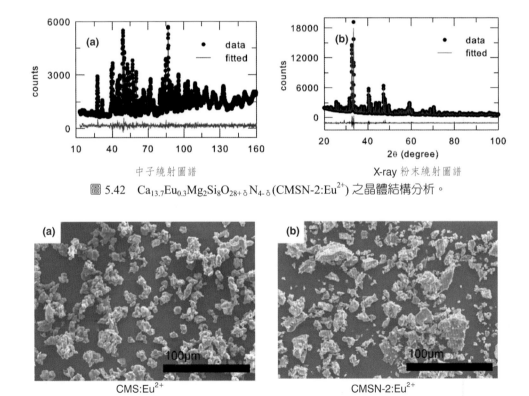

中子繞射圖譜   X-ray 粉末繞射圖譜

圖 5.42 $Ca_{13.7}Eu_{0.3}Mg_2Si_8O_{28+\delta}N_{4-\delta}$(CMSN-2:Eu^{2+}) 之晶體結構分析。

CMS:Eu^{2+} CMSN-2:Eu^{2+}

圖 5.43 CMS:Eu^{2+} 和 CMSN-2:Eu^{2+} 的表面形貌 SEM。

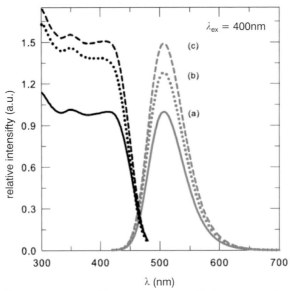

圖 5.44　(a) CMS:Eu^{2+}；(b)CMSN-1:Eu^{2+}；(c) CMSN-2:Eu^{2+} 在 400nm 下的激發與放光光譜圖。

　　Roh 等學者 [42] 用固態反應法合成新穎螢光粉 Ca$_5$(PO$_4$)$_2$SiO$_4$:Eu^{2+}，利用碳酸鈣、磷酸氫二銨、二氧化矽、氧化銪起始物，先球磨、乾燥、預熱後，放入氧化鋁坩堝中以 1300℃ 燒結持溫 8hr，通入還原氣氛（5% H$_2$/balance N$_2$），獲得 Ca$_5$(PO$_4$)$_2$SiO$_4$: Eu^{2+} 螢光體，圖 5.45(a) 為不同 Eu^{2+} 濃度下的 XRD 圖譜，其結果顯示摻雜 Eu^{2+} 並不會影響結構的主體；圖 5.45(b) 為 Ca$_{4.95}$(PO$_4$)$_2$SiO$_4$:0.05Eu^{2+} 的 PL/PLE 光譜圖，激發寬帶範圍在 220~450nm，顯示可以符合近紫外光 LED 芯片（350~420nm），此外，並沒有觀察到 Eu^{3+} 的特徵放光峰，表示 Eu^{3+} 已完全被氧化成 Eu^{2+}；圖 5.45(c) 為不同 Eu^{2+} 摻雜濃度的 PL 光譜圖，濃度效應方面，以 0.05mol% 的 Eu^{2+} 摻雜量下具有最好的放光強度表現；圖 5.45(d) 為不同毫安培電流下 pc-LED 的電致發光光譜（EL），顯示電流從 50mA 增加到 300mA，EL 光譜放光強度不斷增強而未達到飽和，因此，即使在高驅動電流下，Ca$_5$(PO$_4$)$_2$SiO$_4$: Eu^{2+} 可以應用在發光二極體上。

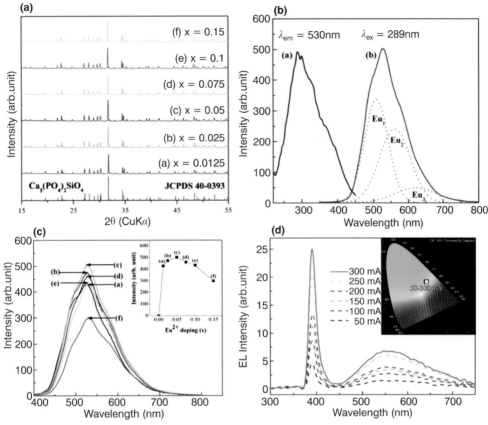

圖 5.45　(a) 為摻雜不同 Eu^{2+} 濃度下的 XRD 圖譜；

　　　　(b) 為 Ca$_{4.95}$(PO$_4$)$_2$SiO$_4$:0.05Eu^{2+} 的激發和放光光譜圖；

　　　　(c) 為不同 Eu^{2+} 摻雜濃度的放光光譜圖；

　　　　(d) 不同毫安培電流下 pc-LED 的電致發光光譜（EL）。

　　Samsung Electronics 探討 Sr$_2$P$_2$O$_7$:Eu^{2+}、Mn^{2+} 紅光材料在未來應用之可行性 [43]，圖 5.46 左圖顯示 Sr$_2$P$_2$O$_7$ 之晶體結構以及在摻雜 Eu^{2+} 與 Mn^{2+} 之相對應的激發與放射光譜，由圖譜可得知 Sr$_2$P$_2$O$_7$:Eu^{2+} 屬於一藍光螢光材料，其放光光譜恰與 Sr$_2$P$_2$O$_7$:Mn^{2+} 螢光材料的激發光譜重疊，因此 Eu^{2+} 與 Mn^{2+} 共摻有可能發生能量轉移的情形，也就是 Eu^{2+} 吸收紫外光，其所放射之藍光可再被 Mn^{2+} 吸收而放射出波長 620nm 的紅光；圖 5.46 右圖則是 Sr$_2$P$_2$O$_7$:Eu^{2+}、Mn^{2+} 之激發與放射光譜，結果顯示藉由能量轉移可大幅提升 Mn^{2+} 紅光放射的強度，

研究中並以此紅色螢光粉搭配藍光螢光粉 $Sr_5(PO_4)_3Cl:Eu^{2+}$(SCA)、綠光螢光粉 $Sr_2Ga_2SiO_7:Eu^{2+}$ 和 395nm chip 組成白光；此外，該研究團隊亦討論另一新穎紅光材料 $Li_2SrSiO_4:Eu^{2+}$（放光波長 590nm）與藍光螢光材料 $Li_2SrSiO_4:Ce^{3+}$（放光波長 410nm）共摻之 $Li_2SrSiO_4:Ce^{3+}, Eu^{2+}$ 能量轉移機制[43]。

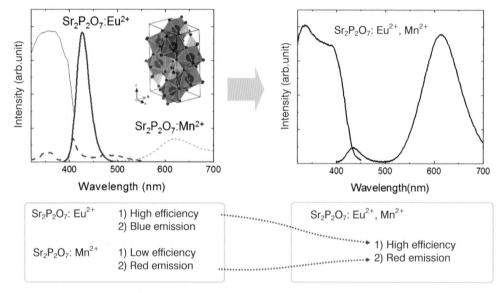

圖 5.46　（左）：$Sr_2P_2O_7:Eu^{2+}$ 之激發、放光光譜及其晶體結構；
　　　　　（右）：$Sr_2P_2O_7:Eu^{2+},Mn^{2+}$ 之光致激發與放光光譜[43]。

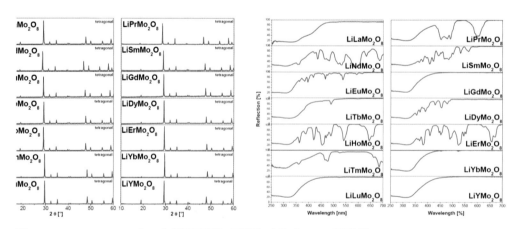

圖 5.47　(a) $LiReMo_2O_8$（Re 為鑭系元素）系列化合物之 XRD 圖譜與；
　　　　　(b) 反射吸收光譜[44]。

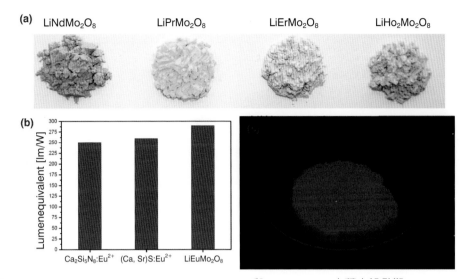

圖 5.48　(a) LiNdMo$_2$O$_8$、LiPrMo$_2$O$_8$、LiErMo$_2$O$_8$ 與 LiHo$_2$Mo$_2$O$_8$ 之螢光粉外觀；
　　　　(b) Ca$_2$Si$_5$N$_8$:Eu^{2+}、(Ca,Sr)S:Eu^{2+} 與 LiEuMo$_2$O$_8$ 三種紅色螢光粉之封裝效率量測結果；
　　　　(c) LiEuMo$_2$O$_8$ 在 365nm 激發之螢光粉發光情形 [44]。

　　Tailorlux 公司與 Justel 教授一起合作開發以鉬酸鹽為主之一系列螢光材料 [44]，並探討其應用在 LED 之可行性，圖 5.47(a) 及 (b) 為此系列化合物之 XRD 圖譜以及相對應的反射吸收光譜，此螢光材料之主要結構為 LiReMo$_2$O$_8$（Re 為鑭系元素），非常特別的是，鑭系元素在 LiReMo$_2$O$_8$ 中可完美地進行取代且並不會改變其 Tetragonal 的晶體結構，這樣的好處是在高濃度稀土離子摻雜，並不會造成主體晶體結構之扭曲而產生雜相，可提高其發光效率；另外，由圖 5.47(b) 之反射吸收光譜可明顯觀察出不同鑭系元素進行取代，其螢光材料在不同波段可觀察出吸收峰，亦顯示此主體材料具多功能之發光特性。圖 5.48(a) 為 LiNdMo$_2$O$_8$、LiPrMo$_2$O$_8$、LiErMo$_2$O$_8$ 與 LiHo$_2$Mo$_2$O$_8$ 四種螢光粉之外觀，藉由不同稀土離子之取代，其粉末外觀亦有顯著差異，圖 5.48(b) 為 Ca$_2$Si$_5$N$_8$:Eu^{2+}、(Ca,Sr)S:Eu^{2+} 與 LiEuMo$_2$O$_8$ 三種紅色螢光粉之封裝效率量測結果，由於 LiEuMo$_2$O$_8$ 之放光屬於線性放光，不像 Ca$_2$Si$_5$N$_8$:Eu^{2+} 和 (Ca,Sr)S:Eu^{2+} 屬於 4f-5d 寬帶放光，因此波長大於 620nm 以上的光子因遠離人眼視效函數，進而流明效率大幅下降，由此結果顯示以 LiEuMo$_2$O$_8$ 當作紅光材料具有相當的優勢與潛力，圖

5.48(c) 為 LiEuMo$_2$O$_8$ 在 365nm 激發之螢光粉發光情形，可觀察出高飽和之紅光。

　　除了開發新型螢光材料，目前合成已知螢光粉所遭遇之問題之一是原料起始物混合不均勻，導致高溫燒結易有雜相產生，進而影響螢光粉發光效率。因此，單一均相螢光粉之合成技術開發更顯重要，然目前一些氧化物螢光粉，例如矽酸鹽 (Ba,Sr,Ca)$_2$SiO$_4$:Eu^{2+} 以傳統固態法合成時容易產生雜相，為了能夠快速合成螢光材料，Ishigaki 等學者[45]開發一新穎熔融技術而非傳統固態反應法製備螢光粉，其實驗設備架構圖如圖 5.49(a) 所示，此熔融技術使將螢光粉的氧化物先驅物混合均勻後，利用強光照射所產生的電弧效應讓先驅物在極短的時間內（10~60 秒）熔融，在瞬間冷卻至室溫，本研究利用此方法成功製備 Ba$_2$SiO$_4$:Eu^{2+} 及 Ca$_2$SiO$_4$:Eu^{2+} 兩種螢光體（圖 5.49(b)），這種合成螢光粉的方法非常快速，且可大幅提升螢光粉的亮度，而熔融合成法的優勢在於它是將所有起始物藉由瞬間高溫讓氧化物熔融並瞬間冷卻（圖 5.49(c)），因此相可以更均勻可做為未來快速合成螢光粉之可行方法之一。

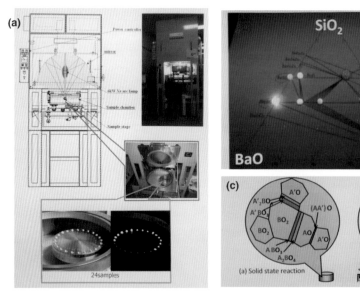

圖 5.49　(a) 電弧放電反應器之設備示意圖，下方為反應器放大圖，一次可同時燒結 24 個反應物；
　　　　(b) SiO$_2$-BaO-CaO 相圖中一系列 (Ba,Ca)$_2$SiO$_4$:Eu^{2+} 及 (Ba,Ca)SiO$_3$:Eu^{2+} 螢光粉受激發之發光情形；
　　　　(c) 傳統固態反應法與熔融法製備出來樣品之晶相分布示意圖[45]。

GE 研究團隊研發 $SrScSi_4(O,N)_7$:Eu^{2+} 綠光螢光材料 [46]，$SrYSi_4(O,N)_7$ 之晶體結構是由荷蘭 Einhoven 大學的 Hintzen 教授所揭露，以 1550℃高溫固態反應法合成，藉由 Eu^{2+} 之摻雜，最佳激發與放光波長分別為 330nm 以及 548nm，GE 團隊則嘗試以 Sc 取代具 6 及 12 兩種配位的 Y。取代後，此螢光材料之放光波長可藍位移至 520nm，放光光譜如圖 5.50(a) 所示，此樣品是在 Mo 坩鍋以 1550℃高溫合成，分析前用 HNO_3 清洗螢光粉之氧化物雜質。至於 Sc 取代 Y 會藍位移之原因，按常理判斷，因為 Sc 的離子半徑變小，取代 Y 之後會造成 5d 能階分裂變大，應該紅位移，但此取代主要受到電子雲效應影響較大，因此導致放光藍位移，而由 XRD 之結果可觀察晶體繞射峰在 Sc 摻雜後往高角度偏移，此主要因為是 Sc 的離子半徑小於 Y，導致晶體結構收縮。此螢光體之最佳 Eu^{2+} 摻雜濃度 5mol%，由圖 5.50(b) 之研究結果更顯示其熱穩定性比 $SrYSi_4(O,N)_7$ 還要優異，100℃下所量測的放光強度是室溫的 70%，因此 $SrScSi_4(O,N)_7$:Eu^{2+} 有機會成為具潛力且高耐熱性之綠色氮氧化物螢光材料。

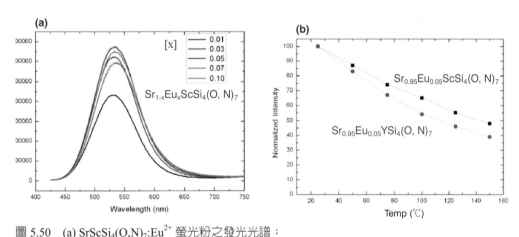

圖 5.50　(a) $SrScSi_4(O,N)_7$:Eu^{2+} 螢光粉之發光光譜；
　　　　　(b)$SrScSi_4(O,N)_7$:Eu^{2+} 及 $SrYSi_4(O,N)_7$:Eu^{2+} 之熱穩定性量測結果 [46]。

5.8.1 結論

白光 LED 之應用勢必為未來照明的主要趨勢，而螢光材料在其中扮演重

要的角色，在螢光粉中主體材料目前還是以氧化物、氮氧／氮化物為主，而螢光粉專利多掌握在國外大廠手中，如何擺專利束縛是目前大家努力的方向。近年來雖然有許多新組成的螢光粉被提出，然多數之發光效率仍不及目前市場上之主流商品，現在螢光粉多經由嘗試錯誤法（trial and error）進行開發，其過程費時，雖然有研究團隊嘗試利用組合化學進行螢光粉快篩，但此方法仍有所限制。至於，螢光粉的未來發展方向，應是會朝向開發新組成的螢光粉，以及低成本的螢光粉合成製程技術為主要訴求。

5.9 習題（Exercises）

1. 試說明具備高發光效率之商用螢光粉需考量哪些指標？

2. 請舉例黃色商用螢光粉有哪些選擇？

3. 請舉例綠色商用螢光粉有哪些選擇？

4. 請舉例紅色商用螢光粉有哪些選擇？

5. 試說明硫化物螢光粉的優點與缺點？

6. 試說明氮化物或氮氧化物光粉的優點與缺點？

7. 如果應用在顯示，選用螢光粉需有哪些考量？

8. 如果應用在照明，選用螢光粉需有哪些考量？

9. 在合成螢光粉時，改變螢光粉發光波長一般有哪些手段？

10. 矽酸鹽商用螢光粉之優缺點為何？對其缺點，目前如何改善？

5.10 參考資料（References）

[1]　林芬卉，DIGITIMES 2012/02

[2]　USA DOE, LED report 2009; Stanley Myers, SEMI, "Components of Supply Chain Excellence," SSL Workshop, Fairfax VA, April 21, 2009

[3]　T. Justel, "Luminescent Materials for Solid-State Light Sources-Synthesis and Application," Phosphor Global Summit, 2006

[4]　H. S. Jang et al., Journal of Luminescence 126, pp. 371-377 (2007)

[5] R. Mueller-Mach et al., IEEE Journal on Selected Topics in Quantum Electronics, Vol. 8, No. 2, MARCH/APRIL 2002(2002)

[6] J. R. Brodrick, DOE Solid State Lighting, Status and Future, November 13, 2003(2003)

[7] M. Pardha Saradhi et al., Chem. Mater. 18, 5267-5272(2006)

[8] E. Radkov et al., Proc. of SPIE Vol. 5187, pp.171-177(2004)

[9] J. S. Kim et al., Applied Physics Letters, Volume 85, Number 17, pp. 3696-3698(2004)

[10] United States Patent, US5998925

[11] S. S. Zhang et al., Journal of Rare Earths, 22, 118(2004)

[12] United States Patent, US6669866

[13] H. Yang, L. Yuan, G. Zhu, A. Yu and H. Xu, "Luminescent properties of YAG:Ce^{3+} phosphor powders prepared by hydrothermal-homogeneous precipitation method," Materials Letters, 63(2009) 2271-2273.

[14] Z. Song, J. Liao, X. Ding, X. Liu and Q. Liu, "Synthesis of YAG phosphor particles with excellent morphology by solid state reaction," Journal of Crystal Growth, 365(2013) 24-28.

[15] S. A. Hassanzadeh-Tabrizi, "Synthesis and luminescence properties of YAG:Ce nanopowder prepared by Pechini method," Advanced Powder Technology, 23(2012) 324-327.

[16] Q. Q. Zhu, L. X. Zhong, L. X. Yang and X. Xu, "Synthesis of the high performance YAG:Ce phosphor by a sol-gel method," ECS Journal of Solid State Science and Technology, 1, 4(2012) R119-R122.

[17] H. Jiao, Q. Ma, L. He, Z. Liu and Q. Wu, "Low temperature synthesis of YAG:Ce phosphors by LiF assisted sol-gel combustion method," Power Technology, 198(2010) 229-232.

[18] X. Y. Ye, Z. Long, Y. M. Yang, H. P. Nie, Y. W. Guo and Y. F. Cai, "Photoluminescence enhancement of YAG:Ce^{3+} phosphor prepared by co-precipitation-rheological phase method," Journal of Rare Earths, 30, 1(2012) 21-24.

[19] M. Sopicka-Lizer, D. Michalik, J. Plewa, T. Juestel, H. Winkler and T. Pawlik, "The effect of Al-O substitution for Si-N on the luminescence preoperties of YAG:Ce phosphor," Journal of the European Ceramic Society, 32,(2012) 1383-1387.

[20] H. T. Kim, J. H. Kim, J. -K. Lee and Y. C. Kang, "Green light-emitting Lu$_3$Al$_5$O$_{12}$:Ce phosphor powders prepared by spray pyrolysis," Materials Research Bulletin, 47, 1428-1431(2012).

[21] R. Praveena, L. Shi, K. H. Jang, V. Venkatramu, C. K. Jayasankar and H. J. Seo, "Sol-gel synthesis and thermal stability of luminececne of Lu$_3$Al$_5$O$_{12}$:Ce^{3+} nano-garnet," J. Alloys Compd., **509**, 859-863(2011).

[22] United States Patent, US6429583.

[23] United States Patent, US6809347.

[24] W. Oberleitner, "Color Conversion in Chip-on-Board and Surface-Mount Devices," Phosphor Global Summit, 2009.

[25] H.-Y. Chen, R.-Y Yang, S. -J. Chang and Y. -K. Yang, "Microstructure and photoluminescence of Sr$_2$SiO$_4$:Eu^{3+} phosphors with various NH$_4$Cl flux concentration," Materials Research Bulltein, 47, 1412-1416(2012).

[26] S. H. Lee, H. Y. Koo, S. Y. Lee, M. -J. Lee and Y. C. Kang, "Effect of BaF$_2$ as the source of Ba component and flux material in the preparation of Ba$_{1.1}$Sr$_{0.88}$:Eu$_{0.02}$ phosphor by spray pyrolysis," Ceramics International, 36, 339-343(2010).

[27] N. Hirosaki et al., Applied Physics Letters, 86, 211905(2005)

[28] R. J. Xie et al., Journal of The Electrochemical Society, 154 J314-J319(2007)

[29] United States Patent, US6649946

[30] H. A. Hoppe et al., Journal of Physics and Chemistry of Solids, 61, 2001-2006 (2000).

[31] United States Patent, US7573190.

[32] N. Kijima "Phosphors for Solid-State Lighting - New Green and Red Phosphors," Phosphor Global Summit, 2007.

[33] J. Z., Z. Xia,, H. P. You, K. Shen, M. Yang, and L. Liao, "Synthesis and tunable luminescence properties of Eu^{2+} and Tb^{3+}-activated $Na_2Ca_4(PO_4)_3F$ phosphors based on energy transfer," Journal of Luminescence 135(2013) 20-25.

[34] W. W. Wu and Z. G. Xia, "Synthesis and color-tunable luminescence properties of Eu^{2+} and Mn^{2+}-activated $Ca_3Mg_3(PO_4)_4$ phosphor for solid state lighting," The Royal Society of Chemistry, 3(2013) 6051-6057.

[35] R. J. Yu, H. J. Li, H. L. Ma, C. F. Wang, H. Wang, B. K. Moon, and J. H. Jeong, "Photoluminescence properties of a new Eu^{2+}-activated $CaLaGa_3S_7$ yellowish-green phosphor for white LED applications," Journal of Luminescence 132(2012) 2783-2787.

[36] M. M. Shang, G. G. Li, D. L. Geng, D. M. Yang, X. J. Kang, Y. Zhang, H. Z. Lian, and J. Lin, "Blue Emitting $Ca_8La_2(PO_4)_6O_2$:Ce^{3+}/Eu^{2+} Phosphors with High Color Purity and Brightness for White LED: Soft-Chemical Synthesis, Luminescence, and Energy Transfer Properties," American Chemical Society 116(2012), 10222?10231.

[37] D. L. Geng, M. M. Shang, Y. Zhang, Z. Y. Cheng, and J. Lin, "Tunable and White-Light Emission from Single-Phase $Ca_2YF_4PO_4$:Eu^{2+},Mn^{2+} Phosphors for Application in W-LEDs," Eurpean Journal of Inorganic Chemistry,(2013) 2947-2953.

[38] Y. Wu, D. Deng, S. Xu, Y. Hua, S. Zhao, H. Wang, C. Li, H. Ju and Y. Li, "Enhanced luminescence of $Sr_3Si_6O_3N_8$:Eu^{2+} phosphors by co-doping with Ce^{3+}," Journal of Luminescence 136(2013) 204-207.

[39] S. Hur, H. Song, H. Roh, D. Kim and K. Hong, "A novel green-emitting $Ca_{15}(PO_4)_2(SiO_4)_6$:Eu^{2+} phosphor for applications in n-UV based w-LEDs,"Materials Chemistry and Physics 139(2013) 350-354.

[40] J. Brgoch, C. Borg, K. Denault, S. DenBaars, R. Seshadri, "Tuning luminescent properties through solid-solution in$(Ba_{1-x}Sr_x)_9Sc_2Si_6O_{24}$:Ce3 + ,Li + ,"Solid State Sciences, 18, 149-154(2013).

[41] K. Lee and W. Im, "Efficiency Enhancement of Bredigite-Structure $Ca_{14}Mg_2[SiO_4]_8$:Eu^{2+} Phosphor via Partial Nitridation for Solid-State Lighting Applications," J. Am. Ceram. Soc., 96, 2, 503-508(2013).

[42] H. Roh, S. Hur, H. Song, I. Park, D. Yim, D. Kim, K. Hong, "Luminescence properties of $Ca_5(PO_4)_2SiO_4$:Eu^{2+} green phosphor for near UV-based white LED," aterials Letters 70(2012) 37-39.

[43] S. Im, T. Kim, and T. Kim, "Energy transfer of two-ion doped phosphors for LED application," (Samsung Advanced Institute of Technology), Phosphor Safari 2011.

[44] D. Uhlich, H. Bettentrup, T. Justel, "Eu^{3+} Activated Molybdates and Tungstates - Potential Color Converters for pcLEDs," Phosphor global summit 2011.

[45] T. Ishigaki, K. Toda, K. Uematsu, M. Yoshimura and M. Sato, "Melt-Quench synthesis using arc imaging furnace for phosphor materials,$(BaCa)_2SiO_4$:Eu." Phosphor Safatri 2011.

[46] D. Porob, N. Karkada, P. K. Nammalwar, "Preparation and luminescence of $SrScSi_4(O,N)_7$ phosphors."(GE) Phosphor Safari 2011.

第六章

Patent Analyses of LED Phosphors

螢光粉專利分析

作者　劉偉仁

6.1 前言

　　白光 LED 為近十幾年來所發展出來的新型光源產品，全球 LED 生產廠家莫不是以全力積極的在進行白光 LED 的開發與量產工作，然而近年來卻產生嚴重的專利議題，其中相互訴訟的案例屢見不鮮。其中白光 LED 的專利權問題，概略可以區分為 LED 晶粒（Chip）、封裝（Package）及螢光粉（Phosphor）等各種層面，然因白光 LED 的整體關聯技術牽涉複雜，單一廠家也無法掌控各種層面的所有技術，故儘管具有各項專利紛爭的存在，但也產生許多授權（Licence）或交互授權（Cross-licence）的合作案例[1]，可以參考圖 6.1 之內容說明：

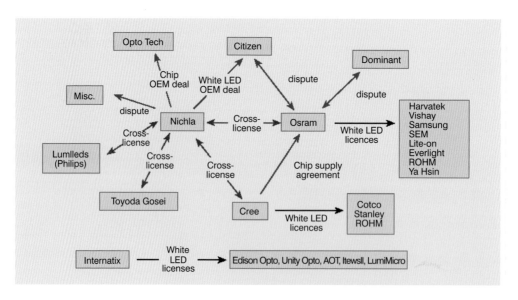

圖 6.1　白光 LED 之專利紛爭與授權／交互授權說明圖[1]。

Source: Deals and dispites in the white LED industry: the key intellectual property relationship of September 2005.

　　事實上，螢光性物質應用在照明與顯示元件進行光轉換功能，並不是從 LED 才開始，而其所應用的螢光性物質也並非祇有無機螢光材料（Phosphors）。Bell Labs 於 1972 年的美國專利 US3691482 中，曾提出利用雷射光源掃瞄含有適當螢光粉的屏幕，而組合成白光或其他所需的色彩；日亞（Nichia）公司於 1993 年的日本專利申請中（Kokei 5-152609；此專利申請已取消），也曾提出

氮化鎵系列 LED 結合有機螢光色素（Organic fluorescent dyes/pigments）的應用範例。其後，包含有機或無機類的螢光性物質應用在 LED 的相關專利，如雨後春筍般的不斷推出，可以參考表 6.1 內容之詳細說明：

如前所述，可供製作白光 LED 的光轉換材料具有許多種類別，然若以發光效率、使用壽命、製作成本等項因素進行綜合評估，目前以無機螢光材料（Phosphors）為首要選擇。是故，發光二極體（LED）螢光粉，乃為目前全球積極開發的對象，而目前應用於製作白光 LED 的激發光源包括 Blue-LED 與 UV-LED，其主要放射波長約介於 350~470nm 之間，經由諸項文獻及專利資料之歸納，目前可茲應用的重要螢光粉如下所示（亦請參考圖 6.2 之說明）：

一、Blue-LED應用之無機螢光材料範例：

(i) 黃色螢光材料：

$Y_3Al_5O_{12}$：Ce^{3+}(YAG)、$Tb_3Al_5O_{12}$：Ce^{3+}(TAG) 等。

(ii) 其他顏色螢光材料：

紅色：SrS：Eu^{2+}；綠色：$SrGa_2S_4$：Eu^{2+}。

二、UV-LED應用之無機螢光材料範例：

(i) 紅色螢光材料：

Y_2O_3：Eu^{3+},Bi^{3+}(YOX-Bi)、Y_2O_2S：Eu^{3+}(YOS)。

(ii) 綠色螢光材料：

ZnS：Cu,Al、$BaMg_2Al_{16}O_{27}$：Eu^{2+},Mn^{2+}(BAM-Mn) 等。

(iii) 藍色螢光材料：

$BaMg_2Al_{16}O_{27}$：Eu^{2+}(BAM)、$Sr_5(PO_4)_3Cl$：Eu^{2+}(SECA/SCAP) 等。

(iv) 其他顏色螢光材料：

橘黃色：$Sr_2P_2O_7:Eu^{2+},Mn^{2+}$(SPE-Mn)、藍綠色：$Sr_4Al_{14}O_{25}:Eu^{2+}$(SAE)。

表 6.1　發光元件結合螢光粉應用的重要專利說明表。

Patents	Assignee	Priority	Description	Notes
US 3691842 (1972)	Bell Tele. Lab.	1970/06/07	A single color display is produced by projection using a scanning laser beam operating in the visible or ultraviolet and a photoluminescent screen which emits in the visible. Combinations of phosphors may be employed to simulate white or desired colors.	· Display system · 300～530 nm Laser · Fluorescent Organic colorants (YAG:Ce only in example)
JP. Kokei 5-152609 (1993)	Nichia	1991/11/25	In a light emitting diode comprising a light emitting elect on a stem and a resin mold surrounding it, the light emitting element is made of a gallium nitride based compound semiconductor specified by a general chemical formula $GaxAl1-xN$ (where $0<=x<=1$), and further, a fluorescent dye or a fluorescent pigment, which emits a fluorescent light excited by the light emission of the gallium nitride based compound semiconductor, is added additionally in the resin mold.	· LED · $Ga_xAl_{1-x}N$ (430nm , 370 nm) · Fluorescent dyes/pigments · Application rejected in 1998/06/23 · Application withdrawn in 1999/12/02
US 6600175 (2003)	ATMI/ Cree	1996/03/26	A light emitting assembly comprising a solid state device coupleable with a power supply constructed and arranged to power the solid state device to emit from the solid state device a first, relatively shorter wavelength radiation, and a down-converting luminophoric medium arranged in receiving relationship to said first, relatively shorter wavelength radiation, and which in exposure to said first, relatively shorter wavelength radiation,is excited to responsively emit second, relatively longer wavelength radiation. In a specific embodiment, monochromatic blue or UV light output from a light-emitting diode is down-converted to white light by packaging the diode with fluorescent organic and/or inorganic fluorescers and phosphors in a polymeric matrix.	· LED(UV-LED : outside the visible white light spectrum) · Down-converting luminophoric medium (Fluorescent dyes/ pigments) · LCD-Backlight · LED Display

Patents	Assignee	Priority	Description	Notes
US 5998925 (1999) US 6069440 (1999) US 6614179 (1999)	Nichia	1996/07/29	The white light emitting diode comprising a light emitting component using a semiconductor as a light emitting layer and a phosphor which absorbs a part of light emitted by the light emitting component and emits light of wavelength different from that of the absorbed light, wherein the light emitting layer of the light emitting component is a nitride compound semiconductor and the phosphor contains garnet fluorescent material activated with cerium which contains at least one element selected from the group consisting of Y, Lu, Sc, La, Gd and Sm, and at least one element selected from the group consisting of Al, Ga and In and, and is subject to less deterioration of emission characteristic even when used with high luminance for a long period of time.	· LED (IniGajAlkN) · Garnet fluorescent material consisting of Y, Lu, Se, La, Gd and Sm, and Al, Ga and In, and being activated with cerium. · $(Re_{1-r} Sm_r)_3 (Al_{1-s} Ga_s)_5 O_{12}$:Ce (YAG: Ce)
US 6245259 (2001)	Osram Opto	1996/09/20	The wavelength-converting casting composition is based on a transparent epoxy casting resin with a luminous substance admixed. The composition is used in an electroluminescent component having a body that emits ultraviolet, blue or green light. An inorganic luminous substance pigment powder with luminous substance pigments is dispersed in the transparent epoxy casting resin. The luminous substance is a powder of Ce-doped phosphors and the luminous substance pigments have particle sizes <=20 mum and a mean grain diameter d50<=5 mum.	· UV/Blue/Green EL · Inorganic luminous substance pigment powder dispersed in said transparent resin（Casting composition） · Ce-doped phosphors are garnets · YAG:Ce based particles · particle sizes$\leqq 20\mu m$ and a mean grain diameter d50 $\leqq$ 5 μm.
US 5847507 (1998)	HP/ Agilent	1997/07/14	A lens containing a fluorescent dye is over molded to a short wavelength light emitter (e.g., a blue LED or laser diode) placed within a reflector cup. The fluorescent dye absorbs at least a portion of the light emitted by the diode and re-emits light of a second, longer wavelength.	· LED · Fluorescent material is an organic dye · Organic dye in lens (Inorganic phosphors)

Patents	Assignee	Priority	Description	Notes
US 6809347 (2004)	Leuchtstoffwerk Breitungen Tridonic Bitec Toyoda Gosei	2000/12/28	The invention relates to a light source comprising a light-emitting element, which emits light in a first spectral region, and comprising a luminophore, which comes from the group of alkaline-earth orthosilicates and which absorbs a portion of the light emitted by the light source and emits light in another spectral region. According to the invention, the luminophore is an alkaline-earth orthosilicate, which is activated with bivalent europium and whose composition consistsof: (2-x-y)SrO$_x$(Ba, Ca)O(1-a-b-c-d)SiO$_2$aP$_2$O$_5$bAl$_2$O$_3$cB$_2$O$_3$dGeO$_2$:yEu^{2+} and/or (2-x-y)BaO$_x$((Sr, Ca)O(1-a-b-c-d)SiO$_2$aP$_2$O$_5$bAl$_2$O$_3$cB$_2$O$_3$dGeO$_2$:yEu^{2+}. The desired color (color temperature) can be easily adjusted by using a luminophore of the aforementioned type. The light source can contain an additional luminophore selected from the group of alkaline-earth aluminates, activated with bivalent europium and/or manganese, and/or can contain an additional red-emitting luminophore selected from the group Y(V, P, Si)O4:Eu or can contain alkaline-earth magnesium disilicate.	· LED（Blue or UV-LED） · 300~500 nm LED · Alkaline-earth ortho-silicate activated with bivalent Europium（Ex:BOS） · (2-x-y)SrO · x(Ba,Ca)O · (1-a-b-c-d)SiO$_2$ · aP$_2$O$_5$ · bAl$_2$O$_3$ · cB$_2$O$_3$ · dGeO$_2$:yEu^{2+} · Y(V,P,Si)O$_4$:Eu,Bi · Y$_2$O$_2$S:Eu,Bi · Y$_2$O$_2$S:Eu,Mn · Me$_{(1-x-y)}$MgSi$_2$O$_8$:xEu,yMn

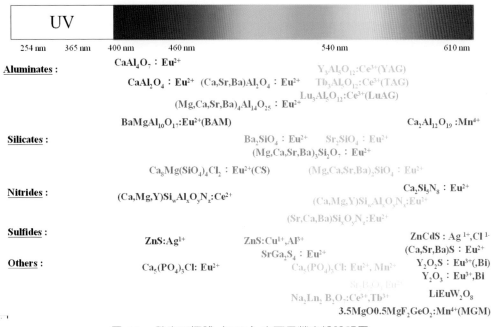

圖 6.2　發光二極體（LED）之可用螢光粉說明圖。

　　由於 LED 用螢光材料目前多為歐美、日本等國外廠家所掌控，且專利佈局範圍亦相當廣泛，導致國內白光 LED 之產業發展嚴重受限，是故開發新型的螢光材料，亦是一項極具挑戰性的任務。台灣 LED 廠家由於專利議題及技術問題，近年來也紛紛採取與國外著名合作或簽訂授權協議，產業新聞報導中較之合作或授權範例，包括：Nichia 與光磊；Osram Opto. 與億光、光寶、宏齊等；Intematix 與先進開發、今台、艾迪森等；Nemoto 與李洲等；Cree 與今台、艾迪森等 [1]，可參見表 6.2 之內容說明。

　　根據專利分析，目前較受重視的 LED 用螢光粉，其主體材料亦多數以 Aluminates、Silicates、Nitrides 等材料為主（如：US 5998925、US 6669866、US 6943380、WO 02054503、US20050205845、EP1445295 etc.；請參考圖 6.4），而其活化劑則以具寬波段（Broadband）激發／發光特性的稀土元素（4f → 5d 電子遷移之離子如：Eu^{2+}、Ce^{3+} etc.）或過渡元素（如：Mn^{2+}、Mn^{4+}、Sb^{3+} etc.）為首選，另外具窄波段發光（Narrowband）激發／發光特性的的稀土元素

表 6.2　我國 LED 廠商與國際大廠專利交叉授權說明表（2003~2006）[1]。

時間	國際大廠	台灣廠商	備註
2003	OSRAM	億光	
2004	OSRAM	光寶	
2005	OSRAM	宏齊	
	Intermatix	先進開發	
	Nichia	光磊	入股
	OSRAM	雅新	
	Intermatix	艾笛森	
	Nemoto	李淵	
	Cree	今台	
2006	OSRAM	Avago	
	Intermatix	今台	

活化劑（4f → 4f 電子遷移之離子如：Eu^{3+}、Tb^{3+}、Pr^{3+} etc.），因在 350~460nm 之波段間較難激發，受專利涵蓋的項目較少。從 LED 螢光粉專利及文獻資料評估來看，新型螢光材料的開發及專利確實有一定的難度，除了含 Si、Al、B 之氮化物（Nitrides）與氮氧化物（Oxynitrides）之外，其他如硫化物（Sulfides）、氧化物（Oxides）等之新型螢光材料本身的專利極少；至於傳統螢光粉的組成多屬過期專利或是熟知技藝，與 LED 應用配合，應是現行多數專利佈局的方式。

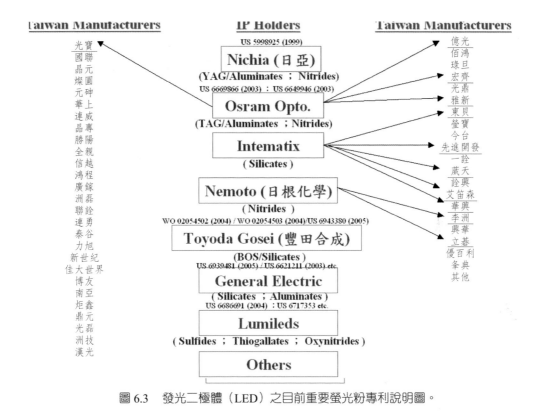

圖 6.3　發光二極體（LED）之目前重要螢光粉專利說明圖。

　　由上述 IP（Intellectual property）之分析，可知在 LED 螢光材料方面領先的公司（團隊）與其技術優勢及發展目標，可以參考表 6.3 之說明：

　　上表說明目前 LED 螢光材料方面領先的公司（團隊）的佈局現況，其中以鋁酸鹽（-Al$_x$O$_y$）及矽酸鹽（-Si$_x$O$_y$）類螢光材料佈局最廣，另外氮化物與氮氧化物（Nitrides/Oxynitrides；-Si$_x$N$_y$/-SiwAl$_x$O$_y$N$_z$），也是目前各領先的公司（團隊）的積極發展目標及佈局對象。值得注意的是許多知名的 LED 製造廠商如：Nichia、Osram-Opto.、Toyoda Gosei、GE/GELcore、Lumileds Lighting 等公司，也是 LED 螢光材料方面專利權的擁有者，故其在白光 LED 的製造，不僅具有技術優勢，同時也具有競爭優勢。

表 6.3　重要 LED 螢光粉專利之擁有廠家及其螢光粉類別說明表。

IP Holders	Patent Claims		Notes
Nichia Kagaku Kogyo Kabushiki Kaisha	$(Re_{1-r}Sm_r)(Al_{1-s}Ga_s)_5O_{12}:Ce$ $Re=Y,Gd$	$-(Al, Ga)_5O_{12}-$	YAG
Patent-Treuhand-Gesellschaft fur elektrische Gluhlampen mbH, OSRAM Opto	$(Tb_{1-x-y}RE_xCe_y)_3(Al,Ga)_5O_{12}$ $where RE = Y, Gd, La and/or Lu; 0<=x<=0.5-y; 0<y<0.1$ $M_{p/2}Si_{12-p-q}Al_{p+q}O_qN_{16-q}:Eu^{2+}$ $Ca_{.8-x-y}Eu_xMn_yMg(SiO_4)_4Cl_2$ $M_{p/2}Si_{12-p-q}Al_{p+q}O_qN_{16-q}:Eu^{2+}$	$(Al, Ga)_5O_{12}$ $-(SiO_4)_4C_{12}$ $-SiAlON$	TAG
Toyoda Gosei Tridonic	$(2-x-y)SrO \cdot x(Ba,Ca)O \cdot (1-a-b-c-d)SiO_2 \cdot aP_2O_5 \cdot bAl_2O_3 \cdot cB_2O_3 \cdot dGeO_2:yEu^{2+}$	$-Si_xO_y$ $-SiPAlBGeO$	BOS
GELcore General Electric	$(M_{1-x}RE_x)_yD_2O_4$ $(Tb_{1-x-y}A_xRE_y)_3D_2O_{12}(YAG/TAG)$ $(Ba,Ca, Sr)Mg Al_{10}O_{17}:Eu^{2+}(,Mn^{2+})$ $(Ba,Ca, Sr)Mg_3Al_{14}O_{25}:Eu^{2+}(,Mn^{2+})$ $(Ba,Ca, Sr)_2MgAl_{16}O_{27}:Eu^{2+}(,Mn^{2+})$ $A_2SiO_4:Eu^{2+}/(,Ba,Sr,Ca)_2SiO_4:Eu^{2+}$ $A_2DSi_2O_7:Eu^{2+}$ $Ca_8Mg(SiO_4)_4Cl_2:Eu^{2+},Mn^{2+}$	$-Al_2O_4$ $-Al_5O_{12}$ $Al_{10}O_{17}$ $-Al_{14}O_{25}$ $-Al_{16}O_{27}$ $-SiO_4$ $-Si_2O_7$ $-(SiO_4)_4Cl_2$	BAM(,Mn) SAE Others
Lumileds Lighting	$Y_3Al_5O_{12}:Ce^{3+},Pr^{3+}$ $(Ba_{1-x-a}Sr_x)_3MgAl_{10}O_{17}:Eua$ $(Sr_{1-x-a}Ba_x)_3MgAl_{14}O_{25}:Eua$ $(Sr_{1-x-a}Ba_x)_3MgSi_2O_8:Eua$ $(Y_{1-a})_2SiO_5:Cea$	$-Al_5O_{12}$ $-Al_{10}O_{17}$ $-Al_{14}O_{25}$ $-SiO_5$ $-Si_2O_8$	BAM(,Mn) SAE Others
National Institute for Materials Science	$Ca_xSi_{12-(m+n)}Al_{(m+n)}O_nN_{16-n}:Eu_y,Dy_z$ $(Ca_x,M_y)(Si,Al)_{12}(O,N)_{16}$	$-SiAlON$	
Intematix Corporation	$A_2SiO_4:Eu^{2+},D$ $(A=Sr,Ca,Ba,Mg,Zn and Cd)$ $(D=F,Cl,Br,I,S and N)$	$-SiO_4$	

　　LED 螢光粉發展至今，YAG（Yttrium aluminum garnet）與 BOS(E)（Barium orthosilicate/Europium）可謂是最重要及最受矚目的兩大系列螢光粉，也是目前白光 LED 業界主要的使用對象，更是眾多廠家在 LED 螢光粉專利方面積極的佈局目標。雖然在專利權的議題上，仍存在許多灰色地帶及爭議，但目前世界上許多著名的螢光粉廠商，可以提供此二大系列螢光粉，而國內 LED 廠家近年來也紛紛向此些廠商採購或簽訂授權協議，可以參考圖 6.4 之內容說明：

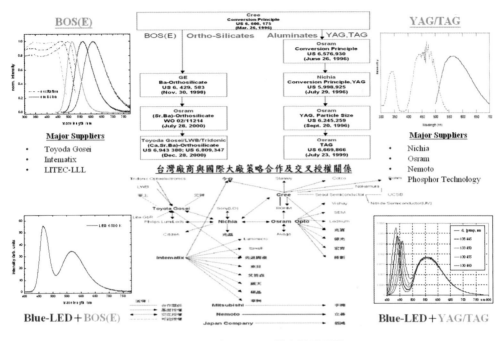

圖 6.4　YAG 與 BOS(E) 螢光粉說明圖。

Source：各廠商；拓墣產業研究所2007/01。

6.2 鋁酸鹽螢光粉專利分析

鋁酸物螢光材料（Aluminate phosphors）泛指主體材料中含有 $-Al_xO_y$ 鋁酸根之螢光材料，其乃屬於氧化物（Oxides）螢光材料的一種類別，如：$Y_3Al_5O_{12}:Ce^{3+}$(YAG)、$BaMgAl_{10}O_{17}:Eu^{2+}$(BAM)、$CaAl_2O_4:Eu^{2+}$、$SrAl_{12}O_{19}:Eu^{2+}$、$Sr_4Al_{14}O_{25}:Eu^{2+}$(SAE) 等。另外，鋁酸物螢光材料亦常與硼（B：Boron）、鎵（Ga：Gallium）或矽（Si：Silicon）共同組成複合氧化物類的螢光材料，如：$BaAl_3BO_7:Eu^{2+}$、$CaAlGaO_4:Eu^{2+}$、$BaAl_2Si_2O_8:Eu^{2+}$ 等。至於鋁酸物螢光材料常用的的活化劑／發光中心（Activators/Luminescent center），常用者除 Ce^{3+}、Eu^{2+} 之外，尚包括 Mn^{2+}、Sm^{3+}、Tb^{3+}、Fe^{3+}、Tl^{1+} 等，如：$ZnAl_2O_4:Mn^{2+}$、$LaAlO_3:Sm^{3+}$、$YAlO_3:Tb^{3+}$、$LiAl_5O_8:Fe^{3+}$、$KAl_{11}O_{17}:Tl^{1+}$ 等。

現今鋁酸物螢光材料中，最受矚目者當非釔鋁石榴石螢光粉（YAG；Yttrium Aluminum Garnet；$Y_3Al_5O_{12}:Ce^{3+}$）莫屬，主要原因乃在於 YAG 為目前白光 LED 應用的最主要螢光粉。YAG 螢光粉乃屬於石榴石（Garnet）結構的材料系統，而 Garnet 結構之特徵為 $(M1)_3(M2)_2(M3)_3O_{12}$ 的立方晶系（Cubic lattice structure），其中 M1 佔有 12 面體中心的結構位置，M2 佔有 8 面體中心的結構位置，而 M3 則佔有 4 面體中心的結構位置，其配位數（Coordination numbers）則分別為 8、6、4 等，而在 YAG 當中之 M1 為 Y 、M2 與 M3 則為 Al，可以參考圖 6.5 之說明：

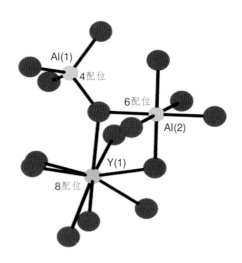

圖 6.5　YAG 之晶體結構說明圖。

　　至於 $Y_3Al_5O_{12}:Ce^{3+}$(YAG) 螢光粉中之活化劑／發光中心 Ce^{3+} 的摻雜，因離子大小（Ionic size）及價數（Valence）等因素的影響，通常是取代 Y 在晶體結構中的位置，而其激發與放射光譜（PLE/PL Spectrum）如圖 6.6 所示[3]。而如 Ce^{3+} 進行 4f → 5d 電子遷移的活化劑，因容易受到主體材料影響而改變發光特性，故在 YAG 螢光粉中，若以 Gd 部份替代 Y、Ga 部份替代 Al，都有可能造成發光特性的變化（如：紅移、藍移及發光效率的改變等）。另一方面，也可以利用活化劑／發光中心的共摻雜（如：Ce^{3+} 與 Pr^{3+} 的共摻雜），來改變發光特性，可以參考圖 6.7 之內容說明[4]：

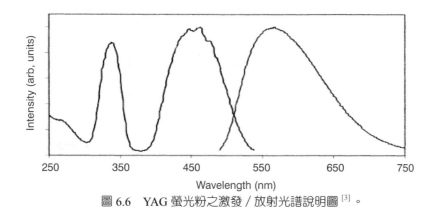

圖 6.6 YAG 螢光粉之激發／放射光譜說明圖 [3]。

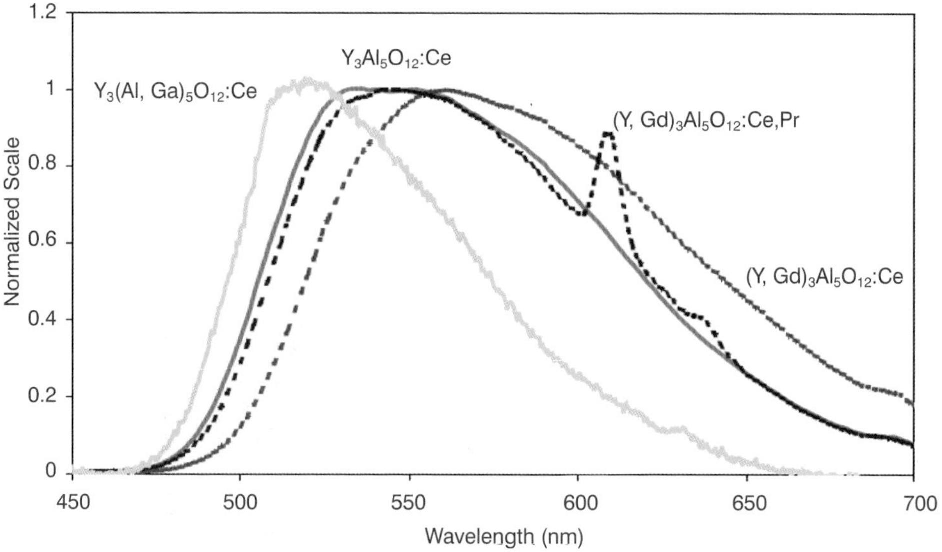

圖 6.7 YAG 系列螢光粉之發光特性說明圖 [4]。

　　鋁酸物螢光材料（Aluminate phosphors）可謂是目前最主要的 LED 螢光粉系列之一，其中部份的鋁酸物螢光粉如 YAG 等，可以應用於 Blue-LED，另外如 BAM 等鋁酸物螢光粉，則可以應用於 UV-LED。由於現今 LED 螢光粉的佈局相當廣泛，其中較為重要的專利，其所申請的各國專利數量為數甚多（如專利家族：Patent familiy），而為求系統化的專利分類及分析，故本研究的 LED

螢光材料專利分析，乃選擇以已經通過（已公告）的美國專利（US patents）為分類及分析標的，至於其他各國的相關專利，則以「專利家族」的附註方式說明。另外，尚在申請中（已公開；尚未核准）的專利，則暫不列入討論，然部份重要者則另加說明。

　　鋁酸物（Aluminates）LED 螢光材料的專利分析，可以參考表 6.4 之說明：

　　倘若根據表 6.4 之內容，再進行更進一步的歸納分析，我們可以更清楚地瞭解目前在鋁酸物 LED 螢光材料方面的專利佈局廠家、相關鋁酸物 LED 螢光粉的類別等項資訊，可以參考表 6.5 之說明：

表 6.4　鋁酸物 LED 螢光材料之專利分析說明表。

Date	Patent Number	Inventors	Assignees	Claims (Regarding to phosphors)	Notes
1999 /12/07	US 5998925	Yoshinori Shimizu et al.	Nichia Kagaku Kogyo Kabushiki Kaisha	$(Re_{1-r}Sm_r)_3(Al_{1-s}Ga_s)_5O_{12}$:Ce Re=Y,Gd	US 6069440 WO 9805078
2000 /05/23	US 6066861	Klaus Hohn et al.	Siemens AG	$A_3B_5X_{12}$:M A=Y,Ca,Sr B=Al,Ga,Si X=O,S M=Ce,Tb Particle size < 20μm $d_{50} < 5$μm	WO 9812757 DE 19638667 CN 1567608 BR 9706787 etc.
2000 /05/30	US 6069440	Yoshinori Shimizu et al.	Nichia Kagaku Kogyo Kabushiki Kaisha	$(Re_{1-r}Sm_r)_3(Al_{1-s}Ga_s)_5O_{12}$:Ce Re=Y,Gd	US 5998925 etc.
2001 /06/26	US 6252254	Thomas Frederick Soules et al.	General Electric	YBO_3:Ce^{3+},Tb^{3+} $BaMgAl_{10}O_{17}$:Eu^{2+},Mn^{2+} $(Sr,Ca,Ba)(Al,Ga)_2S_4$:Eu^{2+} Y_2O_2S:Eu^{3+},Bi^{3+} YVO_4:Eu^{3+},Bi^{3+} etc.	AU2033900 US6469322 US6580097 WO0033390 etc.
2002 /02/26	US 6351069	Christopher H. Lowery et al.	Lumileds Lighting	$Y_3Al_5O_{12}$:Ce^{3+},Pr^{3+} SrS:Eu^{2+} etc.	GB 2347018 DE 19962765
2002 /10/15	US 6466135	Alok Mani Srivastava et al.	General Electric	$(Ba,Ca, Sr)Mg_2Al_{16}O_{27}$:$Eu^{2+}$ $(Ba,Ca, Sr)Mg_2Al_{16}O_{27}$:$Eu^{2+}$,$Mn^{2+}$ etc.	

Date	Patent Number	Inventors	Assignees	Claims (Regarding to phosphors)	Notes
2002/12/31	US 6501100	Alok Mani Srivastava et al.	General Electric	$A_4D_{14}O_{25}:Eu^{2+}$ $AD_8O_{13}:Eu^{2+}$ A comprises at least one of Sr, Ca, Ba, Mg D comprises at least one of Al,Ga etc	WO0189000 US7015510 US2003067008 EP1295347
2003/06/10	US 6576930	Ulrike Reeh et al.	OSRAM Opto Semiconductors	YAG:Ce	US7126162 US6812500 US6576930
2003/06/17	US 6580097	Thomas Frederick Soules et al.	General Electric	$BaMgAl_{10}O_{17}:Eu^{2+},Mn^{2+}$ $Y^3Al^5O^{12}:Ce^{3+}$ etc.	US6252254 US6469322 WO0033390 etc.
2003/07/22	US 6596195	Alok Mani Srivastava et al.	General Electric	$(Tb_{1-x-y}A_xRE_y)_aD_zO_{12}$ where A is a member selected from the group consisting of Y, La, Gd, and Sm; RE is a member selected from the group consisting of Ce, Pr, Nd, Sm, Eu, Gd, Dy, Ho, Er, Tm, Yb, Lu, and combinations thereof; D is a member selected from the group consisting of Al, Ga, in, and combinations thereof; a is in a range from about 2.8 to and including 3; x is in a range from 0 to about 0.5; y is in a range from about 0.0005 to about 0.2; $4<z<5$; and A is selected such that A is different from RE	WO02099902 EP1393385 US2002195587 CN1513209 CN1269233
2003/09/02	US 6614179	Yoshinori Shimizu et al.	Nichia Kagaku Kogyo Kabushiki Kaisha	$(Re_{1-r}Sm_r)_3(Al_{1-s}Ga_s)_5O_{12}:Ce$ Re=Y,Gd	US 5998925 etc.
2003/09/09	US 6616862	Alok Mani Srivastava et al.	General Electric	$(Ca_{1-x-y-p-q}Sr_xBa_yMg_zEu_pMn_q)_a(PO_4)_3D$ wherein $0\leqq x\leqq1$, $0\leqq y\leqq1$, $0\leqq z\leqq1$, $0<p\leqq0.3$, $0<q\leqq.0.3$, $0<x+y+z+p+q\leqq1$, $4.5\leqq a\leqq5$, and D is selected from the group consisting of F, OH, and combinations thereof $Sr_4Al_{14}O_{25}:Eu^{2+}$ $Sr_6P_6BO_{20}:Eu^{2+}$ $BaAl_8O_{13}:Eu^{2+}$ $(Sr,Mg,Ca,Ba)_5(PO_4)_3Cl:Eu^{2+}$ $Sr_2Si_3O_6.2SrCl_2:Eu^{2+}$.	WO2004003106 US2003146411 EP1539902 CN1628164 AU2002312049 CN100347266
2003/10/17	US 6630691	Regina B. Mueller-Mach et al.	Lumileds Lighting	$Y_3Al_5O_{12}:Ce^{3+}(Ho^{3+}、Pr^{3+})$ Luminescent substrate	WO0124285 EP1142034 JP2001203383 DE60035856

185

Date	Patent Number	Inventors	Assignees	Claims (Regarding to phosphors)	Notes
2003 /12/30	US 6669866	Kummer Franz et al.	Patent-Treuhand-Gesellschaft fuer Elektrische Gluehlampen mbH OSRAM Opto Semiconductors GmbH & Co., OHG	$(Tb_{1-x-y}RE_xCe_y)_3(Al,Ga)_5O_{12}$ where $RE = Y$, Gd, La and/or $Lu; 0 <= x <= 0.5-y; 0 < y < 0.1$	WO 0108452 EP 1116418 CN 1654594 CA 2345114 EP 1116418 WO 0108452
2004 /02/03	US 6685852	Anant Achyut Setlut et. al.	General Electric	$(Ba,Ca,Sr)_2MgAl_{16}O_{27}:Eu^{2+}(,Mn^{2+})$ $(Ba,Ca,Sr)MgAl_{10}O_{17}:Eu^{2+}(,Mn^{2+})$ $(Ba,Ca,Sr)Mg_3Al_{14}O_{25}:Eu^{2+}(,Mn^{2+})$	US 2002158565
2004 /04/06	US 6717353	Gerd O. Mueller et. al.	Lumileds Lighting	$(Sr_{1-x-a}Ba_x)_4Al_{14}O_{25}:Eua$ $(Ba_{1-x-a}Sr_x)_3MgAl_{10}O_{17}:Eua$ $(Sr_{1-x-a}Ba_x)_3MgSi_2O_8:Eua$ $(Y_{1-a})_2SiO_5:Cea$ $(Sr_{1-a-b-c}Ba_bCa_c)_2Si_5N_8:Eua$ $Ca_{1-a}SiN_2:Eua$ $(Ba_{1-x-a}Ca_x)_2Si_5N_8:Eua$	EP 1411558 JP 2004134805
2004 /07/20	US 6765237	Daniel Darcy Doxsee et. al.	GELcore	$BaMg_2Al_{16}O_{27}:Eu^{2+}$ $(Tb_{1-x-y}A_xRE_y)_3D_2O_{12}$ (TAG) A = Y, La, Gd, and Sm RE = Ce, Pr, Nd, Sm, Eu, Gd, Dy, Ho, Er, Tm, Yb, and Lu D = Al, Ga, and In	US 2004135154
2004 /10/26	US 6809471	Anant Achyut Setlut et. al.	General Electric	$(M_{1-x}RE_x)_yD_2O_4$ M is said at least an alkaline-earth metal（Sr, Ba, Ca etc.） RE is said rare-earth metal comprising at least europium（Eu etc.） D is said at least a Group ⅢA metal（Al, Ga, In etc.） $0.001 < x < 0.3$ $0.75 < y < 1$ or $1 < y < 1.1$	EP1378555 US2004000862 KR20040002788 JP2004107623 CN1470596 CN101157855
2005 /08/30	US 6936857	Daniel Darcy Doxsee et. al.	GELcore General Electric	$Sr_4Al_{14}O_{25}:Eu^{2+}$ (SAE) $(Tb_{1-x-y}A_xRE_y)_3DzO_{12}$ (YAG/TAG) $Ca_8Mg(SiO_4)_4Cl_2:Eu^{2+},Mn^{2+}$	US 2004159846
2006 /05/21	US 7015510	Alok Mani Srivastava et al.	General Electric	$(Sr_{0.90-0.99}Eu_{0.01-0.1})_4Al_{14}O_{25}$(SAE) $(Sr_{0.8}Eu_{0.1}Mn_{0.1})_2P_2O_7$	WO0189000 US6501100 US2003067008

表 6.5　鋁酸物 LED 螢光材料之專利佈局廠家及螢光粉類別說明表。

Assignees	Claims	Category	Remarks
Nichia Kagaku Kogyo Kabushiki Kaisha	$(Re_{1-r}Sm_r)(Al_{1-s}Ga_s)_5O_{12}{:}Ce$ $Re{=}Y,Gd$	$-(Al, Ga)_5O_{12}$	· YAG
Patent-Treuhand-Gesellschaft fur elektrische Gluhlampen mbH OSRAM Opto	$(Tb_{1-x-y}RE_xCe_y)_3(Al,Ga)_5O_{12}$ whereRE=Y, Gd, La and/or $Lu; 0<=x<=0.5-y; 0<y<0.1$	$-(Al, Ga)_5O_{12}$	· TAG
GELcore General Electric	$(M_{1-x}RE_x)_yD_2O_4$ $(Tb_{1-x-y}A_xRE_y)_3D_2O_{12}$ (YAG/TAG) $(Mg,Ba,Ca, Sr)Al_8O_{13}{:}Eu^{2+}$ $(Ba,Ca, Sr)MgAl_{10}O_{17}{:}Eu^{2+}(,Mn^{2+})$ $(Ba,Ca, Sr)Mg_3Al_{14}O_{25}{:}Eu^{2+}$ $(,Mn^{2+})$ $(Ba,Ca, Sr)_2MgAl_{16}O_{27}{:}Eu^{2+}$ $(,Mn^{2+})$	$-Al_2O_4$ $-Al_5O_{12}$ $-Al_8O_{13}$ $-Al_{10}O_{17}$ $-Al_{14}O_{25}$ $-Al_{16}O_{27}$	· BAM(,Mn) · SAE · Others
Lumileds Lighting	$Y_3Al_5O_{12}{:}Ce^{3+},Pr^{3+}$ $(Ba_{1-x-a}Sr_x)_3MgAl_{10}O_{17}{:}Eua$ $(Sr_{1-x-a}Ba_x)_3MgAl_{14}O_{25}{:}Eua$	$-Al_5O_{12}$ $-Al_{10}O_{17}$ $-Al_{14}O_{25}$	· BAM(,Mn) · SAE · Others

　　根據表 6.4 及表 6.5 之內容，可以清楚地瞭解目前已被專利涵蓋的各重要類型之鋁酸物 LED 螢光材料，然必須特別說明的是上述各專利所涵蓋有關 LED 螢光材料的範圍，有些是以螢光粉的材料組成（Composition）或晶體結構（Crystal structure）為訴求重點，甚至是附帶地包含螢光粉的特性如粒徑等，另外亦有許多專利則是以螢光粉結合 LED 的應用，以及螢光粉的組合配方（Formulations; Blends）等為專利的訴求重點。倘若需要更清楚地瞭解各專利所涵蓋的申請範圍，則可由美國專利網站[5] 所提供的各專利說明書，進行更深入的探討及分析。

6.3 矽酸鹽螢光粉專利分析

　　矽酸物螢光材料（Silicate phosphors）泛指主體材料中含有 $-Si_xO_y$ 矽酸根之螢光材料，其乃屬於氧化物（Oxides）螢光材料的一種類別，如：$Ba_2SiO_4{:}Eu^{2+}$(BOS or BOSE)、$CaMgSi_2O_6{:}Eu^{2+}$、$Ca_2MgSi_2O_7{:}Eu^{2+}$、$BaSi_2O_5{:}Eu^{2+}$、$CaSiO_3{:}Eu^{2+}$、$Sr_3MgSi_2O_8{:}Eu^{2+}$、$CaSiO_3{:}Ce^{3+}$、$Y_2SiO_5{:}Ce^{3+}$ 等。另外，矽酸物

螢光材料亦常與硼（B; Boron）、鋁（Al; Aluminium）共同組成複合氧化物類的螢光材料，如：$Ca_5B_2SiO_{10}:Eu^{2+}$、$Ca_3Al_2Si_3O_{12}:Eu^{2+}$ 等；或是與鹵素形成鹵矽酸物螢光材料，如：$Ca_8Mg(SiO_4)_4Cl_2:Eu^{2+}(CS)$、$Ba_5SiO_4Cl_6: Eu^{2+}$ 等。至於矽酸物螢光材料常用的的活化劑／發光中心（Activators/Luminescent center），常用者除 Eu^{2+}、Ce^{3+} 之外，尚包括 Mn^{2+}、Ti^{4+}、Sn^{2+}、Pb^{2+}、Tl^{1+} 等，如：$Zn_2SiO_4:Mn^{2+}$、$CaSiO_3:Ti^{4+}$、$Ba_2Li_2Si_2O_7:Sn^{2+}$、$BaSi_2O_5:Pb^{2+}$、$MgBa_3Si_2O_8:Eu^{2+}, Mn^{2+}$ 等。

現今矽酸物螢光材料中，以 $Ba_2SiO_4:Eu^{2+}$（BOS or BOSE; Barium ortho silicate/Europium；其中 Ba 可以被 Ca、Sr 取代）系列螢光粉最受矚目，主要原因乃在於 BOS/BOSE 亦為目前白光 LED 最常應用的螢光粉之一。BOS/BOSE 系列螢光粉（M_2SiO_4; M = Ca, Sr, Ba）乃屬於正交晶系／斜方晶系（Orthorhombic）的結構系統，其中 M 金屬離子佔有兩種可能的結構位置（MI & MII），而 MI 與 MII 的配位數（Coordination numbers）則分別為 10、9 等[6]，可以參考圖 6.8 之說明：

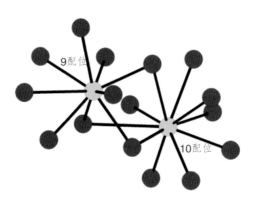

9配位

10配位

圖 6.8　BOS 之晶體結構說明圖。

至於 $M_2SiO_4:Eu^{2+}$ 系列螢光粉中之活化劑／發光中心 Eu^{2+} 的摻雜，因離子大小（Ionic size）及價數（Valence）等因素的影響，通常是取代 M 在晶體結構中的位置，以 $Ba_2SiO_4:Eu^{2+}$(BOS/BOSE) 螢光粉而言，其激發與放射光譜（PLE/PL Spectrum）如圖 6.9 所示[8]。而如 Eu^{2+} 進行 4f → 5d 電子遷移的活

化劑，因容易受到主體材料影響而改變發光特性，故在 $M_2SiO_4:Eu^{2+}$ 系列螢光粉中，M 金屬離子的部份取代或改變，都有可能造成發光特性的變化（如：紅移、藍移及發光效率的改變等），可以參考圖 6.10 之內容說明 [8]：

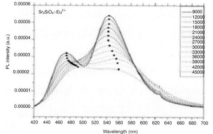

圖 6.9　BOS/BOSE 螢光粉之激發 / 放射光譜說明圖 [7]。

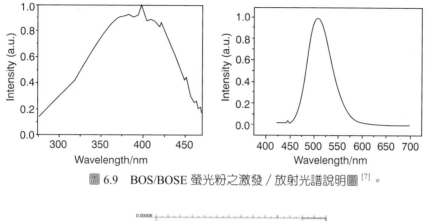

Fig. 1. Photolumines cence spectra exciied at 370 nm of Sr₂SiO₄:-Eu²⁺ phosphor for various temperatures.

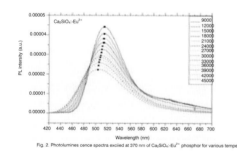

Fig. 2. Photolumines cence spectra exciied at 370 nm of Ca₂SiO₄:-Eu²⁺ phosphor for various temperatures.

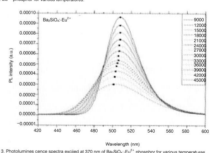

Fig. 3. Photolumines cence spectra exciied at 370 nm of Ba₂SiO₄:-Eu²⁺ phosphor for various temperatures.

圖 6.10　BOS/BOSE 系列螢光粉之發光特性說明圖 [7]。

　　矽酸物螢光材料（Silicate phosphors）亦可謂是目前主要的 LED 螢光粉系列之一，其中部份的矽酸物螢光粉如 BOS/BOSE 系列螢光粉等，除可以應用於 Blue-LED 之外，亦可以應用於 UV-LED（Near UV LED），此為 YAG 系列螢光粉所不及之處。另外，如 (Ba、Ca、Sr)$MgSi_2O_8$:Eu^{2+}、Mn^{2+} 等矽酸物螢光粉，則祇比較適用於 UV-LED。如前述，由於現今 LED 螢光粉的佈局相當廣泛，而較為重要的專利，其所申請的各國專利數量為數甚多（如專利家族；Patent familiy），為求系統化的專利分類及分析，故本研究的 LED 螢光材料專利分析，乃選擇以已經通過（已公告）的美國專利（US patents）為分類及分析標的，至於其他各國的相關專利，則以「專利家族」的附註方式說明。另外，尚在申請中（已公開；尚未核准）的專利，則暫不列入討論，然部份重要者則另加說明。

　　矽酸物（Silicates）LED 螢光材料的專利分析，可以參考表 6.6 之說明：

　　倘若根據表 6.6 之內容，再進行更進一步的歸納分析，我們可以更清楚地瞭解目前在矽酸物 LED 螢光材料方面的專利佈局廠家、相關矽酸物 LED 螢光粉的類別等項資訊，可以參考表 6.7 之說明：

表 6.6　矽酸物 LED 螢光材料之專利分析說明表。

Date	Patent Number	Inventors	Assignees	Claims (Regarding to phosphors)	Notes
2001-07-03	US 6255670	Alok Mani Srivastava et al.	General Electric	$A_2DSi_2O_7$:Eu^{2+} $Ba_2(Mg,Zn)Si_2O_7$:Eu^{2+} $(Ba_{1-x-y-z}Ca_xSr_yEu_z)_2(Mg_{1-w},Zn_w)$ Si_2O_7	WO 02/054502 US6255670 US6294800
2001-09-25	US 6294800	Anil Raj Duggal et al.	General Electric	$Ca_8Mg(SiO_4)_4Cl_2$:Eu^{2+},Mn^{2+}	US 19980203214 US6255670 US6294800
2002-05-19	US 6357889	Anil R. Duggal et al.	General Electric	$BaMg_2Al_{16}O_{27}$:Eu^{2+} $Ca_8Mg(SiO_4)_4Cl_2$:Eu^{2+},Mn^{2+} Y_2O_3:Bi^{3+},Eu^{2+} $Y_3Al_5O_{12}$:Ce Y_2O_2S:Eu ZnS:Cu,Ag and mixtures thereof.	
2002-08-16	US 6429583	Lionel Monty Levinson et al.	General Electric	$Ba_2MgSi_2O_7$:Eu^{2+}; Ba_2SiO_4:Eu^{2+}; and $(Sr,Ca,Ba)(Al,Ga)_2S_4$:Eu^{2+}.	WO 0033389 EP 1051758 JP 2002531955 CN 1289455 AU 2033800

Date	Patent Number	Inventors	Assignees	Claims (Regarding to phosphors)	Notes
2002 / 12 / 31	US 6501100	Alok Mani Srivastava et al.	General Electric	$APO:Eu^{2+},Mn^{2+}$ wherein A comprises at least one of Sr, Ca, Ba or Mg. $A_2P_2O_7:Eu^{2+},Mn^{2+}$ a) $A_4D_{14}O_{25}:Eu^{2+}$ where A comprises at least one of Sr, Ca, Ba or Mg, and D comprises at least one of Al or Ga; b) $(2AO*0.84P_2O^5*0.16B_2O_3): Eu^{2+}$ where A comprises at least one of Sr, Ca, Ba or Mg; c) $AD_8O_{13}:Eu^{2+}$ where A comprises at least one of Sr, Ca, Ba or Mg, and D comprises at least one of Al or Ga; d) $A_{10}(PO_4)_6Cl_2:Eu^{2+}$ where A comprises at least one of Sr, Ca, Ba or Mg; or e) $A_2Si_3O_8 *_2ACl_2:Eu^{2+}$ where A comprises at least one of Sr, Ca, Ba or Mg.	WO0189000 US7015510 US2003067008 EP1295347 CN1386306 CA2375069 CN1197175 AU782598
2003 / 01 / 07	US 6504179	Andries Ellens et al.	Patent-Treuhand-Gesellschaft fur elektrische Gluhlampen OSRAM Opto	$Ca_{8-x-y}Eu_xMn_yMg(SiO_4)_4Cl_2$ $x=0.005 \sim 1.6$ and $y=0 \sim 0.1$	US 2003006469 WO 0193342 EP 1206802 CA 2380444 CN 1203557
2003 / 04 / 29	US 6555958	Alok Mani Srivastava et al.	General Electric	$A_2SiO_4:Eu^{2+}$ $A_2DSi_2O_7:Eu^{2+}$	WO 0033389 EP 1051758 JP 2002531955 CN 1289455 AU 2033800
2003 / 09 /	US 6616862	Alok Mani Srivastava et al.	General Electric	$(Ca_{1-x-y-p-q}Sr_xBa_yMg_zEu_pMn_q)_a(PO_4)_3D$ wherein $0 \leq x \leq 1$, $0 \leq y \leq 1$, $0 \leq z \leq 1$, $0 < p \leq 0.3$, $0 < q \leq .0.3$, $0 < x+y+z+p+q \leq 1$, $4.5 \leq a \leq 5$, and D is selected from the group consisting of F, OH, and combinations thereof $Sr_4Al_{14}O_{25}:Eu^{2+}$ $Sr_6P_8BO_{20}:Eu^{2+}$ $BaAl_8O_{13}:Eu^{2+}$ $(Sr,Mg,Ca,Ba)_5(PO_4)_3Cl:Eu^{2+}$ $Sr_2Si_3O_6 2SrCl_2:Eu_{2+}$.	WO2004003106 US2003146411 EP1539902 CN1628164 AU2002312049 CN100347266
2003 / 09 / 16	US 6621211	Alok Mani Srivastava et al.	General Electric	$A_2SiO_4:Eu^{2+}$ $A_2DSi_2O_7:Eu^{2+}$	WO 0189001 CN 1636259
2004 / 04 / 06	US 6717353	Gerd O. Mueller et. al.	Lumileds Lighting	$(Sr_{1-x-a}Ba_x)_3MgSi_2O_8:Eua$ $(Y_{1-a})_2SiO_5:Cea$ $(Sr_{1-x-a}Ba_x)_3MgAl_{14}O_{25}:Eua$ $(Ba_{1-x-a}Sr_x)_3MgAl_{10}O_{17}:Eua$ $(Sr_{1-a-b-c}BabCac)_2Si_5N_8:Eua$ $Ca_{1-a}SiN_2:Eua$ $(Ba_{1-x-a}Ca_x)_2Si_5N_8:Eua$	EP 1411558 JP 2004134805
2004 / 10 / 26	US 6809347	Stefan Tasch et. al.	Leuchtstoffwerk Breitungen GmbH Tridonic Toyoda Gosei	$(2-x-y)SrO \cdot x(Ba,Ca)O \cdot (1-a-b-c-d)SiO_2 \cdot aP_2O_5 \cdot bAl_2O_3 \cdot cB_2O_3 \cdot dGeO_2:yEu^{2+}$	US 2004/0090174 EP 1347517 WO 02054503 WO 02054502 EP 1352431 US 6943380
2005 / 09 / 06	US 6939481	Alok Mani Srivastava et al.	General Electric	$(Ba,Sr,Ca)_2SiO_4:Eu^{2+}$	WO 0189001 US 6939481 US 6621211 CN 1636259

Date	Patent Number	Inventors	Assignees	Claims (Regarding to phosphors)	Notes
2005 l 09 l 13	US 6943380	Koich Ota et. al.	Toyoda Gosei Tridonic	$(2-x-y)SrO \cdot x(Ba,Ca)O \cdot (1-a-b-c-d)SiO_2 \cdot aP_2O_5 \cdot bAl_2O_3 \cdot cB_2O_3 \cdot dGeO_2:yEu^{2+}$	US 2004/0051111 US 6809347 WO 02/054503 WO 02/054502 EP 1347517 EP 1352431 TW 153403
2006 l 01 l 03	US 6982045	Hisham Menkara et. al.	Phosphortech Corporation	$SrxBayCazSiO_4:Eu$ $SrxBayCazSiO_4:Eu,B$ $(B=Ce,Mn,Ti,Pb,Sn)$	US 2004/0227465 WO 2004111156
2006 l 02 l 21	US 7002291	Andries Ellens et. al.	Patent-Treuhand-Gesellschaft fur elektrische Gluhlampen OSRAM Opto	$Ca_{8-x-y}Eu_xMn_yMg(SiO_4)_4Cl_2$ $x=0.005\sim1.6$ and $y=0\sim0.1$	US7183706 US2005104503 US2006103291
2006 l 04 l 04	US 7023019	Toshihide Maeda et. al.	Matsushita	$(Sr_{1-a1-b2-x}Ba_{a1}Ca_{b2}Eu_x)_2SiO_4$ $0 \leq a1 \leq 0.3$, $0 \leq b2 \leq 0.6$ $0.005 \leq x \leq 0.1$	US2004104391 EP1367655 WO03021691 US2005227569 CN1633718
2006 l 04 l 11	US 7026755	Anant Achyur Setlur et. al.	General Electric	$(Ba,Sr,Ca)_3Mg_xSi_2O_8:Eu^{2+},Mn^{2+}$ $1<x\leq2$	US2005029927 WO2005017066
2006 l 05 l 16	US 7045826	Chang Hae Kim et. al.	KRICT	$Sr_{3-x}SiO_5:Eu_x^{2+}$	US2006022208 WO2004085570
2007 l 02 l 27	US 7183706	Andries Ellens et. al.	Patent-Treuhand-Gesellschaft fur elektrische Gluhlampen OSRAM Opto	$Ca_{8-x}Eu_xMg(SiO_4)_4Cl_2$ $x=0.06\sim1.0$	US2006103291 US7002291 US2005104503
2007 l 06 l 12	US 7229571	Takayoshi Ezuhara et al.	Sumitomo Chemical Company	mM1O.nM2O.2SiO2 (M1 represents at least one selected from the group consisting of Ca, Sr and Ba, M2 represents at least one selected from the group consisting of Mg and Zn, m is from 0.5 to 2.5 and n is from 0.5 to 2.5), and at least one activator selected from the group consisting of Eu and Dy Ex. $(Ca_{0.99}Eu_{0.01})_2MgSi_2O_7$ $sM_3O.tB_2O_3$(IV) wherein M_3 represents at least one selected from the group consisting of Mg, Ca, Sr and Ba, s is from 1 to 4 and t is from 0.5 to 10 and, at least one activator selected from the group consisting of Eu and Dy. Ex. $(Sr_{0.97}Eu_{0.03})_3B_2O_6$	EP1354929 US20030227007 JP2003306674 EP1354929
2007 l 09 l 17	US 7267787	Yi Dong et. al.	Intematix	$A2SiO4:Eu2+F$ $A=Sr,Ca,Ba,Mg,Zn,Cd$	US2006027781 WO2006022793

表 6.7　矽酸物 LED 螢光材料之專利佈局廠家及螢光粉類別說明表。

Assignees	Claims	Category	Remarks
Toyoda Gosei Tridonic	$(2-x-y)SrO \cdot x(Ba,Ca)O \cdot (1-a-b-c-d)SiO_2 \cdot aP_2O_5 \cdot bAl_2O_3 \cdot cB_2O_3 \cdot dGeO_2:yEu2+$	$-Si_xO_y$ $-SiPAlBGeO$	・BOS/BOSE ・Others
GELcore General Electric	$A_2SiO_4:Eu^{2+}/(,Ba,Sr,Ca)_2SiO_4:Eu^{2+}$ $A_2DSi_2O_7:Eu^{2+}$ $A_2Si_3O_8 *2ACl_2:Eu^{2+}$ where A comprises at least one of Sr, Ca, Ba or Mg. $Ca_8Mg(SiO_4)_4Cl_2:Eu^{2+}, n^{2+}$ $(Ba,Sr,Ca)_3MgxSi_2O_8:Eu^{2+}, Mn^{2+}$	$-SiO_4$ $-Si_2O_7$ $-Si_3O_8$ $-(SiO_4)_4Cl_2$ $-Si_2O_8$	・BOS/BOSE ・Chlorosilicates ・Other silicates
Lumileds Lighting	$(Sr_{1-x-a}Ba_x)_3MgSi_2O_8:Eua$ $(Y_{1-a})_2SiO_5:Cea$	$-SiO_5$ $-Si_2O_8$	・Silicates
Phosphortech Corporation	$Sr_xBa_yCa_zSiO_4:Eu$ $Sr_xBa_yCa_zSiO_4:Eu,B$ $(B=Ce,Mn,Ti,Pb,Sn)$	$-SiO_4$	・BOS/BOSE
Intematix	$A_2SiO_4:Eu^{2+}F$ $A=Sr,Ca,Ba,Mg.Zn,Cd$	$-SiO_4$	・BOS/BOSE
Patent-Treuhand-Gesellschaft fur elektrische Gluhlampen mbH OSRAM Opto	$Ca_{8-x-y}Eu_xMn_yMg(SiO_4)_4Cl_2$	$-(SiO_4)_4Cl_2$	・Chlorosilicates

　　根據表 6.6 及表 6.7 之內容，可以清楚地瞭解目前已被專利涵蓋的各重要類型之矽酸物 LED 螢光材料，然必須特別說明的是上述各專利所涵蓋有關 LED 螢光材料的範圍，有些是以螢光粉的材料組成（Composition）或晶體結構（Crystal structure）為訴求重點，甚至是附帶地包含螢光粉的特性如粒徑等，另外亦有許多專利則是以螢光粉結合 LED 的應用，以及螢光粉的組合配方（Formulations；Blends）等為專利的訴求重點。倘若需要更清楚地瞭解各專利所涵蓋的申請範圍，則可由美國專利網站所提供的各專利說明書，進行更深入的探討及分析。

6.4 硫化物螢光粉專利分析

硫化物螢光材料（Sulfide phosphors）泛指主體材料中含有 $-S_x$ 之螢光材料，其乃屬於「非氧化物」螢光材料的一種類別，如：$SrS:Eu^{2+}$、$SrGa_2S_4:Eu^{2+}$、$SrY_2S_4:Eu^{2+}$、$ZnS:Cu^{1+}, Al^{3+}$、$ZnS:Ag^{1+}, Cl^{1-}$ 等。硫化物螢光材料亦常與氧（O：Oxygen）共同組成硫氧化物（Oxysulfides）類的螢光材料，如：$Y_2O_2S:Eu^{2+}$、$La_2O_2S:Eu^{2+}$、$Gd_2O_2S:Eu^{2+}$ 等。另外，硫化物螢光材料亦常與硒（Se：Selenium）共同組成複合類的螢光材料，如：$ZnS_{1-x}Se_x:Cu^{1+}, Al^{3+}$、$SrGa_2(S_{1-x}Se_x)_4:Eu^{2+}$、$SrGa_4(S_{1-x}Se_x)_7:Eu^{2+}$ 等。至於硫化物螢光材料常用的的活化劑／發光中心（Activators/Luminescent center），常用者除 Eu^{2+}、Cu^{1+}、Ag^{1+} 之外，尚包括 Ce^{3+}、Mn^{2+} 等，如：$SrGa_2S_4:Ce^{3+}$、$ZnS:Mn^{2+}$、$ZnS:Cu^{1+},Mn^{2+}$ 等。

現今硫化物螢光材料中，最受矚目者當屬硫化鋅（Zinc suphide）系列螢光粉如：$ZnS:Cu^{1+},Al^{3+}$、$ZnS:Ag^{1+},Cl^{1-}$、$ZnS:Cu^{1+},Mn^{2+}$、$ZnS:Mn^{2+}$ 等，主要原因乃在於其為目前陰極射線發光（Cathodoluminescence：CL）與電激發光（Electroluminescence：EL）應用的最主要螢光粉；廣泛應用於陰極射線管（Cathode ray tube：CRT；如電視機、示波器等）、場發射顯示器（Field emission display：FED）與無機電激發光裝置（Electroluminescenct lamp；冷光片）等。而在 LED 應用方面，則以 $SrS:Eu^{2+}$、$CaS:Eu^{2+}$、$(Sr_{1-x}Ca_x)S:Eu^{2+}$、$SrGa_2S_4:Eu^{2+}$、$Y_2O_2S:Eu^{2+}$、$La_2O_2S:Eu^{2+}$ 等較受到重視。若以 CaS 而言，其乃屬於 NaCl-type（Rock-salt）立方晶系（Cubic lattice structure）的材料結構，其中 Ca^{2+} 陽離子被 S^{2-} 陰離子包圍，而構成 O_h 的對稱系統，至於其配位數（Coordination numbers）則為 6，可以參考圖 6.11 之說明[9]：

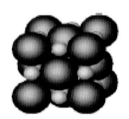

圖 6.11　CaS 之晶體結構說明圖[9]。

至於 CaS:Eu^{2+} 螢光粉中之活化劑／發光中心 Eu^{2+} 的摻雜，當然是取代 Ca^{2+} 在晶體結構中的位置，而其激發與放射光譜（PLE/PL Spectrum）如圖 6.12 所示[10]。而如 Eu^{2+} 進行 4f → 5d 電子遷移的活化劑，因容易受到主體材料影響而改變發光特性，故在 CaS:Eu^{2+} 螢光粉中，若以 Sr 部份替代 Ca，則可能造成發光特性的變化（如：紅移、藍移及發光效率的改變等）。另一方面，也可以利用活化劑／發光中心的改變或共摻雜（如：Ce^{3+} 與 Eu^{2+} 的共摻雜；其中 Ce^{3+} 可作為 Eu^{2+} 的敏化劑），來改變發光特性，可以參考圖 6.13 之內容說明[10]：

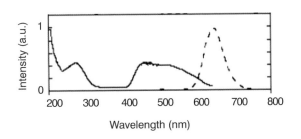

圖 6.12　CaS:Eu^{2+} 螢光粉之激發／放射光譜說明圖[10]。

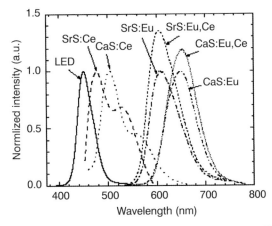

圖 6.13　(Sr,Ca)S:(Eu^{2+},Ce^{3+}) 系列螢光粉之發光特性說明圖[10]。

硫化物螢光材料（Sulfide phosphors）亦是目前較受到探討的 LED 螢光粉系列之一，其中如 (Sr$_{1-x}$Ca$_x$)S:Eu^{2+} 等硫化物螢光粉，可以應用於 Blue-LED，

而如 $Y_2O_2S:Eu^{2+}$、$La_2O_2S:Eu^{2+}$ 等硫化物螢光粉，可以應用於 UV-LED。另外如 $SrGa_2S_4:Eu^{2+}$ 等硫化物螢光粉，則可以同時應用於 Blue-LED 或 UV-LED。然必須特別說明的是：硫化物螢光材料一般均較不安定，頗容易受到氧氣（Oxygen）、水氣（Water），甚至是紫外線（UV）的影響，而產生老化與劣解現象，故其使用壽命通常較短，而此為實際應用上必須克服的問題。由於現今 LED 螢光粉的佈局相當廣泛，其中較為重要的專利，其所申請的各國專利數量為數甚多（如專利家族；Patent familiy），而為求系統化的專利分類及分析，故本研究的 LED 螢光材料專利分析，乃選擇以已經通過（已公告）的美國專利（US patents）為分類及分析標的，至於其他各國的相關專利，則以「專利家族」的附註方式說明。另外，尚在申請中（已公開；尚未核准）的專利，則暫不列入討論，然部份重要者則另加說明。

硫化物（Sulfides）LED 螢光材料的專利分析，可以參考表 6.8 之說明：

表 6.8　硫化物 LED 螢光材料之專利分析說明表。

Date	Patent Number	Inventors	Assignees	Claims (Regarding to phosphors)	Notes
2001 06 26	US 6252254	Thomas Frederick Soules et al.	General Electric	$(Sr,Ca,Ba)(Al,Ga)_2S_4:Eu^{2+}$ $Y_2O_2S:Eu^{3+},Bi^{3+}$ $SrS:Eu^{2+}$; $SrS:Eu^{2+},Ce^{3+},K^{1+}$ $(Ca,Sr)S:Eu^{2+}$ $SrY_2S_4:Eu^{2+}$ $CaLa_2S_4:Ce^{3+}$ $YBO_3:Ce^{3+},Tb^{3+}$ $BaMgAl_{10}O_{17}:Eu^{2+},Mn^{2+}$ $Y_3Al_5O_{12}:Ce^{3+}$ etc.	AU2033900 CN1246912 CN1289456 EP1051759 JP2002531956T US6252254 US6469322 US6580097 WO0033390
2002 06 26	US 6351069	Christopher H. Lowery et al.	Lumileds Lighting	$Y_3Al_5O_{12}:Ce^{3+},Pr^{3+}$ $SrS:Eu^{2+}$ etc.	JP 2000244021 GB 2347018 DE 19962765
2002 07 09	US 6417019	Gerd O. Mueller et al.	Lumileds Lighting	$(Sr_{1-u-v-x}Mg_uCa_vBa_x)(Ga_{2-y-z}Al_yIn_zS_4):Eu^{2+}$ wherein $0 \leq u \leq 1$, $0 \leq v \leq 1$, $0 \leq x \leq 1$, $0 \leq (u+v+x) \leq 1$, $0 \leq y \leq 2$, $0 \leq z \leq 2$, and $0 \leq y+z \leq 2$.	EP1248304 JP2003034791 TW536835 US6417019
2002 12 31	US 6501102	Regina B. Mueller-Mach et al.	Lumileds Lighting	$SrGa_2S_4:Eu^{2+}$ $SrS:Eu^{2+}$ $(Y,La)_3Al_5O_{12}:Ce^{3+}$	AU7617800 EP1142033 JP2001185764 US6501102 US2002003233 WO0124284 A1

Date	Patent Number	Inventors	Assignees	Claims (Regarding to phosphors)	Notes
2002 I 06 I 17	US 6580097	Thomas Frederick Soules et al.	General Electric	$(Sr,Ca,Ba)(Al,Ga)_2S_4:Eu^{2+}$ $Y_2O_2S:Eu^{3+},Bi^{3+}$ $SrS:Eu^{2+} ; SrS:Eu^{2+},Ce^{3+},K^{1+}$ $(Ca,Sr)S:Eu^{2+}$ $SrY_2S_4:Eu^{2+}$ $CaLa_2S_4:Ce^{3+}$ $YBO_3:Ce^{3+},Tb^{3+}$ $BaMgAl_{10}O_{17}:Eu^{2+},Mn^{2+}$ $Y_3Al_5O_{12}:Ce^{3+}$ etc.	AU2033900 CN1246912 CN1289456 EP1051759 JP2002531956 US6252254 US6469322 US6580097 WO0033390
2003 I 08 I 05	US 6603258	Regina B. Mueller-Mach et al.	Lumileds Lighting	$(Sr,Ca,Ba)S:Eu^{2+}$	EP1150361 JP2002016295 TW508840B US6603258
2004 I 01 I 20	US 6680569	Regina B. Mueller-Mach et al.	Lumileds Lighting	$(Sr_{1-x-y-z}Ba_xCa_y)_2Si_5N_8:Euz^{2+}$ where $0 \leq x,y \leq .0.5$ and $0 \leq .z \leq .0.1$. YAG $CaS:Eu^{2+}$	US2003006702 US6351069 JP2000244021 GB2347018 DE19962765
2004 I 01 I 27	US 6682207	Andreas G. Weber et al.	Lumileds Lighting	$SrGa_2S_4:Eu^{2+}$	EP1024539 US2001036083 US6273589 JP2000221597
2004 I 02 I 03	US 6686691	Gerd O. Muller et al.	Lumileds Lighting	$SrGa_2S_4:Ce^{3+}$ $CaS:Ce^{3+}$ $SrGa_2S_4:Eu^{2+}$ $SrS:Eu^{2+} ; CaS:Eu^{2+}$	AU7715800 EP1145282 EP1145282 JP2002060747 US6686691 WO0124229 WO0124229
2005 I 02 I 01	US 6850002	Earl Danielson et al.	Osram Opto.	$(Sr_{1-x-y}M_xEu_y)S$ $M=Ba,Mg,Zn$ $M*N*2S4:Eu$ $M*N*_2S_4:Ce$ $(M**_{1-u}Mgu)(Ga_{1-v}N*_v)_2S_4:Ce$ (or Eu) $M*=Ba,Sr,Ca,Zn$ $N*=Al,In,Y,La,Gd$	EP1328959 JP2004505172 US6850002 US2004124758 A1WO0211173 WO0211173
2006 I 01 I 17	US 6987353	Hisham Menkara et al.	Phosphortech Inc.	$ZnS_xSe_y:Cu$ $ZnS_xSe_y:Cu,A$ $A:Ag,Ce,Tb,Cl,I,Mg,Mn$	US6987353 US7109648 US7112921 WO2005017062 WO2005017062
2006 I 09 I 19	US 7109648	Hisham Menkara et al.	Phosphortech Inc.	$MA_2(S_xSe_y)_4:B$ $MA_4(S_xSe_y)_7:B$ $(M1)_m(M2)_nA_p(S_xSe_y)_q:B$ $M:Be,Mg,Ca,Sr,Ba,Zn$ $A:Al,Ga,In,Y,La,Gd$	US6987353 US7109648 US7112921 WO2005017062 WO2005017062
2006 I 09 I 26	US 7112921	Hisham Menkara et al.	Phosphortech Inc.	$MS_xSe_y:B$ $M:Be,Mg,Ca,Sr,Ba,Zn$ $B:Eu,Ce,Cu,Ag,Al,Tb,Sb,Bi,K,Na,Cl,F,Br,I,Mg,Pr,Mn$	US6987353 US7109648 US7112921 WO2005017062 WO2005017062

　　倘若根據表 6.8 之內容，再進行更進一步的歸納分析，我們可以更清楚地瞭解目前在硫化物 LED 螢光材料方面的專利佈局廠家、相關硫化物 LED 螢光

粉的類別等項資訊，可以參考表 6.9 之說明：

表 6.9　硫化物 LED 螢光材料之專利佈局廠家及螢光粉類別說明表。

Assignees	Claims	Category	Remarks
General Electric	$(Sr,Ca,Ba)(Al,Ga)_2S_4:Eu^{2+}$ $Y_2O_2S:Eu^{3+},Bi^{3+}$ $SrS:Eu^{2+}$; $SrS:Eu^{2+},Ce^{3+},K^{1+}$ $(Ca,Sr)S:Eu^{2+}$ $SrY_2S_4:Eu^{2+}$ $CaLa_2S_4:Ce^{3+}$	$-(Al,Ga)_2S_4$ $-OS$ $-S$ $-(Y,La)_2S_4$	-Sulfides -Oxysulfides
Lumileds Lighting	$SrGa_2S_4:Eu^{2+}$ $SrS:Eu^{2+}$; $CaS:Eu^{2+}$ $(Sr,Ca,Ba)S:Eu^{2+}$ $SrGa_2S_4:Ce^{3+}$ $CaS:Ce^{3+}$ $SrGa_2S_4:Eu^{2+}$	$-Ga2S4$ $-S$	-Sulfides
Osram Opto.	$(Sr_{1-x-y}M_xEu_y)S$ $M=Ba,Mg,Zn$ $M^*N^*_2S_4:Eu$ $M^*N^*_2S_4:Ce$ $(M^{**}_{1-u}Mg_u)(Ga_{1-v}N^*_v)_2S_4:Ce$ (or Eu) $M^*=Ba,Sr,Ca,Zn$ $N^*=Al,In,Y,La,Gd$	$-S$ $-(Ga,N^*)_2S_4$ $N^*=Al,In,Y,La,Gd$	-Sulfides
Phosphortech Inc.	$ZnS_xSe_y:Cu$ $ZnS_xSe_y:Cu,A$ $A:Ag,Ce,Tb,Cl,I,Mg,Mn$ $MA_2(S_xSe_y)_4:B$ $MA_4(S_xSe_y)_7:B$ $(M1)_m(M2)_nA_p(S_xSe_y)_q:B$ $M:Be,Mg,Ca,Sr,Ba,Zn$ $A:Al,Ga,In,Y,La,Gd$ $MS_xSe_y:B$ $M:Be,Mg,Ca,Sr,Ba,Zn$ $B:Eu,Ce,Cu,Ag,Al,Tb,$ $Sb,Bi,K,Na,Cl,F,Br,I,Mg,Pr,Mn$	$-S_xSe_y$	-Sulfides -Selenides

　　根據表 6.8 及表 6.9 之內容，可以清楚地瞭解目前已被專利涵蓋的各重要類型之硫化物 LED 螢光材料，然必須特別說明的是上述各專利所涵蓋有關 LED 螢光材料的範圍，有些是以螢光粉的材料組成（Composition）或晶體結構（Crystal structure）為訴求重點，甚至是附帶地包含螢光粉的特性如粒徑等，另外亦有許多專利則是以螢光粉結合 LED 的應用，以及螢光粉的組合配

方（Formulations；Blends）等為專利的訴求重點。倘若需要更清楚地瞭解各專利所涵蓋的申請範圍，則可由美國專利網站所提供的各專利說明書，進行更深入的探討及分析。

6.5 氮氧化物／氮化物螢光粉專利分析

　　氮化物螢光材料（Nitride phosphors）泛指主體材料中含有 $-N_y$ 之螢光材料，其乃屬於「非氧化物」螢光材料的一種類別，如：$Ca_2Si_5N_8:Eu^{2+}$、$CaAlSiN_3:Eu^{2+}$(CASN)、$LaSi_3N_5:Eu^{2+}$、$BaSi_7N_{10}:Eu^{2+}$、$SrYSi_4N_7:Eu^{2+}$、$CaSiN_2:Ce^{3+}$ 等。另外，氮化物螢光材料亦常與氧（O; Oxygen）、碳（C; Carbon）共同組成氧氮化物類（Oxynitride; $-O_xN_y$）或碳氮化物類（Carbonitride; $-N_yC_z$）的螢光材料，如：α-SiAlON:Eu^{2+}、β-SiAlON:Eu^{2+}、$BaSi_2O_2N_2:Eu^{2+}$、$SrSiAl_2O_2N_7:Eu^{2+}$、$SrSi_5AlO_2N_7:Eu^{2+}$、Y-Si-O-N:Ce^{3+}、$La_{1-x}Ce_xAl(Si_{6-z}Al_z)N_{10-z}O_z$(0<z<1; JEM)、$SrSi_2B_2O_5N_2:Eu^{2+}$、$YCeSi_4N_6C$ 等。至於氮化物／氧氮化物類螢光材料常用的的活化劑／發光中心（Activators/Luminescent center），除 Eu^{2+}、Ce^{3+} 之外，尚包括 Mn^{2+}、Tb^{3+}、Yb^{2+} 等，如：$CaSi_2B_2O_5N_2:Mn^{2+}$、$Y_2TbSi_4N_6C$、α-SiAlON:Yb^{2+} 等。

　　現今氮化物／氧氮化物螢光材料中，較受矚目者包括：$Ca_2Si_5N_8:Eu^{2+}$、$CaAlSiN_3:Eu^{2+}$(CASN)、α-SiAlON:Eu^{2+}、β-SiAlON:Eu^{2+} 等，主要原因乃在於前二者氮化物螢光粉乃屬於紅光螢光粉，且 Blue-LED 與 UV-LED 皆可以激發，常應用於製作高演色性的白光 LED；而後二者氮氮化物螢光粉乃分別屬於黃橙光及綠光螢光粉，而且兩者皆為 Blue-LED 與 UV-LED 可激發，可用於替代目前白光 LED 應用的最主要螢光粉如：YAG、BOS 等。若以 $M_2Si_5N_8:Eu^{2+}$（M = Ca,Sr,Ba）氮化物系列螢光粉而言，其中 $Ca_2Si_5N_8:Eu^{2+}$ 屬於單斜晶系（Monoclinic）的晶體結構系統，至於 $Sr_2Si_5N_8:Eu^{2+}$、$Ba_2Si_5N_8:Eu^{2+}$ 則屬於正交晶系／斜方晶系（Orthorhombic）的晶體結構系統。而在 $Sr_2Si_5N_8:Eu^{2+}$ 當中，Sr 離子佔有兩種不同的結構位置如 SI 與 SII，其中 SI 與 SII 陽離子之配位數（Coordination numbers）則分別為 6、7 等（Sr(I)-N6：Sr(II)-N7）[11]。於 $M_2Si_5N_8:Eu^{2+}$（M = Ca,Sr,Ba）氮化物系列螢光粉當中，若以 $Ba_2Si_5N_8:Eu^{2+}$ 氮化物螢光粉為例，其 $Ba_2Si_5N_8$ 主體材料之晶體結構，可以參考圖 6.14 之說明（註：圖中黑點代表金屬陽離子位於由 SiN4 四面體所形成的管道中）[12]：

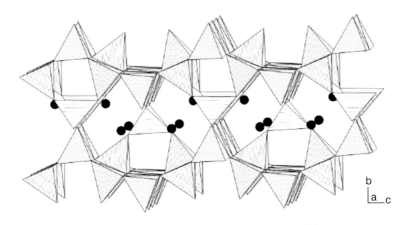

圖 6.14 $Ba_2Si_5N_8$ 之晶體結構說明圖[12]。

　　至於 $M_2Si_5N_8:Eu^{2+}$（M = Ca,Sr,Ba）螢光粉中之活化劑／發光中心 Eu^{2+} 的摻雜，因離子大小（Ionic size）及價數（Valence）等因素的影響，通常是取代 M（M = Ca,Sr,Ba）在晶體結構中的位置，而以 $Ba_2Si_5N_8:Eu^{2+}$ 氮化物螢光粉為例，其激發與放射光譜（PLE/PL Spectrum）如圖 6.15 所示[12]。而如 Eu^{2+} 進行 4f → 5d 電子遷移的活化劑，因容易受到主體材料影響而改變發光特性，故在 $Ba_2Si_5N_8:Eu^{2+}$ 螢光粉中，若以 Ca 、Sr 替代或部份替代 Ba ，都有可能造成發光特性的變化（如：紅移、藍移及發光效率的改變等），可以參考圖 6.16 之內容說明[13]：

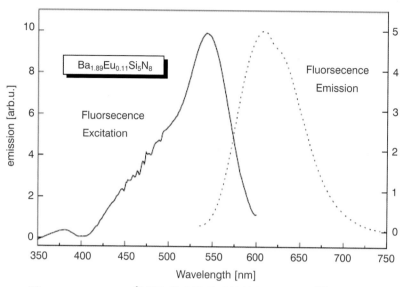

圖 6.15　$Ba_2Si_5N_8{:}Eu^{2+}$ 螢光粉之激發／放射光譜說明圖 [12]。

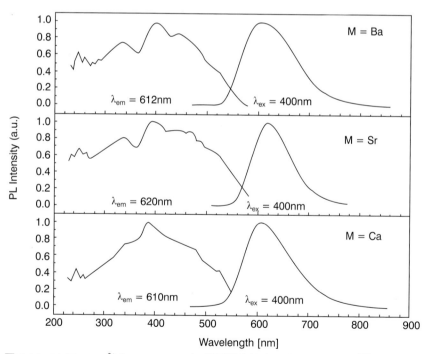

圖 6.16　$M_2Si_5N_8{:}Eu^{2+}$（M＝Ca,Sr,Ba）系列螢光粉之發光特性說明圖 [13]。

　　氮化物／氧氮化物螢光材料（Nitride/Oxynitride phosphors）可謂是目前最受重視的 LED 螢光粉系列之一，主要原因在於氮化物／氧氮化物螢光材料，比一般氧化物螢光材料之具有更強之共價特性（Covalency），透過電子雲擴張效應（Nephelauxetic effect）之原因，通常會促使螢光材料之激發／發光偏向較長之波段（與類似材料與結構之氧化物螢光材料比較，激發／發光波段有紅位移之趨向），故更適合 NUV-LED 或 Blue-LED 之激發與應用。其中多數氮化物／氧氮化物螢光粉如 $Ca_2Si_5N_8:Eu^{2+}$、$CaAlSiN_3:Eu^{2+}$(CASN)、α-SiAlON:Eu^{2+}、β-SiAlON:Eu^{2+}、$BaSi_2O_2N_2:Eu^{2+}$、$Y_2CeSi_4N_6C$ 等，可以應用於 UV-LED 或 Blue-LED，而如 $La_{1-x}Ce_xAl(Si_{6-z}Al_z)N_{10-z}O_z$(0<z<1；JEM) 等氮化物／氧氮化物螢光材料（Nitride/Oxynitride phosphors）螢光粉，則較適用於 UV-LED。由於現今 LED 螢光粉的佈局相當廣泛，其中較為重要的專利，其所申請的各國專利數量為數甚多（如專利家族：Patent familiy），而為求系統化的專利分類及分析，故本研究的 LED 螢光材料專利分析，乃選擇以已經通過（已公告）的美國專利（US patents）為分類及分析標的，至於其他各國的相關專利，則以「專利家族」的附註方式說明。另外，尚在申請中（已公開；尚未核准）的專利，則暫不列入討論，然部份重要者則另加說明。

　　氮化物／氧氮化物螢光材料（Nitride/Oxynitride phosphors）LED 螢光材料的專利分析，可以參考表 6.10 之說明：

　　倘若根據表 6.10 之內容，再進行更進一步的歸納分析，我們可以更清楚地瞭解目前在氮化物／氧氮化物螢光材料 LED 螢光材料方面的佈局廠家、相關氮化物／氧氮化物螢光材料 LED 螢光粉的類別等項資訊，可以參考表 6.11 之說明：

表 6.10　氮化物／氧氮化物 LED 螢光材料之專利分析說明表。

Date	Patent Number	Inventors	Assignees	Claims (Regarding to phosphors)	Notes
2003 ∣ 10 ∣ 14	US 6632379	Mamoru Mitomo et al.	National Institute for Materials Science	$(Ca_x,M_y)(Si,Al)_{12}(O,N)_{16}$ wherein M is at least one metal selected from the group consisting of Eu, Tb, Yb and Er, $0.05<(x+y)<0.3$, $0.02<x<0.27$ and $0.03<y<0.3$	EP1264873
2003 ∣ 11 ∣ 18	US 6649946	Georg Bogner et al.	Osram Opto.	$M_xSi_yN_z$:Eu wherein M is at least one of an alkaline earth metal chosen from the group Ca, Sr, Ba, Zn and wherein $z=2/3x+4/3y$ wherein $x=2$, and $y=5$. wherein $x=1$, and $y=7$. M is strontium M is a mixture of at least two metals of said group wherein Si is replaced fully or partially by Ge wherein the average particle size of said phosphor is between 0.5 and 5 µm.	EP1104799 EP1153101 EP1238041 EP1238041 HU0105080 HU0200436 JP2003515655 JP2003515665 TW524840 TW581801 US2003020101
2003 ∣ 12 ∣ 02	US 6657379	Andries Ellens et al.	Patent-Treuhand-Gesellschaft fur Elektrische Gluehlampen mbH (Munich, DE)	$M_{p/2}Si_{12-p-q}Al_{p+q}O_qN_{16-q}:Eu^{3+}$ where M=Ca individually or in combination with Mg or Sr, where q=0 to 2.5 and p=0 to 3.	EP1278250 JP2003124527 EP1278250 DE10133352
2003 ∣ 12 ∣ 30	US 6670748	Andries Ellens et al.	Patra Patent Treuhand (DE)	$MSi_3N_5:Eu^{2+}$ or Ce^{3+} $M_2Si_4N_7:Eu^{2+}$ or Ce^{3+} $M_4Si_6N_{11}:Eu^{2+}$ or Ce^{3+} $M_9Si_{11}N_{23}:Eu^{2+}$ or Ce^{3+} $M_{16}Si_{15}O_6N_{32}:Eu^{2+}$ or Ce^{3+} $MSiAl_2O_3N_2:Eu^{2+}$ or Ce^{3+} $M_{13}Si_{18}Al_{12}O_{18}N_{36}:Eu^{2+}$ or Ce^{3+} $MSi_5Al_2ON_3:Eu^{2+}$ or Ce^{3+} $M_3Si_5AlON_{10}:Eu^{2+}$ or Ce^{3+} at least one of the divalent metals Ba, Ca, Sr and/or at least one of the trivalent metals Lu, La, Gd, Y being used as cation M.	EP1296376 US2003094893 JP2003206481 DE10147040
2004 ∣ 01 ∣ 06	US 6674233	Andries Ellens et al.	Patent-Treuhand-Gesellschaft fuer Elektrische Gluehlampen mbH	$M_{p/2}Si_{12-p-q}Al_{p+q}O_qN_{16-q}:Ce_{3+}$ where M=Ca individually or in combination with Sr, with q=0 to 2.5 and p=1.5 to 3.	DE10146719 EP1296383 JP2003203504 US2003052595
2004 ∣ 01 ∣ 20	US 6680569	Regina B. Mueller-Mach et al.	Lumileds Lighting	$(Sr_{1-x-y}Ba_xCa_y)_2Si_5N_8:Euz^{2+}$ where $0\leq .x,y\leq .0.5$ and $0\leq .z\leq .0.1$. YAG $CaS:Eu^{2+}$	US2003006702 US6351069 JP2000244021 GB2347018 DE19962765
2004 ∣ 01 ∣ 27	US 6682663	Gilbert Botty et al.	Osram Opto.	$M_xSi_yN_z:Eu$ having SiN_4 tetrahedra wherein M is at least one of an alkaline earth metal selected from the group consisting of Ca, Sr, Ba, and Zn and said SiN4 tetrahedra are cross-linked to a three-dimensional network in which alkaline earth metal M ions are incorporated and wherein $z=2/3x+4/3y$	EP1104799 WO0140403 WO0139574 US6649946 CA2360330 CA2359896 DE60017596 CN1200992 CN1195817

Date	Patent Number	Inventors	Assignees	Claims (Regarding to phosphors)	Notes
2004 - 04 - 06	US 6717353	Gerd O. Mueller et al.	Lumileds	A device comprising: a semiconductor light emitting device capable of emitting light of a first wavelength; and a first wavelength-converting material comprising Sr-SiON:Eu^{2+}, the first wavelength-converting material disposed to absorb light of the first wavelength; wherein the first wavelength-converting material absorbs light of the first wavelength and emits light of a second wavelength longer than the first wavelength.	EP1411558 JP2004134805
2004 - 04 - 06	US 6717355	Y. Takahashi et al.	Toyoda Gosei	A light-emitting device with an emission wavelength range of from 360 nm to 550 nm and a fluorescent material made of Ca-Al-Si-O-N oxynitride activated with Eu2+ are used so that apart of light emitted from the light-emitting device is emitted while the wavelength of the part of light is converted by the fluorescent material.	US2002043926 JP2002076434
2004 - 08 - 17	US 6776927	Mamoru Mitomo et al.	National Institute for Materials Science	$Ca_xSi_{12-(m+n)}Al_{(m+n)}O_nN_{16-n}$:$Eu_y Dy_z$ wherein stabilizing metal (Ca) is substituted partially by Eu or Eu and Dy where $0.3<x-Ty+z-<1.5$, $0.01<y<0.7$, $0<z<0.1$, $0.6<m<3.0$ and $0\leqq n<1.5$	US2003168643
2007 - 08 - 21	US 7258816	H. Tamaki et al.	Nichia	$L_xM_yN_{((2/3)X+(4/3)Y)}$:R or $L_xM_yO_zN_{((2/3)X+(4/3)Y-(2/3)Z)}$:R (wherein L is at least one or more selected from the Group II Elements consisting of Mg, Ca, Sr, Ba and Zn, M is at least one or more selected from the Group IV Elements in which Si is essential among C, Si and Ge, and R is at least one or more selected from the rare earth elements in which Eu is essential among Y, La, Ce, Pr, Nd, Sm, Eu, Gd, Tb, Dy, Ho, Er and Lu.); contains the another elements.	EP1433831 WO03080764 US7297293 US2006038477 CN1522291 CA2447288 AU2003221442
2007 - 11 - 20	US 7297293	H. Tamaki et al.	Nichia	$L_xM_yN_{((2/3)X+(4/3)Y)}$:R or $L_xM_yOZN_{((2/3)X+(4/3)Y-(2/3)Z)}$:R (wherein L is at least one or more selected from the Group II Elements consisting of Mg, Ca, Sr, Ba and Zn, M is at least one or more selected from the Group IV Elements in which Si is essential among C, Si and Ge, and R is at least one or more selected from the rare earth elements in which Eu is essential among Y, La, Ce, Pr, Nd, Sm, Eu, Gd, Tb, Dy, Ho, Er and Lu.); contains the another elements.	EP1433831 WO03080764 US7258816 US2004135504 CN1522291 CA2447288 AU2003221442

表 6.11　氮化物／氧氮化物螢光材料螢光材料之專利佈局廠家及螢光粉類別說明表。

Assignees	Claims	Category	Remarks
National Institute for Materials Science	$(Ca_x,M_y)(Si,Al)_{12}(O,N)_{16}$ wherein M is at least one metal selected from the group consisting of Eu, Tb, Yb and Er, $0.05<(x+y)<0.3$, $0.02<x<0.27$ and $0.03<y<0.3$	-SiAlON	-Oxynitrides
Osram Opto.	$M_xSi_yN_z$:Eu	-Si_yN_z	-Nitrides
Patent-Treuhand-Gesellschaft fur Elektrische Gluehlampen mbH (Munich, DE)	$M_{p/2}Si_{12-p-q}Al_{p+q}O_qN_{16-q}$:$Eu^{3+}$ where M=Ca individually or in combination with Mg or Sr, where q=0 to 2.5 and p=0 to 3.	-SiAlON	-Oxynitrides
Patra Patent Treuhand (DE)	MSi_3N_5:Eu^{2+} or Ce^{3+} $M_2Si_4N_7$:Eu^{2+} or Ce^{3+} $M_4Si_6N_{11}$:Eu^{2+} or Ce^{3+} $M_9Si_{11}N_{23}$:Eu^{2+} or Ce^{3+} $M_{16}Si_{15}O_6N_{32}$:Eu^{2+} or Ce^{3+} $MSiAl_2O_3N_2$:Eu^{2+} or Ce^{3+} $M_{13}Si_{18}Al_{12}O_{18}N_{36}$:$Eu^{2+}$ or Ce^{3+} MSi_5Al2ON_9:Eu^{2+} or Ce^{3+} $M_3Si_5AlON_{10}$:Eu^{2+} or Ce^{3+}	-Si_3N_5 -Si_4N_7 -Si_6N_{11} -$Si_{11}N_{23}$ -$Si_{15}O_6N_{32}$ -$SiAl_2O_3N_2$ -$Si_{18}Al_{12}O_{18}N_{36}$ -$Si_5Al_2ON_9$ -Si_5AlON_{10}	-Nitrides -Oxynitrides
Lumileds	Sr-SiON:Eu^{2+} $(Sr_{1-x-y-z}Ba_xCa_y)_2Si_5N_8$:$Euz^{2+}$	-SiON -SiyNz	-Oxynitrides
Toyoda Gosei	Ca-Al-Si-O-N	-SiAlON	-Oxynitrides
Nichia	$L_xM_YN_{((2/3)X+(4/3)Y)}$:R $L_xM_YO_ZN_{((2/3)X+(4/3)Y-(2/3)Z)}$:R	-N -ON	-Nitrides -Oxynitrides

根據表 6.10 及表 6.11 之內容，可以清楚地瞭解目前已被專利涵蓋的各重要類型之氮化物／氧氮化物螢光材料 LED 螢光材料，然必須特別說明的是上述各專利所涵蓋有關 LED 螢光材料的範圍，有些是以螢光粉的材料組成（Composition）或晶體結構（Crystal structure）為訴求重點，甚至是附帶地包含螢光粉的特性如粒徑等項因素，另外亦有許多專利則是以螢光粉結合 LED 的應用，以及螢光粉的組合配方（Formulations; Blends）等為專利的訴求重點。倘若需要更清楚地瞭解各專利所涵蓋的申請範圍，則可由美國專利網站所提供的各專利說明書，進行更深入的探討及分析。然必須特別說明的是氮化物／氧氮化物螢光材料，多數是近年來才開發應用的螢光材料，目前有許多已進行專利申請者尚未獲得核准，若要更清楚地探討氮化物／氧氮化物螢光材料的專利申請現況，亦可由美國專利網站再參考申請中（已公開；尚未核准）專利的說明書；另一方面，日本及歐洲國家為氮化物／氧氮化物螢光材料開發之主要所在地，

亦必須參考此些國家的相關專利，如此才能更深入地瞭解氮化物／氧氮化物螢光材料的全貌。

6.6 硼酸鹽螢光粉專利分析

硼酸物螢光材料（Borate phosphors）泛指主體材料中含有 $-B_xO_y$ 硼酸根之螢光材料，其乃屬於氧化物（Oxides）螢光材料的一種類別，如：$Sr_3B_2O_6$:Eu^{2+}、$BaMgB_2O_6$:Eu^{2+}、SrB_4O_7:Eu^{2+}(SBE)、$Ba_2LiB_5O_{10}$:Eu^{2+}、$GdBO_3$:Ce^{3+}、LaB_3O_6:Ce^{3+} 等。硼酸物螢光材料亦常與鋁（Al；Aluminium）、磷（P；Phosphorus）共同組成複合氧化物類的螢光材料，如：$Sr_2Al_2B_2O_8$:Eu^{2+}、$BaAl_3BO_7$:Eu^{2+}、$YAl_3B_4O_{12}$:Eu^{3+}、$CaBPO_5$:Ce^{3+}、$SrBPO_5$:Eu^{2+} 等。另外，硼酸物螢光材料亦常與如氯（Cl；Chlorine）、溴（Br；Bromine）等鹵素，共同組成鹵化硼酸物類（Haloborate：$-B_xO_yX_z$）的螢光材料，如：Ca_2BO_3Cl:Eu^{2+}、$Ba_2Y(BO_3)_2Cl$:Eu^{2+}、$Ba_2Gd(BO_3)_2Cl$:Ce^{3+}、$Ca_2B_5O_9Cl$:Eu^{2+}、$Sr_2B_5O_9Br$:Ce^{3+} 等。至於硼酸物螢光材料常用的的活化劑／發光中心（Activators/Luminescent center），常用者除 Ce^{3+}、Eu^{2+} 之外，尚包括 Tb^{3+}、Eu^{3+}、Mn^{2+}、Bi^{3+}、Pb^{2+} 等，如：YBO_3:Tb^{3+}、$GdMgB_5O_{10}$:Ce^{3+},Tb^{3+}(CBT)、$CaAl_2B_2O_7$:Ce^{3+},Tb^{3+}、$Na_2La_2B_2O_7$:Ce^{3+},Tb^{3+}、$Sr_3Y_2(BO_3)_4$:Eu^{3+}、ZnB_2O_4:Mn^{2+}、$CaYBO4$:Bi^{3+}、$Sr_3B_2O_6$:Pb^{2+} 等。

若以 LED 之應用而言，現今硼酸物螢光材料當中，較受矚目者為 $Sr_3B_2O_6$:Eu^{2+} 之黃光螢光粉，主要原因乃在於其具有寬廣的激發波段，且有可能替代 YAG 螢光粉。$Sr_3B_2O_6$:Eu^{2+} 螢光粉乃屬於菱形晶系（Rhombohedral lattice structure），其中 Sr 之配位數（Coordination numbers）為 8，而 B 之配位數則為 4。至於 $Sr_3B_2O_6$:Eu^{2+} 螢光粉中之活化劑／發光中心 Eu^{2+} 的摻雜，因離子大小（Ionic size）及價數（Valence）等因素的影響，通常是取代 Sr 在晶體結構中的位置，而其激發與放射光譜（PLE/PL Spectrum）如圖 6.17 所示[14]。而如 Eu^{2+} 進行 $4f \rightarrow 5d$ 電子遷移的活化劑，因容易受到主體材料影響而改變發光特性，故在 $Sr_3B_2O_6$:Eu^{2+} 螢光粉中，若以 Mg、Ca、Ba 替代或部份替代

Sr ，如：$Sr_2MgB_2O_6:Eu^{2+}$ 、$Ba_2MgB_2O_6: Eu^{2+}$ 、$Ba_2CaB_2O_6: Eu^{2+}$ 等（通式為：$(Sr,Ba)_2(Mg,Ca)(BO_3)_2:Eu^{2+}$），都有可能因主體材料之離子大小或晶體結構之不同，而造成發光特性的變化（如：紅移、藍移及發光效率的改變等），可以參考圖 6.18 之內容說明[15]：

硼酸物螢光材料（Borate phosphors）雖非目前最主要的 LED 螢光粉，然其中部份的硼酸物螢光粉如 $Sr_3B_2O_6:Eu^{2+}$ 等，可同時應用於 Blue-LED 或 UV-LED ，另外如 $(Sr,Ba)_2(Mg,Ca)(BO_3)_2:Eu^{2+}$ 等硼酸物螢光粉，通常較適用於 UV-LED。由於現今 LED 螢光粉的佈局相當廣泛，其中較為重要的專利，其所申請的各國專利數量為數甚多（如專利家族；Patent familiy），而為求系統化的專利分類及分析，故本研究的 LED 螢光材料專利分析，乃選擇以已經通過（已公告）的美國專利（US patents）為分類及分析標的，至於其他各國的相關專利，則以「專利家族」的附註方式說明。另外，尚在申請中（已公開；尚未核准）的專利，則暫不列入討論，然部份重要者則另加說明。

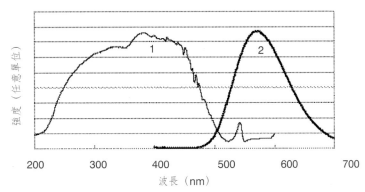

圖 6.17　$Sr_3B_2O_6:Eu^{2+}$ 螢光粉之激發／放射光譜說明圖[14]。

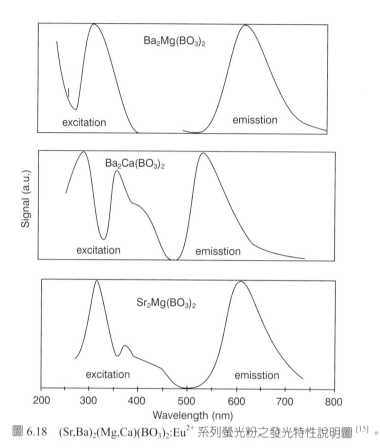

圖 6.18　(Sr,Ba)$_2$(Mg,Ca)(BO$_3$)$_2$:Eu^{2+} 系列螢光粉之發光特性說明圖 [15]。

硼酸物（Borates）LED 螢光材料的專利分析，可以參考表 6.12 之說明：

表 6.12　硼酸物 LED 螢光材料之專利分析說明表。

Date	Patent Number	Inventors	Assignees	Claims (Regarding to phosphors)	Notes
2001 – 06 – 26	US 6252254	Thomas Frederick Soules et al.	General Electric	$YBO_3:Ce^{3+},Tb^{3+}$ $BaMgAl_{10}O_{17}:Eu^{2+},Mn^{2+}$ $(Sr,Ca,Ba)(Al,Ga)_2S_4:Eu^{2+}$ $Y_2O_2S:Eu^{3+},Bi^{3+}$ $YVO_4:Eu^{3+},Bi^{3+}$ etc.	AU2033900 CN1246912 CN1289456 EP1051759 US6469322 US6580097 WO0033390
2002 – 10 – 22	US 6469322	Alok Mani Srivastava et al.	General Electric	$Ln_xBO_3:Ce^{3+}{}_y,Tb^{3+}{}_z$ $Ln=Sc,Y,La,Gd,Lu$	AU2033900 CN1246912 CN1289456 EP1051759 US6252254 US6580097 WO0033390
2002 – 12 – 31	US 6501100	Alok Mani Srivastava et al.	General Electric	$APO:Eu^{2+},Mn^{2+}$ wherein A comprises at least one of Sr, Ca, Ba or Mg. $A_2P_2O_7:Eu^{2+},Mn^{2+}$ a) $A4D_{14}O_{25}:Eu^{2+}$ where A comprises at least one of Sr, Ca, Ba or Mg, and D comprises at least one of Al or Ga; b) $(2AO*0.84P_2O_5*0.16B_2O_3):Eu^{2+}$ where A comprises at least one of Sr, Ca, Ba or Mg; c) $AD_8O_{13}:Eu^{2+}$ where A comprises at least one of Sr, Ca, Ba or Mg, and D comprises at least one of Al or Ga; d) $A_{10}(PO_4)_6Cl_2:Eu^{2+}$ where A comprises at least one of Sr, Ca, Ba or Mg; e) $A_2Si_3O_8*2ACl_2:Eu^{2+}$ where A comprises at least one of Sr, Ca, Ba or Mg.	WO0189000 US7015510 US2003067008 EP1295347 CN1386306 CA2375069 CN1197175 AU782598
2003 – 06 – 17	US 6580097	Thomas Frederick Soules et al.	General Electric	$(Sr,Ca,Ba)(Al,Ga)_2S_4:Eu^{2+}$ $Y_2O_2S:Eu^{3+},Bi^{3+}$ $SrS:Eu^{2+}; SrS:Eu^{2+},Ce^{3+},K^+$ $(Ca,Sr)S:Eu^{2+}$ $SrY_2S_4:Eu^{2+}$ $CaLa_2S_4:Ce^{3+}$ $YBO_3:Ce^{3+},Tb^{3+}$ $BaMgAl_{10}O_{17}:Eu^{2+},Mn^{2+}$ $Y_3Al_5O_{12}:Ce^{3+}$ etc.	AU2033900 CN1246912C CN1289456 EP1051759 JP2002531956 US6252254 US6469322 US6580097 WO0033390
2003 – 09 – 19	US 6616862	Alok Mani Srivastava et al.	General Electric	$(Ca_{1-x-y-p-q}Sr_xBa_yMgzEu_pMn_q)_a(PO_4)_3D$ wherein $0\leqq x\leqq 1$, $0\leqq y\leqq 1$, $0\leqq z\leqq 1$, $0<p\leqq 0.3$, $0<q\leqq 0.3$, $0<x+y+z+p+q\leqq 1$, $4.5\leqq a\leqq 5$, and D is selected from the group consisting of F, OH, and combinations thereof $Sr_4Al_{14}O_{25}:Eu^{2+}$ $Sr_6P_6BO_{20}:Eu^{2+}$ $BaAl_8O_{13}:Eu^{2+}$	WO2004003106 US2003146411 EP1539902 CN1628164 AU2002312049 CN100347266

Date	Patent Number	Inventors	Assignees	Claims (Regarding to phosphors)	Notes
				$(Sr,Mg,Ca,Ba)_5(PO_4)_3Cl:Eu^{2+}$ $Sr_2Si_3O_6 \cdot 2SrCl_2:Eu^{2+}$.	
2006 08 08	US 7088038	Alok Mani Srivastava et al.	General Electric	$Na_2(Ln_{1-y-z}Ce_yTb_z)_2B_2O_7$ $Ln=La,Y,Gd,Lu,Sc$ $y=0.01\text{-}0.3 \ \ z=0.0\text{-}0.3$ $(Ba,Sr,Ca,Mg)_5(PO_4)_3(Cl,F,Br,OH):$ Eu^{2+},Mn^{2+},Sb^{3+} $(Ba,Sr,Ca)BPO_5:Eu_{2+}$ $(Sr,Ca)_{10}(PO_4)_6*nB_2O_3:Eu^{2+}$ $2SrO*0.84P_2O_5*0.16B_2O_3:Eu_{2+}$	US7088038
2006 10 17	US 7122128	Holly Ann Comanzo et al	General Electric	$A_3(D_{1-x}Tb_x)_3(BO_3)_5$ wherein A is at least an alkaline-earth metal selected from the group consisting of calcium, barium, strontium, and magnesium; D is at least a Group-3 metal selected from the group consisting of lanthanum, scandium, and yttrium; and $0<x<0.5$.	US2005242326
2007 02 13	US 7128849	Anant A Setlur et al.	General Electric	$(D_{1-x}Eu_x)A_3B_4O_{12}$ wherein D is a combination of yttrium and gadolinium A is a combination of aluminum, scandium, and gallium; and x is in a range from about 0.001 to about 0.3.	EP1528094 US7128849 US2005092968 JP2005133063
2007 02 13	US 7176501	Dong-Yeoul Lee et. al.	Luxpia Co, Ltd (Jeollabuk-Do, KR)	$(Tb_{1-x-y-z}RE_xA_y)_3DaBbO_{12}:Cez$ wherein: RE is at least one rare earth element selected from the group consisting of Y, Lu, Sc, La, Gd, Sm, Pr, Nd, Eu, Dy, Ho, Er, Tm and Yb; A is at least one typical metal element selected from the group consisting of Li, Na, K, Rb, Cs and Fr; D is at least one typical amphoteric element selected from the group consisting of Al, In and Ga; $0 \leq x<0.5; 0 \leq y<0.5; 0<z<0.5; 0<a<5;$ and $0<b<5$.	WO2004099342 US2005269592 AU2003284756
2007 06 12	US 7229571	Takayoshi Ezuhara et al.	Sumitomo Chemical Company	$mM^1O.nM^2O.2SiO_2$ (M^1 represents at least one selected from the group consisting of Ca, Sr and Ba, M2 represents at least one selected from the group consisting of Mg and Zn, m is from 0.5 to 2.5 and n is from 0.5 to 2.5), and at least one activator selected from the group consisting of Eu and Dy Ex. $(Ca_{0.99}Eu_{0.01})_2MgSi_2O_7$ $sM_3O.tB_2O_3$ wherein M3 represents at least one selected from the group consisting of Mg, Ca, Sr and Ba, s is from 1 to 4 and t is from 0.5 to 10 and, at least one activator selected from the group consisting of Eu and Dy. Ex. $(Sr_{0.97}Eu_{0.03})_3B_2O_6$	EP1354929 US20030227007 JP2003306674 EP1354929 CN1452253

倘若根據表 6.12 之內容，再進行更進一步的歸納分析，我們可以更清楚地瞭解目前在硼酸物 LED 螢光材料方面的佈局廠家、相關硼酸物 LED 螢光粉的類別等項資訊，可以參考表 6.13 之說明：

表 6.13　硼酸物 LED 螢光材料之專利佈局廠家及螢光粉類別說明表。

Assignees	Claims	Category	Remarks
General Electric	$YBO_3:Ce^{3+},Tb^{3+}$ $Ln_xBO_3:Ce^{3+}{}_y,Tb^{3+}{}_z$ Ln=Sc,Y,La,Gd,Lu $Na_2(Ln_{1-y-z}Ce_yTb_2)_2B_2O_7$ Ln=La,Y,Gd,Lu,Sc y=0.01-0.3 z=0.0-0.3 $(Ba,Sr,Ca)BPO_5:Eu^{2+}$ $(Sr,Ca)_{10}(PO_4)_6*nB_2O_3:Eu^{2+}$ $2SrO*0.84P_2O_5*0.16B_2O_3:Eu^{2+}$ $A_3(D_{1-x}Tb_x)_3(BO_3)_5$ wherein A is at least an alkaline-earth metal selected from the group consisting of calcium, barium, strontium, and magnesium; D is at least a Group-3 metal selected from the group consisting of lanthanum, scandium, and yttrium; and 0<x<0.5. $(D_{1-x}Eu_x)A_3B_4O_{12}$ wherein D is a combination of yttrium and gadolinium A is a combination of aluminum, scandium, and gallium; and x is in a range from about 0.001 to about 0.3. $(2AO*0.84P_2O_5*0.16B_2O_3):Eu^{2+}$ where A comprises at least one of Sr, Ca, Ba or Mg	$-BO_3$ $-B_2O_7$ $-(BO_3)_5$ $-B_4O_{12}$ $-BPO_5$	
Luxpia Co, Ltd (Jeollabuk-Do, KR)	$(Tb_{1-x-y-z}RE_xA_y)_3DaBbO_{12}:Ce_z$ wherein: RE is at least one rare earth element selected from the group consisting of Y, Lu, Sc, La, Gd, Sm, Pr, Nd, Eu, Dy, Ho, Er, Tm and Yb; A is at least one typical metal element selected from the group consisting of Li, Na, K, Rb, Cs and Fr; D is at least one typical amphoteric element selected from the group consisting of Al, In and Ga; $0 \leqq x < 0.5; 0 \leqq y < 0.5; 0 < z < 0.5; 0 < a < 5$; and $0 < b < 5$.	$-B_bO_{12}$	
Sumitomo Chemical Company	$sM^3O.tB_2O_3$ wherein M3 represents at least one selected from the group consisting of Mg, Ca, Sr and Ba, s is from 1 to 4 and t is from 0.5 to 10 and, at least one activator selected from the group consisting of Eu and Dy. Ex. $(Sr_{0.97}Eu_{0.03})_3B_2O_6$	$-tB_2O_3$ $-B_2O_6$	

根據表 6.12 及表 6.13 之內容，可以清楚地瞭解目前已被專利涵蓋的各重要類型之硼酸物 LED 螢光材料，然必須特別說明的是上述各專利所涵蓋有關 LED 螢光材料的範圍，有些是以螢光粉的材料組成（Composition）或晶體結構（Crystal structure）為訴求重點，甚至是附帶地包含螢光粉的特性如粒徑

等，另外亦有許多專利則是以螢光粉結合 LED 的應用，以及螢光粉的組合配方（Formulations; Blends）等為專利的訴求重點。倘若需要更清楚地瞭解各專利所涵蓋的申請範圍，則可由美國專利網站所提供的各專利說明書，進行更深入的探討及分析。

6.7 磷酸鹽螢光粉專利分析

磷酸物螢光材料（Phosphate phosphors）泛指主體材料中含有 $-P_xO_y$ 磷酸根之螢光材料，其乃屬於氧化物（Oxides）螢光材料的一種類別，如：YPO_4:Ce^{3+}、$NaBaPO_4$:Eu^{2+}、$Sr_2P_2O_7$:Eu^{2+}(SPE)、$Ca_3(PO_4)_2$:Eu^{2+}、$Sr_4Al_{14}O_{25}$:Eu^{2+} 等。磷酸物螢光材料亦常與硼（B：Boron）共同組成複合氧化物類的螢光材料，如：$CaBPO_5$:Ce^{3+}、$SrBPO_5$:Eu^{2+} 等。另外，硼酸物螢光材料亦常與如氟（F; Fluorine）、氯（Cl; Chlorine）、溴（Br; Bromine）等鹵素，共同組成鹵化磷酸物類（Halophosphate; $-P_xO_yX_z$）的螢光材料，如：$Sr_5(PO_4)_3F$:Eu^{2+}、$Ca_5(PO_4)_3Cl$:Eu^{2+}、Ca_2PO_4Cl:Eu^{2+} 等。至於，磷酸物螢光材料常用的的活化劑／發光中心（Activators/Luminescent center），常用者除 Ce^{3+}、Eu^{2+} 之外，尚包括 Sb^{2+}、Mn^{2+}、Tb^{3+}、Sn^{2+}、Bi^{3+} 等，如：$Sr_5(PO_4)_3F$:Sb^{2+}、$Ca_5(PO_4)_3Cl$:Sb^{2+},Mn^{2+}、CaP_2O_6: Mn^{2+}、$Na_3Ce(PO_4)_2$:Tb^{3+}、$LaPO_4$:Ce^{3+},Tb^{3+}(LAP)、$Ca_5(PO_4)_3F$:Sn^{2+}、$Sr_3(PO_4)_2$:Sn^{2+}(SPS)、$CaSr_2(PO_4)_2$:Bi^{3+} 等。

若以 LED 之應用而言，目前磷酸物螢光材料當中，較受矚目者為 $Ca_5(PO_4)_3Cl$:Eu^{2+}(SECA/SCAP)，主要原因乃在於其具有寬廣的激發波段，可為藍紫光 LED 或 UV-LED 所激發。$Ca_5(PO_4)_3Cl$:Eu^{2+} 螢光粉為磷灰石（Apatite）結構的材料系統，其乃屬於 Apatite 為六方晶系（Hexagonal lattice structure）的晶體結構。$Ca_5(PO_4)_3Cl$:Eu^{2+} 為藍光螢光粉，倘若再摻雜 Mn^{2+} 則可形成 $Ca_5(PO_4)_3Cl$:Eu^{2+},Mn^{2+}，而成為橘黃光螢光粉，其亦可為藍紫光 LED 或 UV-LED 所激發。

至於 $Ca_5(PO_4)_3Cl$:Eu^{2+}(SECA/SCAP) 螢光粉中之活化劑／發光中心 Eu^{2+} 的

摻雜，因離子大小（Ionic size）及價數（Valence）等因素的影響，通常是取代 Ca 在晶體結構中的位置，而其激發與放射光譜（PLE/PL Spectrum）如圖 6.19 所示 [16]。而如 Eu^{2+} 進行 $4f \rightarrow 5d$ 電子遷移的活化劑，因容易受到主體材料影響而改變發光特性，故在 $Ca_5(PO_4)_3Cl:Eu^{2+}$ 螢光粉中，若以 Mg、Sr、Ba 替代或部份替代 Ca，或以 F,Br 替代或部份替代 Cl，都有可能造成發光特性的變化（如：紅移、藍移及發光效率的改變等）。另一方面，也可以利用活化劑／發光中心的共摻雜（如：Eu^{2+} 與 Mn^{2+} 的共摻雜），來改變發光特性，可以參考圖 6.20 之內容說明 [17]：

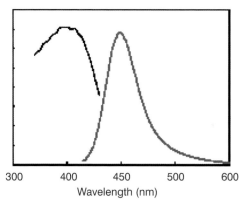

圖 6.19　$Ca_5(PO_4)_3Cl:Eu^{2+}$(SECA) 螢光粉之激發／放射光譜說明圖 [16]。

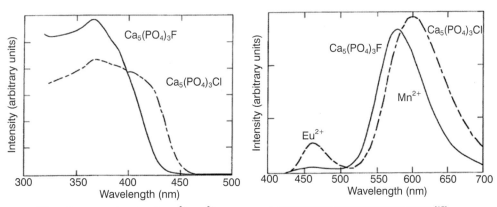

圖 6.20　$Ca_5(PO_4)_3(F,Cl):Eu^{2+},Mn^{2+}$(SECA-Mn) 系列螢光粉之發光特性說明圖 [17]。

　　磷酸物螢光材料（Phosphate phosphors）雖非目前最主要的 LED 螢光粉，然其中部份的磷酸物螢光粉如 $Ca_5(PO_4)_3Cl:Eu^{2+}$(SECA) 等，可以應用於藍紫光 LED 或 UV-LED，另外如 $Sr_2P_2O_7:Eu^{2+}$ 等磷酸物螢光粉，則較適用於 UV-LED。由於現今 LED 螢光粉的佈局相當廣泛，其中較為重要的專利，其所申請的各國專利數量為數甚多（如專利家族：Patent familiy），而為求系統化的專利分類及分析，故本研究的 LED 螢光材料專利分析，乃選擇以已經通過（已公告）的美國專利（US patents）為分類及分析標的，至於其他各國的相關專利，則以「專利家族」的附註方式說明。另外，尚在申請中（已公開；尚未核准）的專利，則暫不列入討論，然部份重要者則另加說明。

　　磷酸物（Phosphates）LED 螢光材料的專利分析，可以參考表 6.14 之說明：

表 6.14　磷酸物 LED 螢光材料之專利分析說明表。

Date	Patent Number	Inventors	Assignees	Claims (Regarding to phosphors)	Notes
2001 — 09 — 25	US 6294800	Anil Raj Duggal et al.	General Electric	$Ca_8Mg(SiO_4)_4Cl_2:Eu^{2+}$,$Mn^{2+}$ $Y_2O_3:Eu^{3+}$,Bi^{3+} $(Sr,Ba,Ca)_5(PO_4)_3Cl:Eu_{2+}$	US19980203214 US6255670
2002 — 12 — 31	US 6501100	Alok Mani Srivastava et al.	General Electric	$APO:Eu^{2+}$,Mn^{2+} wherein A comprises at least one of Sr, Ca, Ba or Mg. $A_2P_2O_7:Eu^{2+}$,Mn^{2+} a) $A_4D_{14}O_{25}:Eu^{2+}$ where A comprises at least one of Sr, Ca, Ba or Mg, and D comprises at least one of Al or Ga; b) $(2AO*0.84P_2O_5*0.16B_2O_3):Eu^{2+}$ where A comprises at least one of Sr, Ca, Ba or Mg; c) $AD_8O_{13}:Eu^{2+}$ where A comprises at least one of Sr, Ca, Ba or Mg, and D comprises at least one of Al or Ga; d) $A_{10}(PO_4)_6Cl_2:Eu^{2+}$ where A comprises at least one of Sr, Ca, Ba or Mg; or e) $A_2Si_3O_8*2ACl_2:Eu^{2+}$ where A comprises at least one of Sr, Ca, Ba or Mg.	WO0189000 US7015510 US2003067008 EP1295347 CN1386306 CA2375069 CN1197175 AU782598
2003 — 03 — 23	US 6616862	Alok Mani Srivastava et al.	General Electric	$(Ca_{1-x-y-p-q}Sr_xBa_yMg_zEu_pMn_q)_a(PO_4)_3D$ wherein $0 \leq x \leq 1$, $0 \leq y \leq 1$, $0 \leq z \leq 1$, $0 < p \leq 0.3$, $0 < q \leq 0.3$, $0 < x+y+z+p+q \leq 1$, $4.5 \leq a \leq 5$, and D is selected from the group consisting of F, OH, and combinations thereof $Sr_4Al_{14}O_{25}:Eu^{2+}$ $Sr_6P_5BO_{20}:Eu^{2+}$ $BaAl_8O_{13}:Eu^{2+}$ $(Sr,Mg,Ca,Ba)_5(PO_4)_3Cl:Eu^{2+}$ $Sr_2Si_3O_6.2SrCl_2:Eu^{2+}$.	WO2004003106 US2003146411 EP1539902 CN1628164 AU2002312049 CN100347266
2003 — 09 — 16	US 6621211	Alok Mani Srivastava et al.	General Electric	$Sr_2P_2O_7:Eu^{2+}$ $(Sr,Ba,Ca)_5(PO_4)_3Cl:Eu^{2+}$ $A_2SiO_4:Eu^{2+}$ $A_2DSi_2O_7:Eu^{2+}$	AU6460701 CN1636259 EP1332520 JP2004501512 US6939481 US2004007961 WO0189001

Date	Patent Number	Inventors	Assignees	Claims (Regarding to phosphors)	Notes
2004 - 02 - 03	US 6685852	Anant Achyur Setlur et. al.	General Electric	$Sr_2P_2O_7:Eu^{2+},Mn^{2+}$ $(Sr,Ba,Ca)_5(PO_4)_3(Cl,OH):Eu^{2+}$ $(Sr,Ba,Ca)_5(PO_4)_3(F,Cl,OH):Eu^{2+},Mn^{2+}$	US2002158565
2004 - 07 - 06	US 6759804	A. Ellens et al.	Patent-Treuhand-Gesellschaft fur Elektrische Gluehlampen mbH	$M_5(PO_4)_3(Cl,F):(Eu^{2+},Mn^{2+})$ (SECA-Mn)	BE1014027 DE10241140 DE20115914 JP2003206482 NL1021542 TW591810 US2003057829
2004 - 07 - 20	US 6765237	D.D. Doxsee et al.	GELcore	$(Sr,Ba,Ca,Mg)_5(PO_4)_3Cl:Eu^{2+}$ (SECA) $(Tb_{1-x-y}A_xRE_y)_3D_xO_{12}$(TAG)	US2004135154 WO2004066403 WO2004066403
2006 - 08 - 08	US 7088038	Alok Mani Srivastava et al.	General Electric	$(Ba,Sr,Ca,Mg)_5(PO_4)_3(Cl,F,Br,OH):Eu^{2+},Mn^{2+},Sb^{3+}$ $(Ba,Sr,Ca)BPO_5:Eu^{2+}$ $(Sr,Ca)_{10}(PO_4)_6*nB_2O_3:Eu^{2+}$ $2SrO*0.84P_2O_5*0.16B_2O_3:Eu^{2+}$	US20050001532

倘若根據表 6.14 之內容，再進行更進一步的歸納分析，我們可以更清楚地瞭解目前在磷酸物 LED 螢光材料方面的佈局廠家、相關磷酸物 LED 螢光粉的類別等項資訊，可以參考表 6.15 之說明：

表 6.15　磷酸物 LED 螢光材料之專利佈局廠家及螢光粉類別說明表。

Assignees	Claims	Category	Remarks
General Electric	$(Ca_{1-x-y-p-q}Sr_xBa_yMg_zEu_pMn_q)_a(PO_4)_3D$ $(Sr,Ba,Ca)_5(PO_4)_3Cl:Eu^{2+}$ $Sr_2P_2O_7:Eu^{2+}$ $(Sr,Ba,Ca)_5(PO_4)_3Cl:Eu^{2+}$ $Sr_2P_2O_7:Eu_{2+},Mn_{2+}$ $(Sr,Ba,Ca)_5(PO_4)_3(Cl,OH):Eu^{2+}$ $(Sr,Ba,Ca)_5(PO_4)_3(F,Cl,OH):Eu_{2+},Mn^{2+}$ $(Ba,Sr,Ca,Mg)_5(PO_4)_3(Cl,F,Br,OH):Eu_{2+},Mn_{2+},Sb^{3+}$ $(Ba,Sr,Ca)BPO_5:Eu^{2+}$ $(Sr,Ca)_{10}(PO_4)_6*nB_2O_3:Eu^{2+}$ $2SrO*0.84P_2O_5*0.16B_2O_3:Eu^{2+}$	$-(PO_4)_3D$ $-(PO_4)_3Cl$ $-P_2O_7$ $-(PO_4)_3(Cl,OH)$ $-(PO_4)_3(F,Cl,OH)$ $-(PO_4)_3(Cl,F,Br,OH)$ $-BPO_5$	· SECA/SCAP
Patent-Treuhand-Gesellschaft fur Elektrische Gluehlampen mbH	$M_5(PO_4)_3(Cl,F):(Eu^{2+},Mn^{2+})$	$-(PO_4)_3(Cl,F)$	· SECA
GELcore	$(Sr,Ba,Ca,Mg)_5(PO_4)_3Cl:Eu^{2+}$(SECA)	$-(PO_4)_3Cl$	· SECA

　　根據表 6.14 及表 6.15 之內容，可以清楚地瞭解目前已被專利涵蓋的各重要類型之磷酸物 LED 螢光材料，然必須特別說明的是上述各專利所涵蓋有關 LED 螢光材料的範圍，有些是以螢光粉的材料組成（Composition）或晶體結構（Crystal structure）為訴求重點，甚至是附帶地包含螢光粉的特性如粒徑等，另外亦有許多專利則是以螢光粉結合 LED 的應用，以及螢光粉的組合配方（Formulations；Blends）等為專利的訴求重點。倘若需要更清楚地瞭解各專利所涵蓋的申請範圍，則可由美國專利網站所提供的各專利說明書，進行更深入的探討及分析。

6.8 其他類螢光粉專利分析

　　本研究所謂之其他類別（Others）LED 螢光材料，係指前述鋁酸物（Aluminates）、矽酸物（Silicates）、硫化物（Sulfides）、氮化物／氮氧化物（Nitrides/Oxynitrides）、硼酸物（Borates）、磷酸物（Phosphates）等之外的螢光材料，可能包含：鹵化物（Halides）、釩酸物（Vanadates）、鉬酸物（Molybdates）、鎢酸物（Tungstates）、鎵酸物（Gallates）、鍺酸物（Germanates）、硫酸物（Sulfates）、或其他氧化物（Other oxides）等。

　　就 LED 之應用而言，其他類別（Others）螢光材料能以 Blue-LED 或 UV-LED 激發者並非很多，其中以釩酸物（Vanadates）、鉬酸物（Molybdates）、鎢酸物（Tungstates）、鎵酸物（Gallates）、鍺酸物（Germanates）、硫酸物（Sulfates）、或其他氧化物（Other oxides）較受矚目。

　　釩酸物（Vanadates）螢光材料方面，文獻資料 [18] 曾提出 $Ca_{1.94}Na_{1.03}Eu_{0.03}$ $Mg_2V_3O_{12}$（單一白光螢光粉）等釩酸物螢光粉可應用於 UV-LED，其放射光譜可以參考圖 6.21 之說明：

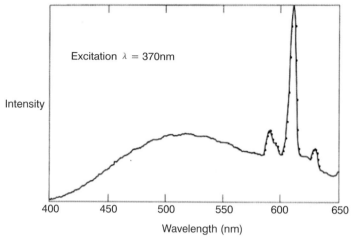

圖 6.21　$Ca_{1.94}Na1_{.03}Eu_{0.03}Mg_2V_3O_{12}$ 螢光粉之放射光譜說明圖 [18]。

　　鎢酸物（Tungstates）螢光材料方面，文獻資料 [19] 曾提出 $LiEuW_2O_8$ 等鎢酸物螢光粉可應用於 UV-LED 或 Blue-LED，其激發／放射光譜可以參考圖 6.22 之說明：

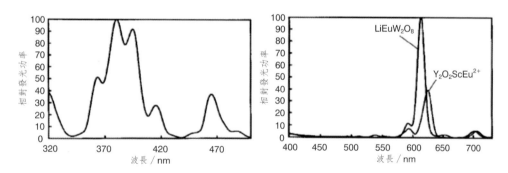

圖 6.22　$LiEuW_2O_8$ 螢光粉之激發／放射光譜說明圖 [19]。

　　鍺酸物（Germanates）螢光材料方面，文獻資料 [20] 曾提出 $Mg_3Gd_2Ge_3O_{12}$: Ce^{3+}（其屬於 Garnet structure）等鍺酸物螢光粉可應用於 Blue-LED，其激發／放射光譜可以參考圖 6.23 之說明：

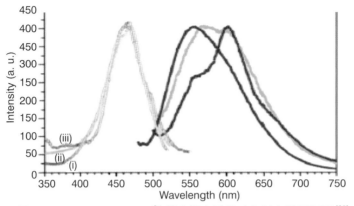

圖 6.23　$Mg_3Gd_2Ge_3O_{12}:Ce^{3+}$ 螢光粉之激發 / 放射光譜說明圖 [20]。

　　其他氧化物螢光材料方面，文獻資料 [17] 曾提出 $3.5MgO \cdot 0.5MgF_2 \cdot GeO_2:$ Mn^{4+}(MGM/MFG) 等氧化物螢光粉可應用於 UV-LED 或紫藍光 -LED，其放射光譜可以參考圖 6.24 之說明：

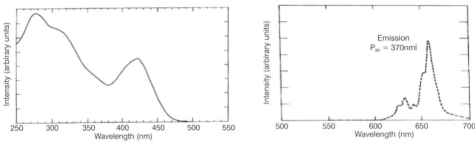

圖 6.24　$3.5MgO \cdot 0.5MgF_2 \cdot GeO_2:Mn^{4+}$ 螢光粉之激發 / 放射光譜說明圖 [17]。

　　其他氧化物螢光材料方面螢光材料方面，文獻資料 [21] 曾提出 $Y_2O_3:Bi^{3+}$, Eu^{3+}（YOX）等氧化物螢光粉可應用於 UV-LED，其放射光譜可以參考圖 6.25 之說明：

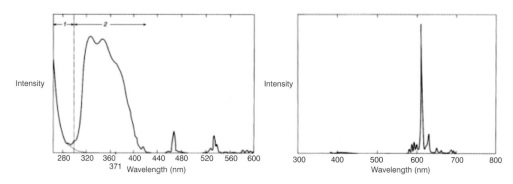

圖 6.25　$Y_2O_3:Bi^{3+},Eu^{3+}$ 螢光粉之激發 / 放射光譜說明圖[21]。

由於現今 LED 螢光粉的佈局相當廣泛，其中較為重要的專利，其所申請的各國專利數量為數甚多（如專利家族；Patent familiy），而為求系統化的專利分類及分析，故本研究的 LED 螢光材料專利分析，乃選擇以已經通過（已公告）的美國專利（US patents）為分類及分析標的，至於其他各國的相關專利，則以「專利家族」的附註方式說明。另外，尚在申請中（已公開；尚未核准）的專利，則暫不列入討論，然部份重要者則另加說明。

其他類別（Others）LED 螢光材料的專利分析，可以參考表 6.16 之說明：

表 6.16　其他類別 LED 螢光材料之專利分析說明表。

Date	Patent Number	Inventors	Assignees	Claims (Regarding to phosphors)	Notes
2001 - 07 - 03	US 6255670	Alok Mani Srivastava et al.	General Electric	$Y_2O_3:Eu^{3+},Bi^{3+}$ $A_2DSi_2O_7:Eu^{2+}$ $Ba_2(Mg,Zn)Si_2O_7:Eu^{2+}$ $(Ba_{1-x-y-z}Ca_xSr_yEu_z)_2(Mg_{1-w}Zn_w)Si_2O_7$ $(Sr,Ba,Ca)_5(PO_4)_3Cl:Eu^{2+}$	WO 02/054502
2001 - 09 - 25	US 6294800	Anil Raj Duggal et al.	General Electric	$Y_2O_3:Eu^{3+},Bi^{3+}$ $Ca_8Mg(SiO_4)_4Cl_2:Eu_{2+},Mn^{2+}$ $(Sr,Ba,Ca)_5(PO_4)_3Cl:Eu^{2+}$	US19980203214 US6255670
2003 - 02 - 18	US 6522065	Alok Mani Srivastava et al.	General Electric	$A_{2-2x}Na_{1+x}ExD_2V_3O_{12}$ wherein A comprises at least one of calcium, barium, and strontium; E comprises at least one of europium, dysprosium, samarium, thulium, and erbium; D comprises at least one of magnesium and zinc; and 0.01.ltoreq..times..ltoreq.0.3.	EP1138747 US6853131 US2003067265 JP2002076446 EP1138747 CN1315484 CN1156552

Date	Patent Number	Inventors	Assignees	Claims (Regarding to phosphors)	Notes
2004 ｜ 02 ｜ 03	US 6685852	Anant Achyur Setlur et. al.	General Electric	$3.5MgO \cdot 0.5MgF_2 \cdot GeO_2:Mn^{4+}$ $Sr_2P_2O_7:Eu^{2+},Mn^{2+}$ $(Sr,Ba,Ca)_5(PO_4)_3(Cl,OH):Eu^{2+}$ $(Sr,Ba,Ca)_5(PO_4)_3(F,Cl,OH):Eu_{2+},Mn^{2+}$	US2002158565
2006 ｜ 06 ｜ 18	US 7077979	Anthony K. Cheetham et al.	The Regents of the University of California (Oakland, CA)	$Bi_xLn_{1-x}VO_4:A$ where x is 0.05 to 0.5, Ln is an element selected from the group consisting of Y, La and Gd, and A is an activator selected from Eu^{3+}, Sm^{3+} and Pr^{3+}, or any combination thereof, with or without Tb3+ as a co-dopant.	US2005077499 US7220369 US2006192219
2007 ｜ 05 ｜ 18	US 7220369	Anthony K. Cheetham et al.	The Regents of the University of California (Oakland, CA)	$Bi_xLn_{1-x}VO_4:A$ where x is 0.05 to 0.5, Ln is an element selected from the group consisting of Y, La and Gd, and A is an activator selected from Eu^{3+}, Sm^{3+} and Pr^{3+}, or any combination thereof, with or without Tb^{3+} as a co-dopant.	US7077979 US2006192219

　　倘若根據表 6.16 之內容，再進行更進一步的歸納分析，我們可以更清楚地瞭解目前在鋁酸物 LED 螢光材料方面的佈局廠家、相關鋁酸物 LED 螢光粉的類別等項資訊，可以參考表 6.17 之說明：

表 6.17　其他類別 LED 螢光材料之專利佈局廠家及螢光粉類別說明表。

Assignees	Claims	Category	Remarks
General Electric	$Y_2O_3:Eu^{3+},Bi^{3+}$ $A_{2-2x}Na_{1+x}E_xD_2V_3O_{12}$ $3.5MgO \cdot 0.5MgF_2 \cdot GeO_2:Mn^{4+}$	-Other oxides(Y_2O_3) -V_3O_{12}	· YOX · Vanadates · MGM/MFG
The Regents of the University of California (Oakland, CA)	$Bi_xLn_{1-x}VO_4:A$ where x is 0.05 to 0.5, Ln is an element selected from the group consisting of Y, La and Gd, and A is an activator selected from Eu^{3+}, Sm^{3+} and Pr^{3+}, or any combination thereof, with or without Tb^{3+} as a co-dopant.	-VO_4	· Vanadates

　　根據表 6.16 及表 6.17 之內容，可以清楚地瞭解目前已被專利涵蓋的各重要類型之鋁酸物 LED 螢光材料，然必須特別說明的是上述各專利所涵蓋有關 LED 螢光材料的範圍，有些是以螢光粉的材料組成（Composition）或晶體結構（Crystal structure）為訴求重點，甚至是附帶地包含螢光粉的特性如粒徑

等，另外亦有許多專利則是以螢光粉結合 LED 的應用，以及螢光粉的組合配方（Formulations；Blends）等為專利的訴求重點。倘若需要更清楚地瞭解各專利所涵蓋的申請範圍，則可由美國專利網站所提供的各專利說明書，進行更深入的探討及分析。

螢光粉是「照明」與「顯示」裝置的重要關鍵材料，而未來在光電領域的應用上，將會以白光發光二極體（White light emitting diode）所應用之螢光粉最為重要，而本項研究主要即是針對發光二極體（Light emitting diode）所應用的螢光粉，進行 LED 螢光材料之技術探討，同時並執行 LED 螢光粉的重要專利分析供未來參考，相信所彙整的各項結果，對於發光二極體與其所應用螢光粉的未來發展，應具有高度的助益。

國內目前並無健全的螢光粉產業，學研界在這方面投入的研究也不多，因此建立完整螢光材料的平台技術，是國內產／學／研界之重要的共同任務。是故建議國內產／學／研界能建立長期的合作方式，以期能加速國內螢光粉的研發腳步，並建構完整及健全的螢光粉產業。

6.9 習題

1. 申請螢光粉專利可分為「組成專利」、「製程專利」與「應用專利」，請說明此三者之差異。

2. 對於螢光粉組成專利，一般使用何種手法進行專利迴避？

3. 一般來說，對於螢光粉製程專利有哪些參數可以進行權利要項的申請與佈局？

4. 試說明氮化物主要進行專利佈局的專利權人有哪些？

5. 試說明 YAG 螢光粉主要進行專利佈局的專利權人有哪些？

6. 試說明矽酸鹽螢光粉主要進行專利佈局的專利權人有哪些？

7. 試說明氮氧化物螢光粉主要進行專利佈局的專利權人有哪些？

8. 試說明硫化物螢光粉主要進行專利佈局的專利權人有哪些？

9. 試說明我國 LED 廠商與國際大廠專利交叉授權說明情形。

221

6.10 參考資料（References）

[1]　A. Phillips, LEDs Magazine, LEDs Magazine Review, Issue 3, pp.15 ～ 17, October 2005 (2005)

[2]　蔡亦真，「2007 年台灣 LED 產業發展分析」，拓墣產業研究所 焦點報告 , No.20 Jan 10, 2007 (2007)

[3]　A.A. Setlur et al., Proceedings of SPIE, Vol. 5187, 142 ～ 149 (2004)

[4]　C.J. Summers et al., Proceedings of SPIE, Vol. 5187, 123 ～ 132 (2004)

[5]　http://www.uspto.gov/index.html

[6]　J.S. Kim et al., Solid State Communications, 133, 187 ～ 190 (2005)

[7]　H. Liu et al., Journal of Rare Earths, 24, 121 ～ 124 (2006)

[8]　J.S. Kim et al. Solid State Communications 133, 445 ～ 448 (2005)

[9]　M. Nazarov, et al. Journal of Solid State Chemistry 179, 2529 ～ 2533 (2006)

[10] D. Jia et al. Optical Materials, 30, 375 ～ 379 (2007)

[11] Y.Q. Li et al., Journal of Solid State Chemistry 181, 515 ～ 524 (2008)

[12] H.A. Hoppe et al., Journal of Physics and Chemistry of Solids, 61, 2001 ～ 2006 (2000)

[13] Y.Q. Li et al., Proceeding of First International Conference on White LEDs and Solid State Lighting (White LEDs-07), 119 ～ 124 (2007)

[14] T. Ezuhara et al., United States Patent, US 7229571 (2007)

[15] A. Diaz et al., Chem. Mater., 9, 2071 ～ 2077 (1997)

[16] E. Radkov et al., Proc. of SPIE, Vol. 5187, 171 ～ 177 (2004)

[17] A. A. Setlur et al., United States Patent, US 6685852 (2004)

[18] A. M. Srivastava et al., United States Patent, US 6522065 (2003)

[19] O. Tsudomu et al., Japanese Patent, JP 2003-041252 (2003)

[20] J. L. Wu et al., Chemical Physics Letters, 441, 250 ～ 254 (2007)

[21] A. R. Deggal et al., United States Patent, US 629480 0(2001)

第七章

半導體奈米晶的合成與應用

Synthesis and Applications of Semiconductor Nanocrystals

作者 鍾淑茹

　　奈米材料在近二十年的蓬勃發展，奈米化成了神奇的製程，舉凡金屬、陶瓷、半導體等材料，透過奈米化後有些材料呈現與塊材迥然不同的性質，引起廣泛的研究。我們知道製造奈米粒子的方法可分為「由上而下（top-down）」和「由下而上（bottom-up）」兩大類，而本章即針對利用「由下而上」的方式製備半導體奈米晶體，特別是具有直接能隙的零維（0-D）奈米晶體。零維半導體奈米晶（又被稱為量子點，QD），因其粒徑小（1~20nm）在光學及電學上呈現可調性，更是被廣為研究。量子點的光學及電學性質介於塊材的半導體材料與獨立的分子或原子之間，在過去的二十多年之間，對於量子點的合成以及光學和電學性質有大量的研究，量子點在生物診斷（biodiagnostics）、生物影像（bioimage）、光子（photonic）、光電（optoelectrionic）和感測器（sensors）等領域嶄露頭角。因此量子點的時代已經來臨了。在多數的應用中，利用化學工程改變量子點的表面以及將量子點與固態基板結合是常見的方法。前者著重在改變量子點的表面，提高相容性、穩定性與量子效率等；而後者則因為多數合成的高分子材料在可見光範圍都是透明的，因此量子點多數與它們混合形成奈米複合材料應用於光電領域。基材扮演的角色除了提供奈米複合材料機械強度與化學穩定性外，高分子可以避免奈米晶的團聚，提供製程便利性，如形成薄膜抑或是微米球或奈米球。儘管結合奈米晶和高分子有這麼多優點，然而這個領域的研究進展卻是緩慢的，主要的困難點在於量子點和高分子間的相容性差，以及一旦和高分子混合後會破壞奈米晶的光或電的特性。為了避免這些缺點，研究重心聚焦在奈米晶表面與高分子的化學工程或是建立可以將奈米晶包覆在高分子基材的方法，因此奈米晶與高分子基材的研究同樣重要，故而衍生量子點在發光二極體、有機發光二極體、太陽能電池、生物影像等應用。

　　本節先從半導體特性的介紹開始，逐步進入奈米晶的理論基礎、奈米晶製備的演進、奈米晶的性質，最後為奈米晶在發光二極體（LED 和 OLED）、太陽能電池（SC）與生物的應用。

7.1 半導體材料特性

7.1.1 分子軌域

分子軌域模型最早是由 Slater 和 Koster 以及 Coulson 和他的研究團隊所提出的,之後延伸到三維(3-D)半導體的晶體。以氫原子為例如圖 7.1 所示,兩個氫原子距離很遠時,電子分別佔據 1s 能階,原子逐漸靠近形成分子時,兩個原本獨立存在的能階,有兩種線性組合的能態:一個能態的能量比獨立原子時低(σ),另一個比獨立原子時高($\sigma*$)。一個能態可以填兩個電子,故而二個氫原子靠近時自然形成氫分子,因為形成分子時的能量低於獨立以原子狀態存在時的能量。這個模型中所提的軌域並非原子軌域,但仍如同原子軌域般與最近原子形成鍵結:一系列鍵結的軌域(σ 鍵)和一系列反鍵結的軌域($\sigma*$ 鍵)。我們可將此概念延伸至由多個原子聚集形成的分子或晶體中,一個原子若只有一個價電子佔據 s 軌域,而 s 軌域僅有一個能態。那麼 N 個原子就有 N 個電子,有 N 個能態,而一個能態可以填兩個電子(兩個量子態),所以 N 個原子就有 2N 個量子態可以填 2N 個電子,因此當這些原子互相靠近時,僅有一個價電子的原子形成分子甚至是晶體時,有一半的能態是完全填滿的而另一半是完全空的,而能態之間以很小的能量分隔開來,巨觀上形成能帶。填滿的能態稱為鍵結軌域,由鍵結軌域所形成的能帶稱之為 σ 帶(即價帶 valence band),價帶中最高能量的軌域稱為 HOMO(Highest occupied molecular orbital),反之完全空的能態稱為反鍵結軌域,由反鍵結軌域所形成的能帶稱之為 $\sigma*$ 帶(即導帶 conduction band),而導帶中最低能量的軌域稱為 LUMO(Lowest unoccupied molecular orbital)。在塊材晶體中,HOMO 和 LUMO 之間的距離成為能隙(band gap),依據能隙的大小將材料區分為導體、半導體和絕緣體。如果一個原子有 3 個以上的價電子又會是甚麼情況呢?我們以甲烷(CH_4)分子是如何形成的為例說明。甲烷分子中的碳原子(如圖 7.2 (a))四個價電子($2s^2 2p^2$)以 sp^3(1 個 s 軌域和 3 個 p 軌域)混成的方式形成 4 個 sp 混成軌域如圖 7.2(b) 所示,將

四個電子以相同能量佔據混成軌域再與 4 個氫原子的 1s 電子結合。而矽原子與碳原子屬於同一族，矽原子也如同碳一樣形成三維結構。

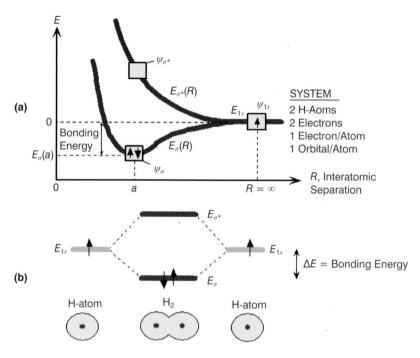

圖 7.1　氫原子形成分子的分子模型。

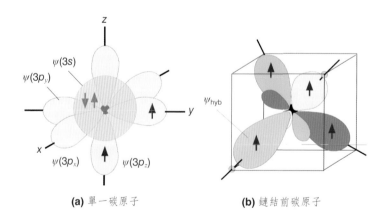

(a) 單一碳原子　　　　**(b)** 鏈結前碳原子

圖 7.2　碳原子的混成軌域。

7.1.2 塊材的能帶─能帶理論

求解塊材晶體中電子的容許能態的能帶模型稱為能帶理論。金屬的自由電子模型使我們了解熱容量，熱導率等，卻無法解釋金屬、半導體和絕緣體之間的區別，而金屬和絕緣體之間電性的差異是非常大的，純金屬的電阻率在 1 k 時約 10^{-10}ohm-cm ，而一塊絕緣體約為 10^{22}ohm-cm ，二者相差 10^{32} 數量級，因此必須修正自由電子模型。加入周期性晶格後，電子允許的能量不再是由零到無限大做連續性分佈。近乎自由電子近似（nearly free electron approximation）、緊束縛近似（tight binding approximation）、克郎尼—潘尼近似（Kronig-Penney approximation）、原子軌道線性組合（linear combination of atomic orbitals, LCAO）等，這些近似都是計算能帶的方法。

以下介紹近乎自由電子近似：近乎自由電子近似為考慮晶體晶格中位能場 $V(x) \neq 0$ 的情況。晶格具有平移對稱性，$V(x)$ 為週期性函數，電子在這種週期性位能場中運動。對於一維晶體，Schrödinger 方程式為：

$$\left[-\frac{h^2}{2m}\frac{d^2}{dx^2} + V\left(x\right) \right]\Psi = E\Psi \qquad (7\text{-}1)$$

$$V(x) \text{ 展開成級數 } V\left(x\right) = V_0 + \sum_{n=1}^{n} V_n e^{in\pi x/a} \qquad (7\text{-}2)$$

$n\pi x/a$ 隨 x 的座標變化，變化周期為 a，即 $V(x) = V(x+a)$，此項 $< V_0$，可視為微擾項。

一維能帶理論導出下列結論：當時 $K = \pm\dfrac{n}{a}$，電子總能量 E 為：

$$E = \frac{h^2}{2m}\left(\frac{n}{a}\right) + V_0 + |V_n| = E_0 \pm |V_n| \qquad (7\text{-}3)$$

物理意義為當 $K = \pm\dfrac{n}{a}$ 時，由於周期性位能場的影響，當總能量 $E_0 - |V_n|$ 的能階被佔據後，再增加一個電子時，此電子只能佔據總能量 $E_0 + |V_n|$ 為的能階，這

兩個能階之間的能態是被禁止的。顯示在週期性位能場的影響下，允許帶之間出現了禁止帶，禁止帶寬度為 $2|V_n|$，為微擾項展開的係數，禁止帶出現的位置在 $K = \pm \dfrac{n}{a}$，a 為晶格常數，n 為正整數。圖 7.3 為自由電子近似與近乎自由電子近似的 E-K 圖。

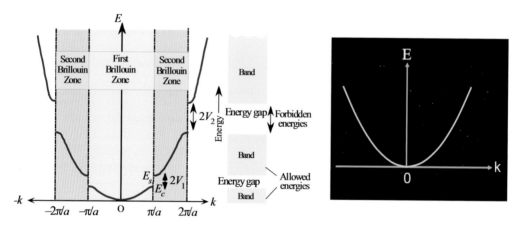

圖 7.3　E-K 圖：左圖為近乎自由電子近似，右圖為自由電子近似。

晶體中布拉格反射波是導致產生能隙的原因，在布拉格反射裡薛丁格（Schrödinger）方程式的波動解不存在。由 $K = \dfrac{n}{a} = \dfrac{1}{\lambda}$ 可知，$n\lambda = a$ 滿足 $n\lambda = 2d\sin\theta$ 的布拉格反射條件，這些特殊值的波函數是由同樣大小向左向右的行進波疊加在一起，當布拉格反射條件成立時，向右行進的波被布拉格反射成向左行進的波，反之也是如此，一個既不向左也不向右的波就是駐波，如圖 7.4 所示。

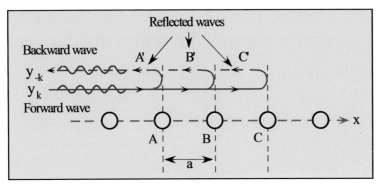

圖 7.4　反射波示意圖。

與時間無關的狀態以駐波形式表現，由二個行進波 $e^{(\pm i\pi x_a)}$ 可組成兩種不同的駐波形式：

$$\Psi(+) = \exp\left(i\pi x\!\big/\!a\right) + \exp\left(-i\pi x\!\big/\!a\right) = 2\cos\left(\pi x\!\big/\!a\right)$$
$$\Psi(-) = \exp\left(i\pi x\!\big/\!a\right) - \exp\left(-i\pi x\!\big/\!a\right) = 2i\sin\left(\pi x\!\big/\!a\right) \qquad (7\text{-}4)$$

這兩種駐波 $\Psi(+)$ 和 $\Psi(-)$ 使電子堆積在不同的空間區域，所以這兩種波具有不同的位能值，此乃造成能隙的原因。一個粒子的機率密度 $\rho = \Psi\Psi^* = |\Psi|^2$，對純行進波 $\exp(ikx)$ 而言，$\rho = \exp(-ikx)\exp(ikx) = 1$，即機率密度為常數。但對平面波的線性組合之機率密度就不是常數，$\Psi(+)$ 的機率密度 $\rho(+)$ 為 $\rho(+) = |\Psi(+)|^2 \propto \cos^2(\pi x/a)$，表示電子會堆積在正離子中心上，在 $x = 0, a, 2a, \cdots\cdots$ 處為位能的最低處。而 $\Psi(-)$ 的機率密度 $\rho(-) = |\Psi(-)|^2 \propto \sin^2(\pi x/a)$，表示電子會堆積在正離子之間，如圖 7.5 所示。

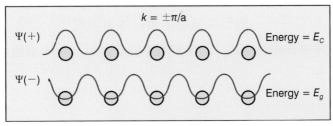

圖 7.5　駐波示意圖。

$\rho(+)$ 的位能低於行進波，$\rho(-)$ 的位能高於行進波，二者之間的能量差就是能隙。

近乎自由理論和位能場理論都設法解釋電子如何在陽離子的強電場中自由運動，布洛赫（Bloch）用一個三維週期性晶體場代替自由電子理論的常數 V_0，並且找到 Schrödinger 方程式的通解，此通解也稱為布洛赫函數（Bloch function）。晶體的週期性表示晶體具有平移對稱性，在三維中晶體向量 R_n 為：

$$\vec{R_n} = n_1\vec{a} + n_2\vec{b} + n_3\vec{c} \tag{7-5}$$

n_1, n_2, n_3 為整數，$\vec{a}, \vec{b}, \vec{c}$ 為三個不共面的基底向量

如果函數 $f(x)$ 具有晶格週期性，則 $f(x) = f(r + R_n)$
且單電子的週期位能 $V(r)$ 具有性質 $V(r) = V(r + R_n)$
在週期位能場中運動的單電子 Schrödinger 方程式為：

$$H\Psi(r) = \left[-\frac{\hbar^2}{2m}\nabla^2 + V(r) \right]\Psi(r) = E\Psi(r) \tag{7-6}$$

此方程式的通解是晶體電子的波函數，可以寫成：

$$\Psi(r) = u_k(r)e^{ik \cdot r} \tag{7-7}$$

且 $u(r + R_n) = u(r)$，此即為布洛赫函數。描述晶體電子狀態的布洛赫波是調幅的平面波，調幅函數具有與晶體相同的週期性。布洛赫用一個簡單的通式取代一維晶體的平面波函數 $\Psi = Ae^{ik \cdot r}$，即用一個具有晶格週期性的，並且與每個位置原子波函數相類似的 $u(r)$ 波函數調製每個晶格位置的平面波。布洛赫理論告訴我們：布洛赫波（Bloch wave）在理想晶體內無限精確複製，儘管有週期性晶格場 $u(r)$ 的存在，一個布洛赫電子還是像自由電子一樣在晶體中自由運動。當處於臨界波長和角度時，布洛赫電子受布拉格反射，這種反射與晶體內的電子繞射等價。

7.1.3 布里淵區理論

為描述能帶結構模型的理論。當 $k = \pm\dfrac{n\pi}{a}$ 時，電子產生布拉格反射，從而出現能隙，導致將 k 空間劃分為區的概念，這些區稱為布里淵區。一維中，在 $k = \pm\dfrac{1}{a}$ 出現第一個能隙，這些波在布里淵區邊界產生反射，形成 $\Psi(+)$ 和 $\Psi(-)$ 駐波。

二維的布里淵區劃分法為：做倒空間（reciprocal space）中倒晶格向量的垂直中分面。圖 7.6 為二維的布里淵區，考慮 [10] 和 [11] 方向分別畫出這兩個方向上的能帶，這兩個方向上的能帶重疊，因此金屬晶體沒有能隙。而半導體或絕緣體能帶無法完全重疊，因此產生能隙。

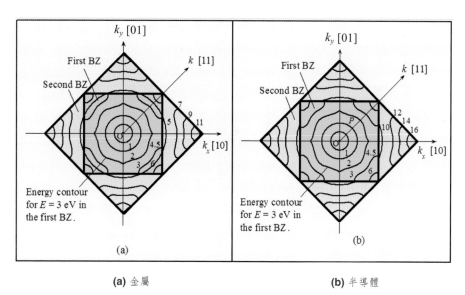

(a) 金屬   **(b)** 半導體

圖 7.6 材料的二維布里淵區圖。

7.1.4 半導體的能帶結構

原子是由帶正電的原子核和帶負電的電子所組成。原子核的質量遠比電子

質量大，電子在原子核的庫倫吸引力作用下繞著原子運動。電子的運動遵從量子力學，不能用古典力學描述。電子處於一系列的運動狀態中，在每個量子態中它們的能量是確定的，稱之為能階（energy level）。原子中的電子按能階由低至高順序，量子態依序為：1s, 2s, 2p, 3s, 3p……等等。內層量子態離原子核近受到的束縛引力強，能階低，越是外層的電子受到的束縛力弱，能階越高。以 Si 為例，Si 原子的電子組態為 $[Ne^{10}]3s^23p^2$，內層 10 個電子稱為核電子，外為四個電子稱為價電子，3s 有兩個量子態都被佔據，3p 有六個量子態只被兩個電子占據。原子結合成晶體後，核電子變化不大，對晶體的物理和化學性質的影響不顯著，只需考慮外層電子。假設一個晶體由 N 個原子組成，在 3s 和 3p 的電子先藉混成理論形成 sp^3 軌域，因此總共有 8N 個量子態，矽原子的間距等於矽晶體結構平衡的原子間距時，又分裂成兩個能帶個包含 4N 個能態，中間以能隙分開。Si 的 4N 個價電子填滿能量較低的能帶，而較高的能帶則完全空著，如圖 7.7 所示。

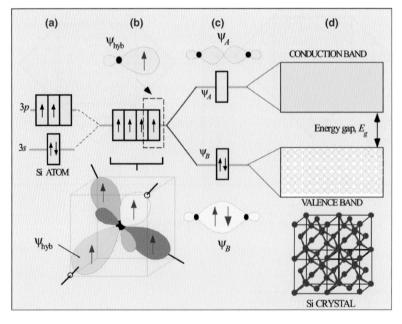

圖 7.7　Si 由原子經混成形成矽晶體。

7.1.5 能帶結構

晶體的能帶結構式電子在晶體中的能量對電子在晶體中的波向量的變化關係，確定電子運動的 Schrödinger 方程式為：

$$H\Psi(r) = \left[-\frac{\hbar^2}{2m}\nabla^2 + V(r) \right]\Psi(r) = E\Psi(r)$$

（7-8）

此方程式的解可用 Bloch 理論表示為一個平面波和一個週期性因子的乘積，即 $\Psi(r) = u_k(r)e^{ik \cdot r}$　$E = E(k)$，其中平面波因子 $e^{ik \cdot r}$ 與自由電子波函數相同，描述電子在各晶胞之間的運動。因子 $u_k(r)$ 描述電子在每個晶胞之內的運動。求出方程式的解後，可得到 $E(k)$ 對 k 的變化，由於晶體的週期性和對稱性，只需要利用環繞 k 空間原點的一個有限區域，即第一布里淵區，電子所有可能的狀態 k 都包含在著個區域。晶體中 k 可以取許多方向，但較重要的是 [111] 和 [100]，因此能帶結構圖均可畫出這兩個方向的 E(k) 關係。電子能量 E 是 k 的多值函數，對於一個狀態 k 可以有很多值，分別對應不同的帶。如果導帶的最低點和價帶的最高點在同一 k 值上，則稱這種半導體為直接半導體，如 GaAs，若不在同一 k 值上，則稱為間接半導體，如 Si 和 Ge，如圖 7.8 所示。在直接半導體中，電子在價帶和導帶之間作能帶間跳躍時，電子的動量沒有改變；而間接半導體除了能量改變外還有動量改變，必須有第三者（如聲子）參與才能同時滿足能量與動量守恆。因此在發光二極體和半導體雷射中為了提高產生光子的效率，多數使用直接半導體材料。

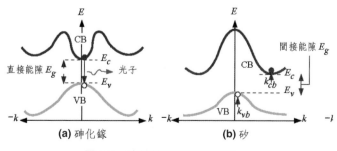

圖 7.8　直接能隙與間接能隙。

7.1.6 化合物半導體

II-VI 族化合物半導體乃指週期表中的 IIB 元素，如鋅、鎘、汞和 VIA 族元素，如硫、硒、碲組成的化合物。IIB 族和 VIA 族元素在週期表中的位置比 IIIA-V 族大，因此所含離子鍵比例高，能隙也比同一系列的 III-V 族和元素半導體高，如 ZnSe 的能隙為 2.8eV，GaAs 的能隙為 1.42eV，Ge 的能隙為 0.67eV，II-VI 族化合物半導體的能隙變化範圍大且都為直接能隙。

在 II-VI 族化合物中，II 族元素的空位 V_m 起受體作用，而 VI 族元素的空位 V_x 起施體作用，這些缺陷的形成能都很低，如 ZnS 的能隙為 3.7eV，其中硫空位 V_s 起施體作用，因此不摻雜質的 ZnS 也因 V_s 的存在而成 N 型。在 ZnS 中摻入受體雜質後，受體直接俘獲 V_s 上的電子，並釋放出與 ZnS 能隙相近的能量。此能量已大於 V_s 的形成能，因而足以將硫原子從晶格位置脫離而產生一個新的 V_s，使得有效施體濃度保持不變。這種伴隨著摻雜過程而產生與摻入雜質互補償的電活性缺陷，導致摻雜無效的現象稱之為自補償效應。在 ZnTe 中，起受體作用的 VZn 的形成能比其能隙小，由於自補償效應的結果，ZnTe 只能以 P 型半導體形式存在，除了 CdTe 可以產生二種導電類型的晶體外，其他均為單一的導電類型而且均為 N 型，因此不可能形成 P-N 接面而限制了 II-VI 族半導體材料的應用。

7.2 奈米晶理論

7.2.1 簡述

如第一節所述，化合物半導體難以利用摻雜技術形成 p-n 接面，然而因為量子侷限效應，讓化合物半導體材料奈米化後呈現獨特的光學與電學特性，擴展了它們的應用性。以下我們將進入闡述零維奈米晶（量子點）何以如此獨特的原因。

量子點的維度與原子數目介於原子 - 分子級與塊材之間。對一單獨原子而

言可以觀察到窄而尖的螢光放射峰。然而對一個具有 10^2~10^4 個原子的奈米粒子而言，存在著獨特的窄的光譜線（δ-function-like DOS），這也是為什麼量子點常被稱為人造原子（Artificial atom）[1] 的原因。大量的文獻著眼在將這些具有獨特光學性質的量子點應用在如發光二極體（Light emitting diode, LED），太陽能電池（Solar cells）和生物顯影（Biological markers）上。在量子點的粒徑 < 30nm 的時候，在光學吸收、激子能量和電子電洞對再結合上有獨特的差異性，若要利用這些特性需要在合成量子點時妥善的控制製程，因為它們本質上的性質是由許多不同因素所決定，例如尺寸、形貌、缺陷、雜質、結晶性和鈍化方式等。這些因素將影響量子點的量子效率和發光波長。尺寸效應的影響如比表面積（Surface-to-volume ratio）隨尺寸改變以及量子侷限效應（Quantum confinement effect）的強弱也隨尺寸改變。前者影響量子效率，後者影響放出的光色與量子效率（Quantum yield）。

大部分的膠體量子點為 IIB 和 VIA 族組成（如 CdSe、CdS、CdS、ZnSe、ZnTe、CdTe），少部分由 III 和 V 族組成（如 InAs、InSb、GaAs）。以高於能隙的能量激發量子點時，促使電子躍遷至導電帶而在價電帶留下一相對電荷—電洞。電子和電洞形成束縛態（Bound state）稱之為激子（Exciton），而電子電洞束縛態的特徵大小通常稱為波爾半徑（Bohr radius）。波爾激子半徑 a_B 與材料的性質有關，表示成：

$$a_B = \frac{h^3 \varepsilon}{e^2} \left(\frac{1}{m_e^*} + \frac{1}{m_h^*} \right)$$

（7-9）

其中：e 為電荷量

ε 為塊材的介電常數

m_e^* 為 m_h^* 電子和電洞的有效質量

如果量子點的半徑 (R) 接近 a_B，即 $R \approx a_B$ 或 $R < a_B$，電子和電洞的移動被量子點的維度空間所侷限，導致激子轉換能量（Transition energy）增加，可觀察到量子點的能隙增加和放光波長藍移的現象。激子波爾半徑是一個臨界值，當量子點的尺寸變小時侷限效應變得重要。對於小的量子點而言，激子束縛能

（Binding energy）和雙激子束縛能（激子和激子間交互作用能）比塊材要大得多。從式（7-8）中可注意到高的介電常數和小的電子電洞質量下，波爾激子半徑大。有兩個理論的方法對激子性質有很好的預測，分別是有效質量近似法（Effective mass approximation, EMA）和原子軌域線性組合法（Linear combination of atomic orbitals, LCAO）。

一、有效質量近似法（Effective mass approximation, EMA）[41-43]

此近似法是依據「Particle-in-box Model」所建立，常用於預測量子侷限。在 1982 年由 Efros 提出，在 1983 年由 Brus 修正。此法假設一粒子處於一個無限大的位能井中。一個自由粒子在核中任一位置時它的能量 (E) 和波向量（Wave vector, k）有如下關係：

$$E = \frac{\hbar^2 k^2}{2m^*}$$

（7-10）

在有效質量近似法中，式（7-9）中的粒子是指半導體中的電子或電洞，因此能帶在近能帶邊緣為拋物線。能隙能量的偏移（ΔE_g）是因為在半徑為 R 的量子點中，激子的侷限可表示成：

$$\Delta E_g = \frac{\hbar^2 \pi^2}{2\mu R^2} - \frac{1.8e^2}{\varepsilon R} = \frac{\hbar^2 \pi^2}{2R}\left(\frac{1}{m_e} + \frac{1}{m_h}\right) - \frac{1.78e^2}{\varepsilon R} - 0.248E_{Ry}^*$$

（7-11）

其中 μ 為電子電洞對的縮減質量；
E_{ry}^* 為 *Rydbery energy*。

式（7-10）中第一項表示侷限能量和量子點半徑的關係，第二項表示庫倫作用力與 R^{-1} 之關係，而 E_{Ry}^* 與尺寸無關通常不考慮，除了當半導體的介電常數很小時需考慮。

由式（7-10）中可知，第一激子的變化（即能隙）隨著量子點半徑降低時而增加（量子侷限在 R 降低時往高能量偏移，正比於 R^{-2}；而庫倫項則因半徑變小而低能量偏移，正比於 R^{-1}）。然而有效質量近似法理論在小的量子點卻不適用，因為 E-k 關係不再是拋物線，如圖 7.9 所示。

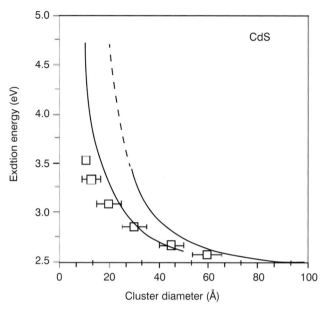

圖 7.9　CdS 量子點粒徑與能量預測值（實線為緊束縛模型，虛線為有效質量近似）和實驗值（方塊）的關係圖。

二、原子軌域線性組合法—分子軌域（Linear combination of atomic orbitals, LCAO）

　　原子軌域線性組合的理論在預測從原子和／或分子到量子點到塊材電子結構的演進提供詳細的基礎，也能預測能隙與尺寸間的依存性，如圖 7.10 所示。

　　在雙原子的矽分子中，二個獨立的矽原子的原子軌域結合形成鍵結（Bonding）和反鍵結（anti-bonding）分子軌域。當原子的數目增加，分離的能帶結構由間隔很大變成間隔很小，也就是形成較為連續的能帶。被佔據的分子軌域量子態（如同價帶）稱為 HOMO（Highest occupied molecular orbital），而未被佔據的反鍵結軌域（如同價帶）稱為 LUMO（Lowest unoccupied molecular orbital）。HOMO 的頂端和 LUMO 的底端的能量差稱為能隙。當原子數目減少時，能混合的原子軌域數目也減少，因此在 HOMO 和 LUMO 的能態密度變少，能隙變大，能階變得不連續，呈現量化的電子能帶結構，此結構介於原子／分子與塊材的能帶結構之間，如圖 7.11 所示。

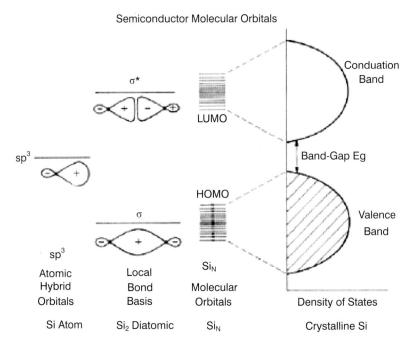

圖 7.10　矽由原子到分子到固體的軌域數目演進圖。

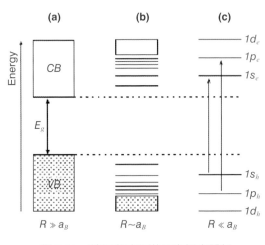

圖 7.11　粒徑與波爾激子半徑之關係。

　　與有效質量近似法相較下，原子軌域線性組合法提供計算小的量子點電子
結構的方法，相對的此法不能用於計算大的量子點，因為數學相當複雜且計算

系統也有限制。不過，量子侷限的程度可藉由量子點的半徑和塊材的波爾激子半徑決定。當晶體的尺寸比波爾激子直徑（$2a_B$）大時，半導體晶體因為電子和電洞有很強的庫倫作用力而存在平移運動（Translational motion）侷限。當 $R \leq a_B$ 時，晶體中光激發載子的轉換能量（Transition energy）是由侷限動能和電子—電洞作用的強弱而決定。

在外在能量的激發下（如照光和電場），由於電子從基態（Ground state）躍遷至激態（Excited state）使得電子和電洞具有較高能量，這與光學吸收有關的能量直接由電子的結構決定，激發的電子和電洞可能形成激子。電子可能和電洞再結合以及緩解（Relax）到較低能態，最後到達基態。由再結合和緩解的能量以輻射方式（放出光子）或是非輻射方式（聲子或歐傑再結合）釋出。輻射緩解導致量子點自發性的放光（Spontaneous luminescence）這種放光方式可能是由能帶邊緣（Band edge）或是近能帶邊緣轉換以及從缺陷（Defect）和／或活化劑量子態產生，以下簡要介紹：

1. 能帶邊緣放射（Band edge emission）

在本質半導體中常見的輻射緩解過程為能帶邊緣和近能帶邊緣放射。在導帶上的激發電子與在價帶的電洞再結合稱為能帶邊緣放射。電子和電洞的束縛力只有幾個微電子伏特（meV），因此激子之間的再結合導致能量稍為比能隙低的近能帶邊緣放射。在量子點中最低能態為 $1S_e$-$1S_h$（也稱激子態），量子點在室溫下能帶邊緣放射峰的半高寬介於 15~30nm，此值與平均粒徑有關。在 ZnSe 量子點中，ZnSe 的放射波長可藉著調控粒徑控制在 390~440nm，半高寬 12.7~16.9nm。吸收光譜反映了材料的能帶結構，儘管半導體塊材的光激螢光放光光譜（PL）是個簡單也為人所熟知，也可以用拋物線能帶（parabolic band）理論解釋，但是量子點的光激發光引起幾個問題：例如 3.2nm 的 CdSe 在 10k 時的輻射壽命為 1us，而塊材下卻是 ~1ns，可能是表面能態（surface state）參與了放光。半導體的能帶結構通常由吸收光譜或是光激螢光激發光譜（PLE）決定。在 15k 時這兩個光譜存在不同的特徵。光激螢光激發光譜與

$1S_e$-$1S_h$ 和其他能態的耦合有關。Bawendi 等人指出這些峰是由禁止 $1S_e$-$1S_h$ 和 $1S_e$-$1S_h$ 所造成的。實驗上也發現 Stokes shift 與粒徑有關，大的粒徑的 CdSe 量子點（5.6nm），其 Stokes shift 為 2meV；而 1.7nm 的 CdSe 量子點則為 20 meV。

2. 缺陷放射（Defect emission）

量子點的輻射放射也可由雜質和／或活化劑（在能隙中形成的）量子態得到。這些缺陷能態位於能隙中，依據缺陷或雜質的形式，其能態行為如同施體（Donor，有過多電子）或受體（Acceptor，缺少電子），電子或電洞被這些缺陷位置吸引或是過剩的局部電荷以庫侖力吸引。與激子的情況類似，被缺陷／雜質位置所捕捉的電荷可以用氫系統描述，因材料的介電常數不同而使其束縛能降低。這些缺陷能階可區分為淺層或深層能階，淺層缺陷能階的能量接近價帶或是導帶邊緣。在多數的例子中，淺層能階存在輻射緩解，淺層能階通常為非輻射緩解。這些缺陷能階放出的光可被用來鑑定它們的能量，而它們的濃度則和強度成正比。當激發能量改變時，由於主晶格的能帶結構和光譜是由不同缺陷能階所貢獻的，因此光激發光光譜（PL）的分布和強度都不同。激發能量有被用來決定樣品的起始的光激發狀態，但這個能態是暫時的，因為光激發載子透過放出聲子的方式釋放能量。最低能階的激發態在 kT 內緩解的速度比再結合快上幾個數量級。

缺陷能態可能出現在量子點的表面，儘管使用各種鈍化方式仍無法消除，因為量子點具有非常大的比表面積。量子點中表面能態的濃度是合成與鈍化過程的函數，一般而言這些表面能態對於帶電載子或激子而言如同陷阱般，增加非輻射再結合的速度而使光或電的性質變差。然而在某些系統中，表面能態也會導致輻射轉換，在鈍化章節中再詳細說明。

3. 活化劑放射（Activator emission）

利用外加雜質的方式放光者稱為外質放光（Extrinsic luminescence）。在外質放光中優先主導輻射機制的為電子—電洞再結合，這種方式可透過施體能階（E_D）到價帶（VB），導帶（CB）至受體能階（E_A）或是施體能階到受體能

階等轉換方式，如圖 7.12 所示。

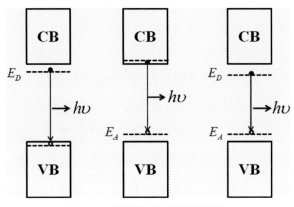

圖 7.12 　外質放光機制示意圖。

在某些例子中，這幾個機制被侷限在活化原子中，而在某些例子中由於軌域的混成導致選擇律鬆懈，如晶體或配位場中 d-p 軌域的混成，軌域分裂讓彼此非常接近（Hyperfine），因此 d-d 軌域的躍遷在某些過度金屬中是允許的，如 Mn^{2+}，由於產生原先禁止的 d-d 躍遷導致其壽命為 ms。同樣的，f-f 躍遷也常在稀土元素（如 Tm^{3+}, Er^{3+}, Tb^{3+} 和 Eu^{3+}）中觀察到，即使 f 能階不受到主晶體的晶格場所影響，因為受到外層 s 和 p 軌域的屏蔽，由於這種屏蔽作用使得 f-f 轉換存在如同原子般尖銳的放射光譜。

在 ZnO 中摻雜其他原子的光學性質已被廣泛的研究，摻雜 Er 或 Mn 可生成垂直於基板生長的奈米棒，ZnO 摻雜 Tb, Ce, Eu 和 Dy 的稀土元素，其中 Tb-ZnO 量子點的放射光譜包含 Tb 和缺陷能態，從 Tb 放射的光譜隨著 Tb 含量增加，強度亦增加，但由缺陷能態放射的光譜強度則降低。ZnO:Eu 奈米棒則在適當激發波長下才能放光；而 ZnO:Dy 奈米線存在相對強的 UV 峰放射，由 Dy 放射的光則很弱。ZnO:Mn 奈米粒子的放光行為與製程條件息息相關，Mn 的摻雜會抑制綠光放射，而其他文獻則指出 Mn 的摻雜不是紫外光範圍和缺陷放光都會降低就是增加紫外光範圍的強度。

摻雜的 ZnS 量子點是很重要的半導體奈米材料，如 $ZnS:Mn^{2+}$ 最被廣泛研

究。1994 年 Bhagrava 等人報導 ZnS:Mn 量子點的量子效率為 18%，他們指出 Mn^{2+} 放射的螢光壽命較短，增加的強度是由於 ZnS 主體晶格到 Mn^{2+} 離子的能量轉換較有效。奈米粒子中 ZnS 原子軌域和 Mn^{2+} 的 d 軌域混成，對於 $3d^5 4s^2 Mn^{2+}\ ^4T_1 \rightarrow\ ^6A_1$（選擇律中自旋禁止的躍遷）是重要的，導致短的螢光壽命。之後的研究指出被鈍化的 ZnS:Mn 量子點有較高的量子效率，且螢光壽命也不會比塊材小。放光特性與 S^{2-} 和 Mn^{2+} 濃度有關，當然也和量子點的結構有關。由 $^4T_1 \rightarrow\ ^6A_1$ Mn^{2+} 放射強度隨著 Mn^{2+} 濃度增加而增加，當 Mn^{2+} 濃度 > 0.12 at% 時產生濃度淬滅，透過 X 光吸收晶矽結構光譜（X-ray absorption fine structure, XAFS）和電子自旋共振（Electron spin resonance, ESR）發現，Mn^{2+} 取代 Zn^{2+} 的位置，而電子自旋共振的結果也和 X 光吸收晶矽結構光譜一致，Mn^{2+} 自旋光譜為四面體的晶格場（tetrahedral crystal field），在某些例子中 ZnS:Mn 量子點的電子自旋共振光譜呈現八面體對稱，這個缺陷所在的位置尚不清楚。

　　表 7.1 為常見的 II-VI 族半導體的特性，如晶體結構、能隙大小等。由表 7.1 和式 (3) 可知，即使是相同的奈米晶尺寸，由於材料的不同導致侷限的程度不同。量子點的電性質因此可藉著選擇適當的材料和奈米晶的尺寸控制。一旦激發的能量高過能隙促使電子躍遷至導帶，導帶的電子可以與價帶中的電洞再結合放出光，這種直接再結合稱為能帶邊緣（Band edge）再結合。當晶體結構中或是在晶體表面存在缺陷時，電子和電洞可能被這些缺陷抓住，而從這些缺陷產生再結合，此時放射波長會產生偏移。奈米粒子的粒徑越小，表面原子所佔的比例越高，舉例而言，半徑 6nm 的 CdSe 有 30% 的原子占據奈米晶的表面，半徑 2nm 的 CdSe 則有 90% 的原子在表面上 [6]。表面結構和存在的缺陷因此扮演關鍵性的角色，足以決定量子點的放光性質。適當的表面狀態對於得到高發光效率量子點是必須的。量子點的量子效率（QY）定義為：放射光子數／吸收光子數，對多數的量子點而言，量子效率介於 10~30%。

表7.1 常見的半導體材料的性質。

Semiconductor	Bandgap, E_g[Ev]	Crystal structure	Semiconductor	Bandgap, E_g[Ev]	Crystal structure
CdS	2.53[a]	Zinc blend	PnSe	0.26[20]	Sodium choride
CdSe	1.74[a]	Wurtzite	PbTe	0.29[20]	Sodium choride
CdTe	1.50[a]	Zinc blend	HgS	0.50[20]	Zinc blend
ZnS	3.8[a]	Wurtaite	HgSe	0.30[19]	Zinc blend
ZnSe	2.58[a]	Zinc blend	HgTe	0.14[19]	Zinc blend
ZnTe	2.28[a]	Zinc blend	GaAs	1.43[20]	Zinc blend
PbS	0.37[a]	Sodium chloride	ZnO	3.35[19]	Hexagonal

　　由於能隙與粒徑有關，因此放射波長也與粒徑有關，故而可以在不改變化學組成的情況下，單純改變粒徑就可以得到不同的放射波長。圖 7.13 為 CdSe 量子點以紫外光燈照射所呈現的光色圖。由於 CdSe 的能隙為 1.74eV(713nm)，製備不同粒徑的量子點可讓放射光涵蓋整個可見光範圍，因為能帶邊緣放射的緣故，光譜半高寬相當窄。

(a)　　(b)　　(c)　　(d)　　(e)　　(f)　　(g)　　(h)

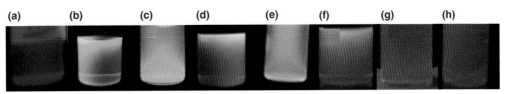

圖 7.13　CdSe 光色圖：
　　　　(a) 480~510 nm，藍綠光；　　(e)570~590 nm，黃橘光；
　　　　(b) 510~540 nm，綠光；　　　(f) 590~610 nm，橘光；
　　　　(c) 540~560 nm，黃綠光；　　(g) 610~630 nm，紅光；
　　　　(d) 560~570 nm，黃光；　　　(h) 630~650 nm，深紅光。

Source：虎科大材料系能源材料與元件實驗室提供。

7.2.1 尺寸與能態密度（Size versus Density of States）

　　量子點最為特殊的性質是量子侷限（Quantum confinement），量子侷限使得能帶邊緣（Band edges）附近的能態密度（Density of States, DOS）產生變化，如圖 7.14 所示。量子點位於獨立的（discrete）原子和連續塊材之間。當尺寸足夠小時可以觀察到量子侷限效應，量子點的能階距離超過 kT（k 為 Boltzmann 常數，T 為溫度）。能量差異 > kT 時限制電子和電洞在晶體中的移動。在量子點中許多性質與粒徑有關，有兩個特別重要的性質：第一為藍移現象（Blue shift），當奈米粒子的直徑低於某一臨界值時能隙變大，這與半導體類型有關，稱為量子侷限效應（Quantum confinement effect [7,8]。這個效應使得可藉由改變粒徑調整能隙。能隙也與半導體的組成有關。第二為觀察到不連續的能階，由於原子數目減少導致的分離的能態。這使得每個能階的電子態存在如同原子般的波函數。其薛丁格波方程式（Schrödinger wave equation）的解非常類似於核內電子，因此稱量子點為人造原子，具有與原子類似的窄的放射峰。一般量子點的能帶內能隙（Intraband energy level）的大小介於 10~100 meV 之間。能隙同樣可以藉由合金化 [9,10] 做調整，如圖 7.15 所示。

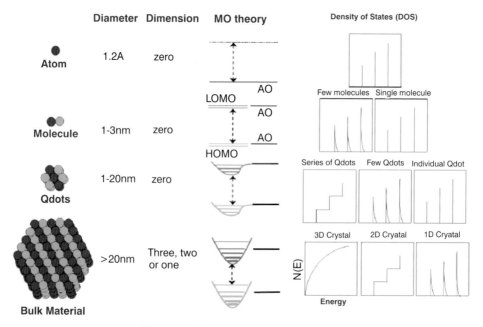

圖 7.14　材料尺寸與能態密度示意圖。

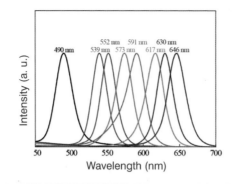

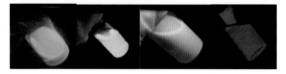

圖 7.15　ZnCdSe 量子點的光激發光光譜圖與光色圖。

Source：虎科大材料系能源材料與元件實驗室提供。

7.2.2 表面結構（Surface Structure）

　　由於量子點的比表面積（Surface-to-volume ratio）很大，電子的量子態與表面態（Surface states）對於量子點的光學性質有很大的影響。這麼高的比表面積可能會因高的表面能態密度而可以增加或降低光生載子的轉換率。量子點的表面能態可能影響光學吸收（Optical absorption）、光激螢光激發（Photo-luminescence excitation-PLE）、量子效率（Quantum efficiency）、放光強度和光譜位置（Luminescent intensity and spectrum position）以及老化效應（Aging effects）[11]。一般而言，重構表面上未飽和鍵產生表面能態，而非化學計量和孔洞（Voids）的存在讓表面存在未飽和鍵。這些表面能態通常位於量子點的能隙中[12]。因此，這些能態可以捕捉激子（電子或電洞），類似還原（電子）或氧化（電洞）劑。這些在表面的電化學反應或行為明顯地影響量子點整體的導電性和光學性質。因此，表面能態對於量子點的光學與光電性質有明顯的影響。量子點的表面鈍化可以將載子侷限進而改善量子點光學性質。但是這些鈍化層不是絕緣體就是對於導電載子而言是障礙物的分子，雖有利於改善光學性質，

但對於電性的應用卻是不利的。

7.2.3 表面鈍化（Surface Passivation）

　　如前所述量子點的表面缺陷對於電子、電洞或激子而言是陷阱，會讓輻射再結合（Radiative recombination）淬滅並降低量子效率。因此，表面的包覆（Capping）或鈍化（Passivation）對於建立穩定的量子點是關鍵。理論上，將量子點表面的未鍵結鍵（Dangling bonds）完全鈍化使其不存在表面能態，能讓所有近能帶邊緣能態（band-edge states）侷限於整個內部。對化合物半導體而言，如果表面陰離子的未鍵結電子對未鈍化，預測其表面能帶（Band of surface states）將剛好高於價帶邊緣（Valence band edge）。而用陽離子將表面陰離子鈍化同樣會遺留未鍵結電子對，導致在導帶下方形成寬帶的表面能態（Broad band of surface states）。因此，量子點的表面修飾（Surface modification）是非常需要的，而在量子點表面包覆一層有機或無機物是常用的方式。

7.2.4 有機鈍化（Organically Capped）

　　一般製備單一分散的量子點的方式是導入有機分子讓它們吸附在量子點表面當作包覆劑 [13-15]。這種方式的好處包括同時達成膠體分散以及讓量子點有生物共軛能力。然而，量子點表面鍵結的配體（Ligands）的選擇卻是個微妙的課題，通常正三辛基氧膦（tri-n-octyl phosphine oxide-TOPO）或硫醇（-SH）是常用的配體。多數的有機包覆分子形狀不規則，而且對於量子點表面位置而言過大，導致有機包覆分子產生空間位阻障礙。另一個問題為包覆劑不能同時鈍化陰陽離子，用有機鈍化的方式使得有些未鍵結電子對永遠存在。最後為有機鈍化的量子點不耐光（Photo-unstable），包覆分子與量子點表面原子鍵結的界面很弱導致鈍化失敗以及在紫外光照射下產生新的表面能態。這些表面能態變成優先光衰（Photodegradation）和螢光淬滅（Luminescence quenching）的位置。圖 7.16(a) 為有機分子鈍化量子點示意圖。

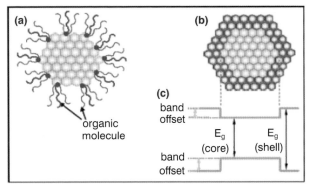

圖 7.16　鈍化奈米晶的方式示意圖。

7.2.5 無機鈍化（Inorganically Passivated）

　　第二種鈍化量子點表面的方法為在其表面生長一層能隙較高的無機層。這層無機層不是利用磊晶（epitaxially），如圖 7.16(b) 所示，就是利用非磊晶或非晶質的方式長在核表面。量子點的量子效率可以藉由生長一層無缺陷且均勻的殼層提升。當殼的材料的晶格參數在磊晶過程中適應核時，產生一致性應變（Coherency strains），這個應力可能導致吸收和放射光譜的紅移[16]。核／殼結構的量子點的量子效率與殼的厚度有關，對 CdSe/CdS 核／殼結構而言，當殼小於兩個單層厚度（Two monolayers）時有最佳的性質，層數過多產生不匹配差排（Misfit dislocations），使得非輻射再結合位置（Nonradiative recombination sites）增加而降低了量子效率。

　　使用能隙大的材料為殼可以產生能障，讓激子被侷限。藉著能帶偏移的位能（Offset potential）讓載子侷限在核內使得量子點的放光更有效率也更趨穩定。選擇殼層材料還有一項必須考慮的是無機殼層是親水或疏水的。多數的無機核／殼量子點由於殼層是疏水的表面不利於分散在水中。然而對於生物應用而言最好是能有與水相容的表面，非晶質的 SiO_2 層是一個不錯的選擇。為了有良好的鈍化效果，殼層材料與核的晶格參數差異最好在 12% 以內，較有利於磊晶和最小的應力，而厚度也要低於臨界值以避免產生不匹配的差排。CdSe

和 ZnS 的晶格不匹配程度為 10.6% 比 CdSe 和 ZnSe 的 6.3% 要大得多，CdSe 和 CdS 僅為 3.9%，雖然 CdSe 和 ZnS 的晶格不匹配程度較高，但 ZnS 能隙仍舊比 CdSe 大，所以仍能將激子侷限。而 ZnSe 也是優良的殼材料，因為它有較寬的能隙（2.72eV）（CdSe 僅有 1.76eV），ZnSe 和 CdSe 有相同的陰離子，可以在導帶上產生較大的偏移（Offset），因此對於激子的侷限較佳。文獻中提到 CdSe/ZnSe 核殼結構的量子點，其量子效率介於 60-85% 之間。最後 CdSe 和 CdS 間晶格不匹配程度低，有利於 CdS 的磊晶成長。CdSe/CdS 核殼量子點通常有較高的量子效率和較長的螢光壽命（PL lifetime）。在 CdSe 外包覆一層 SiO$_2$ 同樣能使 CdSe 的放射強度增加。ZnSe 被石墨包覆也可以增加藍光的放光強度，而因能隙中的缺陷（Mid-gap defect）所產生的橘光則會因碳的鈍化而淬滅。

儘管文獻中提到無機殼層的包覆能讓量子點的量子效率提升，但是也有鈍化不完全的情況發生，這些鈍化不完全產生的問題有：(i) 相較於完全鈍化的量子點效率較低；(ii) 明顯增加永不發光的量子點數目；(iii) 核和／或殼的光氧化；(iv) 因載子被表面能態捕捉導致核／殼量子點強度的變動。反向的核／殼量子點（即核為能隙較大的量子點）呈現非常有趣的光電性質，它們存在不是第一型就是第二型的內部能帶偏移（Interfacial band offset），與核的半徑和殼的厚度有關。第一型的偏移對價帶或導帶而言都是對立的（如圖 7.16(c) 所示），如塊材中 ZnSe/CdSe 的介面，ZnSe 的價帶邊緣比 CdSe 低（能量偏移 ~0.14eV），但導帶邊緣則高（能量偏移 ~0.86eV），這種能帶排列讓電子和電洞侷限在 CdSe，降低了和表面陷阱能態作用而改善了量子效率。然而這種情況在奈米結構會改變，因為量化的能態排列不僅受到塊材能量偏移的影響也受到異質結構尺寸的侷限能量所影響。

具有第二型異質結構的核／殼量子點（價帶與導帶的偏移方向相同）也可提供空間非直接能態（Spatially indirect state），電子被侷限在核（或殼）而電洞被侷限在殼（或核），如圖 7.17 所示。從第二型核／殼奈米結構放出的能量與不是核就是殼因介面的能量偏移造成能隙所放出來的光相似，由於電子—電

洞波函數重疊，這些結構呈現延伸（Extended）的激子壽命，對於光伏和光觸媒的應用有很大的助益。在第二型核／殼量子點的放光大幅紅移的情況看來，近紅外光的放射對於生物分析與標的的應用是可能的。

第二型

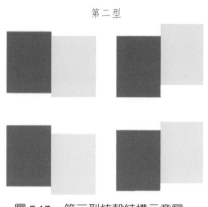

圖 7.17　第二型核殼結構示意圖。

7.2.6 非磊晶成長

如同先前所說，量子點通常是在非極性、非水溶劑中製備，使得它們是疏水性的。此外，除了一些以氧化物為主的量子點毒性低外，大多數的量子點包含有毒的離子如（Cd^{2+}），因此殼層為無毒的氧化物就很重要，因為可以降低毒性特別是在生物的應用上。此外適當的表面官能化在生物的應用上也很重要。研究結果顯示 SiO_2 可以避免 CdTe 量子點中的 Cd^{2+} 的釋出，而且 SiO_2 殼層也容易官能化同時光穩定性佳。量子點 /SiO_2 在外加電場或內部局部電場下發光波長和強度都會變化，對於生物檢測和標的而言，電場誘發放射波長的改變是有用的。

7.2.7 多層殼結構（Multi-Shell Structure）

為了要改善量子點的光學性質而研究雙殼層（Double shell）量子點。如同先前討論的晶格的不匹配和能隙的差異對於核／殼量子點而言相當重要。核和

殼間的能隙與能帶偏移量也是抑制電荷載子從核心到外殼表面狀態的關鍵。在 CdSe/CdS 系統中，晶格不匹配程度小因此能帶偏移量也小，但是在 CdSe/ZnS 系統中，晶格不匹配程度大因此能帶偏移量也大。因此可以運用類似緩衝層的概念形成 core/shell/shell CdSe/CdS/ZnS 量子點 [17,18]。在雙殼層奈米結構中，利用大的能帶偏移可以降低界面晶格應力。量子點可能因為歐傑再結合（Auger recombination）而使量子效率降低。這個過程強烈地受到侷限的影響。因歐傑再結合產生的非輻射緩解，可因載子波函數重疊程度的最小化而被抑制 [19]，最近也有量子井量子點被引入來避免歐傑再結合。

7.2.8 殼結構的鑑定

　　殼的厚度對量子點的螢光特性有深遠的影響。舉例而言，單層無機殼層的表面鈍化讓量子效率提升三倍，然而過厚的殼層降低量子效率，因為會形成不匹配的差排，而這些缺陷是非輻射再結合的位置。一個適當厚度的殼層可得到最高的量子效率，實際上殼的厚度是很難量測的，因為：(i) 在穿透式電子顯微鏡（TEM）中觀察到的殼的厚度相對於核是很小的；(ii) 殼也許是磊晶生長，因此很難用 X 光繞射（XRD）分析。

　　一般分析的方法包含 TEM、XRD 和 X 光光電子能譜（XPS/ESCA）用來分析幾個單層。最近核／殼結構中，殼的厚度不是用 TEM 比較包覆前後粒徑的差異就是用 XRD 計算平均粒徑的變化之方式來評估。然而這些方式都沒有提供任何關於核和殼間介面鍵結的資訊。

7.2.9 表面能態

　　雖然表面能態的存在絕非僅於尺寸量化效應（Size-quantisation effect）的結果，但當尺寸降低時，由於表面原子與塊材原子的比例大幅增加，表面能態變得越發重要。表面原子的電子能階與塊材原子不同，這些表面原子的能階對於光的吸收與放射扮演重要角色 [20]。表面能態的重要性在動態光激發衰退

（Photoexcited decay）中已經藉由時間解析螢光光譜儀（Time-resolved luminescence spectroscopy）分析 PbS, CdS, CdSe, ZnO 和 InP 等膠體而變得比較清楚[21-24]。除了直接導帶到價帶（Conduction-to-valence band）再結合外，在較低能量的部分也常見寬的放射光譜[25]，這些次能帶的放射可歸因於導帶到能隙中能態（Bandgap state）或是能隙中能態到價帶的放射。

另外，表面能態可以提供非輻射再結合（Non-radiative recombination）的路徑，因此降低放光的量子效率。帶電載子也可被捕捉（Trapped）在深層能態（Deep bandgap states），形成 long-lived excited state of lower energy[26]。

7.2.10 缺陷放光（Defect Emission）

從量子點能帶中，產生侷限的雜質和／或活性物的量子能帶也可產生輻射放射。缺陷能階位於自身的能帶中[27]。不同的缺陷和雜質使得這些能階的行為如同電子施體（Donor）或電子受體（Acceptor）。電子或電洞被這些具有過多電荷或電荷不足的位置以庫侖力吸引。同樣的，這些激子也可能被束縛在缺陷或雜質位置[28]。這些位置可被分成淺層或深層能階，淺層缺陷能階具有與導帶邊緣或價帶邊緣相近的能量。在多數的例子中，淺層缺陷在足夠低溫下具有輻射緩解，因此熱能不足以讓載子脫離缺陷或陷阱能階。另一方面，深層能階載子壽命較長通常會以非輻射再結合的方式。由這些缺陷能階的放射強度可以被用來鑑定它們的能量和濃度。光激發光光譜的分布和強度隨著激發能量的不同而變化，因為不同的缺陷具有不同的能階且起始主體材料有不同的能帶結構。預期在量子點的表面存在著缺陷能態，然而因為量子點具有非常大的比表面積，因此儘管有各種方式企圖消除這些缺陷能態，仍舊無法完全消除。量子點表面能態的密度與合成方法和表面鈍化方式有關。這些表面能態（通常會降低光學和電學性質）對於載子或激子而言如同陷阱般，增加非輻射再結合速率。然而在某些材料中，表面能態會產生輻射緩解，如奈米結構的 ZnO（圖 7.18 所示）。ZnO（能隙為 3.37eV or 386nm）在室溫時的能帶邊緣放射雖然為近紫外

光，但卻因具有缺陷使其可放出綠光 [29-33]。文獻同時亦指出綠光抑制了能帶邊緣放射。理論或是實驗的研究 [34,35] 顯示在 ZnO 量子點的缺陷能態有多種形式，包括中性（neutral），一價或二價的鋅空位（singly or doubly charged Zn vacancies (V_{Zn}）），中性或一價的氧空位（neutral or singly charged oxygen vacancies (V_O）），一價或中性的在間隙位置的鋅（singly charged or neutral interstitial Zn (Zn_i）），在間隙位置的氧（interstitial O (O_i）），複合的氧空位和間隙的鋅（a complex of VO and Zn_i ($VOZn_i$）），複合的鋅空位和間隙的鋅（a complex of VZn 和 Zn_i ($VZnZn_i$）），以及鋅位置被氧佔據（substitution O at Zn position (O_{Zn}）等。依據 Aleksandra 等人 [36] 的研究顯示，一價的氧空位（singly charged oxygen vacancy (VO^+) 位於 2.28eV，比 ZnO 的導帶低，因此導致 ~540nm 的放射。液態合成法中，氧空位的出現是無法避免的，可能是異質成核成長所導致的，當表面積變大時更為明顯。倘若輻射中心是表面的一部分，它們的濃度將因團聚而降低 [36]。

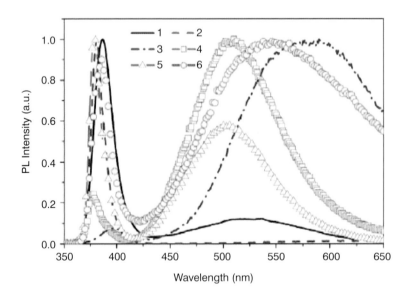

圖 7.18　ZnO 的 PL 圖譜：(1) 四足狀；(2) 針狀；(3) 奈米棒；(4) 殼；(5) highly faceted rod；(6) ribbons/combs。

7.2.11 量子點的非輻射過程（Non-radiative Process in Quantum Dots）

　　材料吸收能量後不一定會放出光，激發態的電子和電洞可能經由輻射和／或非輻射緩解回到低能階或基態。深層缺陷傾向以非輻射的再結合放出聲子（phonons）。實驗結果顯示非輻射再結合所需時間短（tens of picoseconds [37]），非輻射緩解包括內部轉換（Internal conversion），外部轉換（External conversion）或歐傑再結合（Auger recombination）[38]。內部轉換導致的非輻射再結合是經由晶體和／或分子的震動（Vibrations）。被量子點吸收的能量通常以電子和聲子散射過程（Electron-phonon scattering processes）轉成熱，即使在非直接能隙半導體中，因為 k 值轉換導致聲子的生成。因此，晶格中的應力可以產生局部的位能井，使得電子電洞被捕捉導致非輻射轉換。非輻射再結合也可發生在表面能態。量子點中有 15-30% 的原子在表面上，因為未鍵結的電子對產生缺陷。這些缺陷為載子非輻射衰退的主要途徑。這些表面的電子能態填滿低於費米能階（Fermi level）的能階，表面電荷累積會產生電場或空乏區，使得價帶和導帶能帶邊緣產生彎曲，這個區域產生的電子和電洞因為電場的作用而往反方向移動，禁止了輻射再結合。將這些缺陷用有機配體（Organic ligands）或無機殼層（Inorganic shells）包覆，能使放光效率獲得提升。

　　當載子對載子作用（Carrier-to-carrier interaction）強的時候導致歐傑非輻射過程（Auger nonradiative process）。歐傑電子以形成聲子的方式放出它的多餘能量。歐傑再結合過程（Auger recombination process）包含導帶的兩個電子和價帶的一個電洞（有時包含兩個電洞和一個電子）。歐傑再結合也可在價帶產生深層電洞（hole deep）或是在定域活化劑能階（localized activator levels）產生電子和電洞[38]。在歐傑轉換（Auger transition）中，動量和能量必須守恆，因此非直接能隙半導體有較高的歐傑再結合速率（Auger recombination rates），這是由於對於歐傑再結合而言，動量的轉換是必須的。在原子（atomic）或奈米系統（nano-systems），電子—電子耦合（electron-electron coupling）比電子—聲子耦合（Electron-photon coupling）強，因此歐傑轉換速率比輻射轉

換（Radiative transition）高[39]。

7.2.12 相和相變化

II-VI 族化合物半導體包含陽離子鋅、鎘和汞與陰離子氧、硫、硒和碲結合，這些半導體一般一般以閃鋅礦和纖鋅礦結構存在。ZnO 和 ZnS 平衡的晶體結構為纖鋅礦，ZnS 通常存在介穩立方相或者六方／立方混合相。II-VI 族化合物半導體可能存在非常優異的放光特性因為它們是直接能隙。此外，許多的 II-VI 族化合物半導體也常被用為主體晶格，如 ZnS 摻雜 Mn^{2+} 則為黃光材料，激子間近能帶邊緣放射在 II-VI 族半導體很常見，特別是低溫時，因為激子束縛能低。

量子點也如同塊材般存在固—固相轉變，這些相的轉變影響量子點的光學性質，在塊材中相變可由壓力、溫度和組成的變化而引發。塊材的 CdSe 不是具有直接能隙的六方纖鋅礦結構就是間接能隙的 Rock salt 立方結構。當壓力約為 3GPa，CdSe 可由低壓穩定的六方纖鋅礦轉變成高壓穩定的立方結構。Rock salt 型的 CdSe 能隙為 0.67eV，放光範圍在近紅外光區，強度弱。利用高壓 XRD 發現纖鋅礦與 Rock salt 間的相變同樣發生在 CdSe 量子點中。

7.2.13 量子點的摻雜

量子點的摻雜在光電、磁性、生物和自旋電子的應用是重要的方向，這些雜質或稱為活化劑因為在能隙中產生局部的量子狀態而擾亂了能帶結構。在量子點中，摻雜物因為量子侷限自發性的離子化（Auto-ionized）不需熱活化。當量子侷限能量（尺寸降低能量增加）超過載子與雜質間的庫倫作用時，自發性離子化即發生。過渡元素如鉻、錳、鐵、鈷、銅和銀，其他元素如磷、硼、鈉和鋰針對不同應用都可摻雜。量子點的光學性質可由改變摻雜物的濃度和位置調整，在光電應用上摻雜物扮演重要的角色。

7.2.14 量子點的合金化

若將量子點的粒徑固定，量子點的能隙可由合金化的核控制。核材料的組成或是合金化材料的比例可以改變量子點的光電性質。這種製程已經被廣泛的研究，原因在於：半導體的奈米結構提供不同非線性的光學性質；混合多種半導體的合金化量子點存在著混合或是介在之間光電性質。近紅外光的放射（600~1350nm）可藉由合金化 CdHgTe 達成，而且可以改變二個二元半導體的比例；光激發光放光效率可藉由減少塊材缺陷和表面缺陷而提高；可達到很窄的光激發光光譜的半高寬（Full-Width-Half-Maximum, FWHM）。例如弱量子侷限的 $Zn_xCd_{1-x}S$ 量子點的合成是利用高能隙和小波爾激子半徑的 ZnS 和 CdS 半導體，因為這些量子點的量子侷限弱，因為尺寸擾動所導致的不均勻寬化的光激發光光譜大大地降低。

7.3 奈米晶製備演進

現今我們已經可以買到量子點的溶液，儘管價格昂貴。這些彩色的溶液產生很好的視覺效果，也是見證量子理論很好的題材。我們很難想像，在使用相同的材料下，只要改變量子點的尺寸就能產生有如彩虹般的顏色。藉由穿透式電子顯微鏡（TEM）觀察放出不同光色的奈米級量子點的粒徑與光色的關係，了解到粒徑越小的量子點放出較高能量的光子。

利用膠體量子點簡單的展示了量子力學，對於了解材料性質和膠體化學合成法是很有助益的，膠體量子點和我們熟知的 SK-dots（Stranski-Krastonov dots）不同，雖然這兩個系統主要的概念都是半導體中的量子侷限（Quantum Confinement）。量子侷限效應是 1966 年從 10nm 超薄膜的研究中所發現的特殊效應。當奈米材料的尺寸小於材料本身的波爾激子半徑時，電子（電洞）的邊界條件不再是無限長，而是有限的。電子（電洞）被迫在這侷限的空間中自組成穩定態，電子與電子間的庫倫力也會產生新的集體效應，因而出現新的能態或誘發自組裝（Self-Assembly）形成新的結構，並帶來新的性質。發生量子侷

限效應的奈米材料會產生類似原子或分子一樣的不連續電子能階結構，而且材料的能隙（Energy gap）也會隨著粒子大小不同而變化。此效應也在分子束磊晶（Molecular Beam Epitaxy, MBE）中被研究 [40,41]，在各種材料上長一薄層，形成量子井，對於量子侷限而言效果相當明顯，這些形成量子井的材料在奈米級時是透明的，在塊材中卻是強吸收，形成量子井薄膜後產生的新的能帶邊緣有藍移現象，此現象主要是由侷限能量數目的多寡決定，同時此偏移量可由磊晶層的厚度控制。另一項特徵為增加電子 - 電洞再結合的機率，使得運用量子井結構的雷射（Laser）有很好的效率。而今量子井成為光通訊和光儲存系統不可或缺的結構。

　　將量子侷限擴展到三維受侷限的量子點，最早出現在 80 年代早期，由 Ekimov 和 Efros 針對半導體量子點三維侷限做了實驗和理論描述 [42,43]。不久後，量子點不連續的能態密度（Density of state, DOS）被認為有助於雷射效率的提升。於是，化學家開始探討半導體量子點 [44,45]，相對於研究 SK-dot，化學家們對於研究量子點有更高的興趣，其中原因有二：因應石油的短缺，開發具有能轉換大量的太陽光和光觸媒的材料開發有迫切的需要，此外利用量子侷限調整吸收波長，以適用於氧化還原電位，讓載子與表面接近將會改善收集效率或表面反應效率。在 1980 年代，對於膠體合成的量子點的粒徑控制、材料的光學定義以及發光效率的掌握度上都不佳，此時多數的量子點是以 Cd、Zn、S 和 Se 等以共沉澱方式沉積在玻璃中，粒徑分佈很廣，當作濾光片用。在這段期間要在膠體溶液中成長奈米級、結晶性加、單一粒徑分佈的量子點是相當困難的。也許是因為尚未找到可讓成核成長過程分開的界面活性劑、溶液中的表面化學相當複雜，需考慮的因素相當多，使得量子點在光學上的應用尚未受到關注。時至今日，量子點的合成已有長足的進步，甚至已有廠商販售量子點，不僅對於量子侷限效應提供良好的範本，也擴展了量子點的應用範圍。以下我們將逐漸由二元化合物進入到三元甚至四元化合物量子點在合成上突破的技術，打開量子點在光學與電學領域的應用。

7.3.1 二元化合物量子點

　　非氧化物半導體奈米粒子一般的合成方法是透過熱注入的方式，如圖 7.19 所示 [46]，熱裂解有機金屬前驅物的方式，有機金屬溶在無水的溶劑中，在高溫無氧且有高分子穩定劑或包覆劑（Capping agent）存在的環境下達成。合成半導體奈米粒子時表面的有機物稱為包覆劑，包覆例如硫和過渡金屬以及氮的孤電對形成配位鍵。要形成單一粒徑分佈的半導體量子點體通常可由下列方式達到：首先以快速注入前驅物的方式急速產生過飽和，大量的成核，其次，經由奧斯瓦爾多併吞（Ostwald ripening）過程在高溫下促進小顆粒的溶解大顆粒的成長，使得粒徑分佈變窄，最後經由選擇性粒徑沉澱的方式進一步窄化粒徑。後經適當的包覆劑選擇，目前製程已經不需要經過選擇性粒徑沉澱的方式即可得到半高寬相當窄的量子點。

　　第一個利用上述方式合成高結晶性和單一粒徑 CdE（E = S, Se, Te）量子點的是 Bawendi 的研究團隊，以二甲基鎘為鎘的前驅物，六甲基二矽硫烷（bis (trimethylsilyl)sulfide，(TMS)₂S）、正三辛基膦（trioctylphosphine, TOP）-Se 和 TOP-Te 分別為硫、硒和碲的前驅物，TOP 和正三辛基氧膦（trioctylphosphine

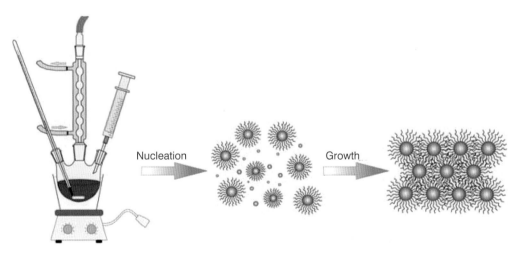

圖 7.19　熱注入設備與反應過程示意圖。

oxide, TOPO）為溶劑（亦為熟知的配位溶劑（Coordinating solvent））也是包覆劑（Capping agent）。這個方法是將兩種前驅物溶液混合後注入高溫的配位溶劑-TOPO 中，以 CdSe 為例，在 300℃ 注入兩種前驅物的混合溶液，注入後溫度急速降至約 180℃，此時溶液呈現深橘黃色，吸收峰介於 440~460nm，再將溫度升至 230~260℃，並在此溫度區間成長，此時粒徑範圍介於 1.5~11.5nm。等反應到達設定時間後，將溶液降至 ~60℃（此溫度略高於 TOPO 的熔點），加入 20mL 的無水甲醇，讓表面存在包覆劑的量子點呈現絮凝狀，藉由離心使其沉澱後，再加入正丁醇離心後形成透明的溶液，底下沉澱物為包含元素態的 Cd 和 Se。再加入無水甲醇再次產生絮凝狀溶液同時也移除過剩的 TOP 和 TOPO。最後一次用 50mL 的甲醇清洗隨後以真空乾燥的方式乾燥，可得 TOP/TOPO 包覆的 CdSe。純化的量子點隨後分散在無水正丁醇中形成透明溶液。以此方式製備的量子點粒徑分廣，需要經過粒徑篩選的方式將粒徑分佈範圍所小，其方法為：在震盪過程中持續一滴滴加入無水甲醇直到產生絮凝析出物，將絮凝狀析出物離心分離，沉澱物中含有粒徑最大的量子點，重複此方法達到粒徑窄化。配位溶劑在控制成長過程、穩定膠體分散和鈍化半導體表面上扮演相當重要的角色。此製程提供了不連續的均質成核，緊接著為緩慢的成長及退火。這種量子點的量子效率相對上較高而且粒徑分佈十分窄，量子點的發光特性可用後續的鈍化獲得提升。鈍化方式可以選用有機配體（Organic ligands）或是包覆一層無機半導體材料。

　　可以看到此方法所選用的鎘或硒的前驅物均為液態，再將兩者注入配位溶劑中，由於粒徑分佈廣需要經過粒徑篩選的過程。之後經過改良，選用固態的鎘前驅物（氧化鎘或醋酸鎘等），讓鎘前驅物在配位溶劑中形成有機金屬溶液，再將 TOP-Se 前驅物注入，這種製造奈米粒子的方法不僅有高的單一粒徑性和高的結晶性，不需經過粒徑篩選過程，在眾多合成量子點的方法中（特別是 CdE 型），在高溫配位溶劑中的合成法是最佳的。為了進一步窄化粒徑分佈，同時選用胺類和氧化膦類為共配位溶劑，可讓量子點的半高寬小於 30nm。在目前的合成法中，直鏈十六胺（hexadecylamine, HDA）／直鏈三

辛基氧膦的溶劑組合所得的量子點再現性最佳。一般而言，量子點的合成溫度介於 180~310℃之間，視前驅物與溶劑的種類而定，在反應過程中，反應溫度和時間決定奈米粒子的尺寸，因為發生晶種的成核和新材料的分解與溶劑的溫度有關。不同溶劑與前驅物的組合造就合成方法的多樣性，所選擇的配位溶劑可以溶解金屬前驅物，因此它通常也被視為配體或是包覆劑。這些具有官能基如膦類（Phosphines）、膦氧類（Phosphine oxide）、胺類（Amines）和脂肪酸類（Carboxyl groups）的配位溶劑是必須的，能在量子點表面形成有機鈍化層。在量子點合成過程中，接上的基團能穩定量子點，同時對於後續的溶解性和包覆策略也是必須的。TOPO，TOP 和 HDA 為常用的溶劑，然而也有一些毒性較低如脂肪酸或是在配位溶劑中混合一些非配位溶劑（Non-coordinating solvent）也用於合成量子點。不僅是使用的溶劑有改變，前驅物也由再現性不佳，高毒性和危險性的二甲基鎘，在 2001 年由 Peng 團隊以 CdO 或醋酸鎘取代，而合成出高品質的 CdE（E = S, Se, Te）量子點。

　　為了提升量子點的光穩定性（Photostability）和亮度（Brightness），在這些量子點外層包覆不同的半導體材料（核／殼結構），藉此鈍化易氧化的量子點表面。而在 1998 年首次有水溶性半導體量子點的合成法由 Alivisatos 和 Nie 研究團隊提出。迄今有許多 II-VI 族（CdTe、CdS、CdHg 和 ZnS）和 III-V 族（InAs、InP 和 GaAs）半導體量子點被合成出來，放射範圍涵蓋紫外光到近紅外光。這些量子點的尺寸為 1~10nm，因此量子點又被稱為準零維（Quasi zero-dimensional），近單一粒徑分佈、多數為球形的半導體量子點，由於它們的尺寸很小，存在著許多令人震驚的新的光學性質，不僅有別於塊材中的古典性質，也不同於有機螢光劑。儘管量子點在合成過程中表面即被有機物包覆而達到鈍化的效果，然而效率仍不夠高（< 20%），這是由於有機鈍化無法同時鈍化陰、陽離子之故。

7.3.2 二元核／殼結構量子點

　　為了進一步提升量子效率，除了有機鈍化外也採用無機鈍化的方式增加量子點量子效率。一般的方法為額外生長一層無機鈍化層，若核的材料為 CdSe，則此外殼為具有較大能隙的半導體材料如 ZnS 或 ZnSe，又稱為第 I 型核殼結構量子點。此處較大能隙的材料保護核的表面不被氧化，此外將激子侷限在核中降低因 CdE 表面缺陷產生的螢光淬滅（Luminescence quenching），而且含 Zn 的殼層對於硫醇基的親和力較佳，此種特性對於後續的官能化量子點相當重要。

　　核／殼結構（利用高能隙半導體材料包覆在量子點表面）被發現不僅可以提升量子點的光化學穩定性，也可增進量子點的量子效率。這種利用核／殼結構促進量子效率的方式已被廣泛的使用。有些研究轉而利用表面化學工程間接增進量子點的官能化和發光特性。由於量子點的表面積很大，量子點的膠體溶液不穩定，必須透過選用適當的配體使其表面官能化達到穩定的目的。由配體和量子點表面的交互作用，同時也影響了量子點的發光性質。因此，配體的選擇很重要，量子點表面的配體數量和包覆後導致的穩定性被發現有些限制。表面配體多為疏水性在許多應用上產生另外的問題。舉例而言，高品質的量子點是在高溫以 TOPO 為穩定配體的情況下製備，因此量子點表面包覆著 TOPO，而 TOPO 為疏水性分子，故而量子點可以溶在非極性溶劑中，而不能溶在極性溶劑中。在生物應用中，必須將量子點表面的 TOPO 以其他一端為極性，另一端為非極性的分子取代。然而表面配體的置換卻對量子點的發光特性有極大的影響，特別是量子效率會下降。為了達到量子點表面官能化和維持量子點的光學特性，選擇適合的配體相當重要，因為這些配體將會限制量子點後續應用。

　　為了提升量子點的光穩定性（Photostability）和亮度（Brightness），在這些量子點外層包覆不同的半導體材料，藉此鈍化易氧化的量子點表面。而在 1998 年首次有水溶性半導體量子點的合成法由 Alivisatos 和 Nie 研究團隊提出，當然量子效率還是無法和非水相相比。迄今有許多 II-VI（CdTe, CdS, CdHg,

ZnS）和 III-V 族（InAs, InP, GaAs）半導體量子點被合成出來。放射範圍涵蓋紫外光到近紅外光。這些量子點的尺寸為 1~10nm，因此量子點又被稱為準零維（Quasi zero-dimensional）、單一、多數為球形的半導體量子點。由於它們的尺寸很小，存在著許多令人震驚的新的光學性質，不僅有別於塊材中的古典物理性質，也不同於有機螢光劑。

7.3.3 合金化量子點（Alloyed Nanocrystals）

在二元化合物量子點中可以藉由粒徑調整能隙大小，這項特性可以建立許多具有令人振奮的性質與應用，衍生出能帶工程的設計可以成為有效的工具，設計新的以量子點為主的新元件。在過去 30 年間，除了利用量子點的粒徑調整能隙外，另一方面透過控制量子點的組成的方式，研究能帶工程的研究仍屬於草創期。將兩個半導體在奈米等級的情況下合金化後，所呈現的性質不僅與各自是塊材時的性質不同，且也與各自是奈米級材料時不同。因此合金化量子點具有額外的特性，亦即除了與量子效應有關外也和組成有關。舉例而言，儘管 CdSe 量子點的發光光譜可由粒徑調控而涵蓋整個可見光範圍，但卻無法延伸到近紅外光區域，而 $CdSe_xTe_{1-x}$ 量子點則是由 CdSe 和 CdTe 合金化所形成的，光譜範圍可至近紅外光，而近紅外光的量子點在生物應用上具有潛力。此外，將 CdSe 與 ZnSe 合金化後（$Zn_xCd_{1-x}Se$）可放出藍光，不僅效率高且穩定性也高，因此可用於短波長的光電元件上。

能隙（E_g）決定許多半導體的性質，由於這項特性讓能帶工程變成一項建立新的半導體材料，特別是在奈米尺寸上非常有用的工具。由於量子侷限，降低半導體的尺寸直到其與波爾激子半徑相當或小於時可以有效的加大它們的能隙。因此，改變量子點的尺寸對於調整半導體量子點的能隙而言是其中一種方法。以控制粒徑合成半導體量子點（通常又稱之為量子點，QDs），存在著與能隙有關的性質而被大量的研究。這些性質與塊材有相當大的不同，也讓應用層面擴大不少，如光電、觸媒、光伏和生物標籤。然而在一些特定應用中，為

了達到某些特定的性質，必須使用非常小的粒徑的量子點（＜2nm），而這些量子點十分不穩定，因此在合成上挑戰性非常大。

　　另一種調控半導體能隙的方式為透過控制化學計量改變粒子的組成，可以藉由兩種不同能隙的半導體產生固溶體而達成。當寬能隙半導體的含量增加時，通常可以觀察到能隙的增加，這個技術不同於摻雜（Doping，加入雜質原子），雖然摻雜是一個和合金化有關的製程，但它不會使主半導體材料的能隙產生偏移，而是會藉著在能隙內產生受體或施體能階，以讓放射光的能量降低的方式修飾能帶結構。在 2003 年，Zhong 等人在 JACS 中發表 $Zn_xCd_{1-x}Se$ 量子點可藉由組成控制發光波長（涵蓋整個可見光範圍），而且效率也比 CdSe 高。此外這些合金化奈米材料呈現有趣的性質，這些性質在二元系統中不曾被觀察到。

7.3.4 合金化半導體量子點的分類

　　依據所使用的元素可分為三元或四元合金。三元合金由兩個二元系統組成，二元系統不是具有相同的陽離子就是具有相同的陰離子，舉例來說 MA 和 M'A 形成 $(MA)_x(M'A)_{1-x}$ 或簡單寫成 $M_xM'_{1-x}A$，M 和 M' 為兩個不同的陽離子，而 A 為陰離子，如 $Zn_xCd_{1-x}Se$。同理亦可由相同的陽離子 M 和兩個不同的陰離子 A 和 A' 形成 $MA_xA'_{1-x}$，如 CdS_xSe_{1-x}（由 CdS 和 CdSe 所形成的合金）。到目前為止利用膠體的方式製備四元合金的文獻仍舊很少，而利用 paraffin liquid 的方式合成 $Zn_xCd_{1-x}S_ySe_{1-y}$ 量子點由 Deny 等人在 2009 於 JACS 中發表。利用合金化技術製備 I-III-VI$_2$ 四元半導體又稱為黃銅礦材料，著名的例子為 $CuIn_{x-}Ga_{1-x}Se_2$(CIGS)，即是利用 $CuInSe_2$ 和 CuGaSe 的合金化，而將三元和二元半導體合金化也可以產生四元系統如 $(CuInS_2)_x(ZnS)_{1-x}$。以下我們將簡單介紹合金化量子點的製作過程：

1. $Zn_xCd_{1-x}Se$ 合金化量子點

　　高溫快速注入技術成功地製備高度單一分散膠體量子點，且這種方法已被

廣泛使用。如前所述 Zhong 等人利用這項技術合成高品質均質的 $Zn_xCd_{1-x}Se$ 量子點，他們的手法如下：將 $ZnEt_2$ 和 TOP-Se 快速注入含有 CdSe 量子點的配位溶劑（coordinating solvent）中，改變 Zn 和 Cd 前驅物的莫耳比，可以控制組成。研究結果發現隨著 Zn 含量增加，XRD 中的繞射峰系統性的往高角度偏移，因為 Zn 的離子半徑比 Cd 小，使得晶格常數變小，圖譜往高角度偏移，而且也和 Vegard's law 吻合，此結果也說明沒有產生相分離，且也不是 ZnSe 單獨成核，意味著產生均質合金。

2. $Zn_xCd_{1-x}S$ 合金化量子點

Wang 等人 [47] 利用化學還原法在室溫合成 $Zn_xCd_{1-x}S$ 量子點，只是這種方法所得到的量子點的放射峰非常寬。Zhong 等人 [48] 利用一次性注入的方式得到具有纖鋅礦結構的 $Zn_xCd_{1-x}S$ 量子點且具有優異的放光特性，這個方法是以 ZnO、CdO 和油酸先形成錯合物，在非配位溶劑（Noncoordinating solvent）中，300℃下與硫反應。Li 等人 [49] 發表利用 Zn(II) 和 Cd(II) ethylxanthate 錯合物（Complexes）當做分子前驅物，在較低溫（180~210℃）的配位溶劑中產生均質的 $Zn_xCd_{1-x}S$ 量子點。Ouyang 等人 [50] 利用非注射一次合成的方式製備富 Cd 的核，富 Zn 的殼之 $Zn_xCd_{1-x}S$ 梯度合金。結果發現此合金具有閃鋅礦結構，而且也不遵循 Vegard's law 顯示內部結構不均勻。因組成所引起的形貌變化和相變在三元系統中也觀察到且機制更為複雜。

3. $CdE_xE'_{1-x}$ 合金化量子點

一般而言，此製程包含將 E 和 E' 依不同計量事先混合再快速注入溶有 Cd(II) 前驅物的高熔點配位和非配位溶劑中成長。這樣的方法已經成功地用以製備 CdS_xSe_{1-x}[51], $CdSe_xTe_{1-x}$[52] 和 CdS_xTe_{1-x}[53]。Bailey 和 Nie 控制 Cd 的濃度合成 $CdSe_xTe_{1-x}$ 量子點，此量子點有均質（Cd 濃度低的條件）和梯度（Cd 過量的條件）內部結構 [52]。同時 Gurusinghe 等人也製備 CdS_xTe_{1-x} 梯度合金，其方法是分次注入 S 和 Te 前驅物，二者注入時間有 1~6min 的時間差 [53]。Al-Salim 等人利用不同配位特性的有機溶劑合成 CdS_xSe_{1-x}[54]。Piven 等人以水

相合成 $CdSe_xTe_{1-x}$[55]。Ouyang 等人不用注射的方式製備均質合金 CdS_xSe_{1-x} 量子點[56]。無機鈍化[57,58]和四足狀[59]$CdSe_xTe_{1-x}$ 量子點也有文獻報導。

4. 其他三元合金（Other Ternary Alloys）

Rogach 等人合成 $Cd_xHg_{1-x}Te$ 梯度合金量子點，先在水中合成富 CdTe 的核，利用 HgTe 和 CdTe 在水中溶解度不同的特性，合成富 HgTe 殼[60]。為了提升穩定性和降低毒性，學者利用表面無機層鈍化的方式達成目的[61,62]。也有在水相中合成 $Zn_xHg_{1-x}Se$ 量子點。另外以 Pb 為主的合金量子點也有文獻報導。Arachchige 和 Kanatzidis 報導一系列的 $Pb_{1-x}Sn_xTe$ 量子點，方法是油酸鉛和 $[(Me_3Si)_2N]_2Sn$ 與 TOP-Te 在 150℃反應，油胺為穩定劑協助 Sn 進入 PbSe 晶格，X 光能量散佈分析儀（EDS）的掃描（Mapping）分析顯示，Sn 分散在 PbTe 晶格內，確定生成均質的合金量子點[63]。Ma 等人利用一次性熱注入的方法合成單一粒徑的 PbS_xSe_{1-x} 量子點[64]。

5. 黃銅礦

$CuIn_xGa_{1-x}Se_2$(CIGS) 量子點可以在低溫合成，使用甲醇和吡啶為溶劑，只是樣品團聚非常嚴重。Tang 等人利用高溫合成的方法可以製備分散性很好接近單一粒徑分佈的 CIGS 量子點。

7.3.5 合金化的研究

文獻中對於合金化的機制探討較少。Zhong 等人在研究如何形成均質合金 $Zn_xCd_{1-x}Se$ 量子點中提出溫度扮演重要角色，他們利用先形成核 - 殼結構的量子點方式，在高溫下讓它們轉成合金結構，利用量測最大放射峰波長，發現放射波長隨著溫度改變，270℃以下維持核／殼結構，270~290℃有明顯的藍移，合金化開始發生在 270℃，稱為合金化點。

Sung 等人研究這種轉換的動力學得到的結論為合金化的機制包括 Zn^{2+} 和 Se^{2-} 的斷鍵，Zn^{2+} 擴散到 CdSe 晶格[65]。在高溫熱處理可讓合金生成的速率加

快，可能是擴散離子的移動率增加的緣故。Lee 等人研究持溫時間的效應，將 CdSe/ZnSe 核殼結構奈米棒在 270℃持溫後發現光譜產生藍移，是由於能隙較大的 ZnSe 進入 CdSe 核中所產生的現象，時間較短的情況下，放射峰呈現寬化且不對稱是因為組成不均勻，此時殼持續轉換成均質合金結構。

如果 $Zn_xCd_{1-x}Se$ 量子點是從 ZnSe 核或 ZnSe 量子點製備的話，在合金化過程中光譜或產生紅移，因為 Cd^{2+} 會進入 ZnSe 的晶格，能隙降低[66,67]。合金的形成發生在溫度低於合金化溫度時（此溫度指的是以 CdSe 為核），表示 ZnSe 和 Cd^{2+} 陽離子之間的交換比 CdSe 和 Zn^{2+} 之間的交換容易，這是因為 Zn-Se 的鍵能為 139 KJ/mol，而 Cd-Se 為 310 KJ/mol 之故。Bailey 和 Nie 表示 $CdSe_xTe_{1-x}$ 量子點的內部結構可以由 Cd 的濃度控制，在快速成核和成長條件下，Te 與 Cd 的反應性比 Se 強，因為 CdTe 的成長速率為 CdSe 的兩倍，在 Se 和 Te 過量非常多的情況下（Cd^{2+} 為限量試劑），Se 和 Te 的反應性間的差異可以忽略，此時形成均質的合金化結構，如果是 Cd^{2+} 過量很多的情況下，CdTe 的成長率比 CdSe 快產生梯度合金，Te 的濃度由核到外表面遞減，即核為富 CdTe。

而 Sun 等人利用 HgTe 和 CdTe 在水中有不同溶解度的方式合成 $Cd_xHg_{1-x}Te$。Cd 和 Hg 的濃度相同，HgTe 成核速度比 CdTe 快，因為 HgTe 在水中的溶解度低，因此初期形成的量子點是由 HgTe 組成，當 Hg 消耗完後 CdTe 的沉積才變成主導，這種方式同樣形成梯度合金，核為 HgTe，Hg 的含量由核到表面逐漸遞減。

合金化奈米材料之所以備受關注，主要是因為透過二種二元或二種三元半導體合金化呈現獨特的性質之緣故，使它們能應用於光電、光伏以及生物標籤和感測的應用。合金化量子點的研究目前仍舊在初期階段，許多材料的特性和應用潛力尚未被發現。在未來幾年，對於這種合金的研究在其他性質的應用會多於光學應用，例如合金的磁性質，先前有研究指出 EuS 的鐵磁性可以透過控制粒徑改變能隙而達到，然而 EuS 的波爾激子半徑很小（a_B~1.2nm），而且也很難合成粒徑 < 2nm 的高品質量子點。如果將 EuS（E_g = 1.65eV）和 EuSe（E_g = 1.80eV）或 EuTe（E_g = 2.00eV）形成合金，磁性上會呈現什麼變化值得研究。

儘管有許多合成法都能產生高品質的膠體合金量子點，仍有許多議題需要解決，例如最佳化製程參數、須深入了解梯度合金與均質合金形成的機制等，當然為了能廣泛應用以奈米合金為主的光電元件，也必須設計能大量生產量子點的製程，這些都有待大家的努力。

7.4 奈米晶的性質

有兩個基本的因素讓奈米晶的行為不同於塊材，第一為高表面／體積比，物性和化性都與表面結構有關；第二為粒子的實際尺寸，這會決定材料的電性與物性。入射光在大的膠體粒子的吸收與散射由 Mie's 理論描述。然而，奈米晶的光譜隨著粒徑減少時呈現藍移卻不能以古典理論解釋，這種與粒徑有關的光學性質是當粒子粒徑小於塊材的波爾半徑（$R \leq a_B$）時所呈現的尺寸量化效應。

半導體奈米晶的載子被侷限在晶體的三維空間內。電子與電洞比在塊材時更為緊密，它們之間的庫侖作用力無法忽略，具有相較於塊材更高的動能。在有效質量近似中，Brus 表示 CdE（E = S 或 Se）奈米晶，激子的第一轉換的能量差可表示為：

$$\Delta E \cong \frac{\hbar^2 \pi^2}{2R^2} \left[\frac{1}{m_e^*} + \frac{1}{m_h^*} \right] - \frac{1.8e^2}{\varepsilon R}$$

這個近似與大多數的半導體奈米晶的實驗值一致，粒徑降低時吸收峰藍移。此外，價帶與導帶的能階分裂，但卻無法解釋電子能態的耦合（Coupling）和表面結構的效應。

研究奈米晶主要的目的之一是想利用奈米晶獨特的性質以應用於新穎的電子元件上，這些元件在製作過程中需要組合及操控這些奈米晶，因此必須確保這些奈米晶經過這些步驟後不會喪失它們獨特的性質。微影的方法或掃描探針顯微鏡可被用來製備奈米等級的元件，然而用一般化學製備奈米結構元件的方式是更為方便的。Langmuir-Blodgett（LB）膜是一個以自組裝的方式製作奈米晶為主的元件，混合兩性高分子、溶劑和 Cd 或 Pb 的鹽類，可以製備有序的

LB 結構，再通入 H_2S 可以在有序的高分子基材中產生 CdS 或 PbS 奈米粒子層。旋轉塗佈和噴墨製程也是將量子點用於製造電子元件常用的方式，以下我們將針對量子點的物理性質做簡要的敘述。

7.4.1 光學性質（Optical Properties）

　　量子點的光學性質由亮度（量子效率，Quantum yield）、放光顏色（放射波長）、顏色純度（放射波的半高寬）和放光穩定性四個參數表示。由於量子點是電子─電洞再結合後放出的光，光譜之半高寬較窄，發射光譜不受不同激發波長而改變，且發光波長在近紫外光至近紅外光之間。結合這些特殊的發光的性質，使得發光波長落在可見光範圍的量子點，得以如同螢光粉般應用於固態照明。且相較於螢光粉，量子點在製程上佔有很大的優勢，不僅製程溫度低，反應時間短，同一組成可經由粒徑之控制得不同之光色，而且僅需控制粒徑，即可能在同一製程中得到兩種不同之光色。對於量子點而言，量子效率的高低和量測方法是重要的指標。我們可以發現文獻中所報導的量子效率彼此之間的差異性很大，造成的原因有：(i) 量測量子效率的方法不同；(ii) 不適當的濃度，不遵循 Beer's law 或發生濃度淬減；(iii) 量測過程中，樣品和標準品所用的狹縫（slit）大小不同；(iv) 使用不同的激發波長或第一吸收峰；(v) 樣品和標準品間的放射光譜沒有重疊；(vi) 儀器的誤差，如波長偏移，光源不穩等。無機半導體量子點的行為與螢光分子如染料相當不同，量測量子效率的方法是利用比較量子點與標準品的積分面積，樣品和標準品的吸收值要低於 0.1，計算公式如下：

$$QY = QY_{sy} \frac{1 - 10^{-A_{st}}}{1 - 10^{-A}} x \frac{\eta^2}{\eta_{st}^2} x \frac{I}{I_{st}}$$

（7-12）

QY 和 QY_{st} 分別為樣品和標準品的量子效率；

A 和 A_{st} 分別為樣品和標準品的吸收值；

η 和 η_{st} 分別為樣品和標準品所使用的溶劑的折射率；

I 和 I_{st} 分別為樣品和標準品的放射光譜積分面積；
樣品和標準品的所使用的激發波長必須相同。

　　以下分別介紹二元和合金化量子點的性質。

7.4.2 二元量子點

　　量子點吸收光的範圍很寬，且在高能量時（即短波長）的吸收係數大，相對於有機染料其吸收係數比有機染料高出幾個數量級。此外，量子點存在許多非古典的特性，如它們可調的放射光譜且半高寬很窄。CdSe 的半高寬為 25nm 且相當對稱，而一般有機染料則呈現不對稱的放射光譜且半高寬有幾百奈米寬。此外，最低吸收能量與最大放射波長只有幾奈米的差距。這些特性使得可用相同激發波長激發不同放射波長的量子點而達到多重成像（multiplexed imaging）的目的。除了上述優勢外，半導體奈米晶的天性是長達數週甚至數月的光穩定性，緩慢的衰減速率和長的螢光壽命，室溫下，CdSe 的載子壽命 20~30 ns。半導體奈米晶獨特的光學特性是基於量子侷限效應（Quantum confinement effect），導因於電子和電洞被侷限在三維中。當奈米晶的尺寸小於波爾激子半徑時，量子侷限效應增加。如同半導體塊材，奈米粒子同樣具有價帶與導帶，然而在奈米晶中這些能帶量化程度直接與奈米晶的尺寸有關。這些量化的能階導致能帶分離，單一量子點因尺寸不同而產生不同的放射波長。價帶與導帶間能隙的大小隨粒徑不同而不同，如同「particle in a box」的概念，當一光子進入量子點後產生激子（Exciton, 電子—電洞對）。電子吸收能量由價帶躍遷至導帶，而在價帶留下電洞，彼此間以庫倫力（Coulomb force）束縛，一旦電子與電洞再結合（Recombination），放出特定波長的光，此波長對應其能隙。

7.4.3 合金化奈米晶的光學性質

　　$Zn_xCd_{1-x}Se$ 奈米晶的光激螢光放射光譜和紫外光—可見光吸收光譜圖中，當 Zn 含量增加時，因為 ZnSe 的能隙比 CdSe 大，吸收起點和放射最大峰值系

統性的藍移。此外也指出是形成合金的量子點而不是個別形成 ZnSe 和 CdSe 或是核一殼結構。和塊材的 $Zn_xCd_{1-x}Se$ 合金類似，能隙和組成的關係呈現輕微的非線性，亦為熟知的「optical bowing」現象。在均質 $Zn_xCd_{1-x}S$ 量子點中也觀察到這種現象。文獻指出 $Zn_xCd_{1-x}Se$ 量子點在室溫的效率為 70~85%，半高寬為 22~30nm；而 $Zn_xCd_{1-x}S$ 的半高寬為 14~18nm，效率 25~50%。

調整半導體奈米晶的尺寸可讓放光顏色涵蓋整個可見光，然而在 CdSe 奈米晶中若要得到短波長則粒徑要 <2nm，而這麼小的粒徑是不穩定的，表面很難鈍化且效率低半高寬大。若以合金的方式將 CdSe 和 ZnSe 形成 $Zn_xCd_{1-x}Se$ 奈米晶不僅穩定且在藍光一綠光範圍的效率高。穩定性高的原因為合金化奈米晶的粒徑較大（藍光 $Zn_xCd_{1-x}Se$ 量子點的粒徑為 CdSe/ZnS 藍光量子點的 2~3 倍）。

波長介於 700~1400nm 的近紅外光的研究越來越重要，特別是應用於生物顯像和偵測以及太陽能電池上。Jiang 等人將製備 $CdSe_xTe_{1-x}/CdS$ 量子點的製備方式最佳化後放射波長為 600~850nm，這些量子點具有很好的光激發光（PL）性質和光退色（Photobleaching）的抵抗力優，此外這些量子點和生物分子結合後呈現多種顏色的標的。這些都是運用量子點獨特的光學特性衍生的應用。

7.4.4 激子交換的交互作用大

電子和電洞在量子點中交換交互作用（Exchange interaction）是非常強烈的。在分子中單重態和三重態的分裂非常大通常為 1eV，而在 SK-dot 中卻非常小，量子點則介在二者之間。小粒徑的 CdSe 中，交換交互作用導致單重態三重態分裂超過 10meV，這相當於能帶邊緣吸收和能帶邊緣放射的能量差，又稱為史托克位移。較低能量的三重態也能在較低溫度下再結合而其螢光壽命非常長。以 CdSe 為例，低溫光激發光譜的螢光壽命可以超過 1μs。在室溫下，CdSe 量子點的螢光壽命為 ~20ns，PbSe 為 ~1μs，而 SK-dot 的螢光壽命為次奈秒（sub-ns）。

7.4.5 快速多重載子緩解

因為膠體量子點的粒徑很小，讓載子與載子之間的交互作用粒比粒徑較大的 SK-dot 強很多。例如膠體量子點可以由電子的傳輸而帶電以及產生螢光淬滅，同樣地多重激子可由將量子點照光後產生激發導致快速飛輻射類歐傑過程的緩解（雙激子約 100ps），讓光激發螢光有效的被淬滅，這種快速雙激子非輻射的現象不曾在 SK-dot 中被發現，因為 SK-dot 的體積較大。因為膠體量子點的粒徑相當響，能態密度少很多，因此多重載子再結合的現象比 SK-dot 重要的多，而多重載子再結合比輻射再結合要快得多，讓膠體量子點難以應用於雷射中。解決的方案之一為增加激子─雙激子的能量間距，在能帶結構上形成第二型異質結構讓電子電洞分離，加大雙激子的排斥力。多重激子再結合的相反過成為多重激子的產生，希望在量子點中有預期中的較低的內能帶（Intraband）緩解外，降低因動量守恆所損失的能量，有助於在很小的量子點中有效的產生多重載子。儘管預期在量子點中，載子冷卻的速度較慢，因為激子的能態密度彼此間的分離還不夠大，使得激子已經經過多次的緩解，產生多重載子的速率因而降低，利用撞擊式離子化技術可讓量子點在每次的激發過程產生多重激子，有文獻指出在 PbSe 中一個能量足夠高的光子可以產生 7 個激子，在 CdSe 中可以產生 2~3 個激子，在光伏元件的應用上是很大的誘因。

7.4.6 閃爍現象（Blinking）

目前製備膠體量子點的技術已經可以將量子點的粒徑差異控制在 5% 以內，儘管如此，實際上還是量測一群量子點的行為，半高寬仍存在不均勻的寬化現象，若只量測單一顆量子點，螢光光譜的半高寬就與 SK-dot 類似。因此以量子點而言儘管平均半高寬小於 30nm 比染料小很多，相對於雷射還是大很多，因為粒徑並不是單一的。尺寸有微小差異的量子點，在高和低放射能態間產生閃爍，這種現象也沒有在半埋在基板中的 SK-dot 中被觀察到。二者之間的差異一般歸因於量子點的表面對這種現象有些影響。量子點這種強烈的閃爍

效應推測是表面電荷的關係，而螢光強度有較大的擾動則推測是因為內部電荷導致類歐傑過程快速再結合所產生的結果。

7.4.7 奈米固體的導電度

　　膠體量子點可以被巨觀上高度有序的排列形成薄膜，自組裝的特性讓量子點有望藉著能帶工程的設計形成新的固體。量子點表面的界面活性劑成為可讓量子點自動排列的利器。雖然巨觀上可以有序的排列，但在為關上這些排列的量子點似乎不那麼有序，這種微觀上的無序可以產生近 100meV 局部位能的擾動，比非均質的能階產生的還大。因此即便將量子點彼此緊密排列形成固體，還是不能讓量子點形成有如導體般連續的能帶。將體量子點的載子的傳導如同有機導電分子般是以跳躍（Hopping）的方式傳遞，在低溫時則被淬滅。在 CdSe 和 PbSe 膠體量子點薄膜中整體的平均遷移率（Mobility）為 $10^{-2}cm^2/V\text{-}s$，比有機導電分子好得多，仍舊比不上塊材半導體材料，但這樣的載子遷移率在加上形狀的效應打開了量子點在有機／無機混成太陽能電池應用的契機。

7.4.8 磁性原子的摻雜

　　膠體量子點中摻雜順磁性過渡元素的製程已經成功的開發了，如在 ZnS 中摻雜 Mn，讓 ZnS 可以發橘光。在 CdS:Mn 的水相製程也被開發，雖然 CdS:Mn 量子點的粒徑並不是單一分布而是多重分布，有機製程中可以得到單一粒徑分佈的 ZnSe:Mn。事實上，ZnS 和 ZnSe 相較於 CdS 和 CdSe 容易摻雜得多，當然也要開發摻雜其他磁性原子的製程，擴大應用範圍。

7.4.9 表面

　　量子點與 SK-dot 不同的是表面，這個表面讓量子點具有懸鍵，也會發生未知的表面重組現象。這個表面是動態的、易受影響的，而且表面的原子是易於移動或是易反應的。我們對於量子點的表面所知甚少，只知道量子點許多的

性質被表面所影響，這些性質包括螢光量子效率、閃爍現象、載子的被捕捉和能量緩解等。此外，量子點外的磊晶層的品質與厚度如何影響量子點本身仍是研究的焦點，如何控制量子點表面是急需建立的技術，一旦能控制量子點表面即代表能控制量子點的形狀、組成與排列以及非常多變的性質。

7.5 奈米晶的應用

　　由先前的敘述可以知道奈米晶因為量子侷限效應在光學上有優異的特性，也因為形貌可控制性在光伏元件的應用也頗具潛力。本章將針對零維（0D）量子點與一維奈米棒（1D nanorods）和三維奈米消波塊（3D tetrapods）奈米晶在發光二極體（光激發光，PL）、OLED（電激發光，EL）、生物顯像與光伏元件的應用做簡要的敘述。

7.5.1 白光照明

　　自從 1968 年開發第一個單色光—紅光發光二極體（Light-emitting Diode, LED 應用於指示燈後，相繼開發其他顏色的單色光 LED 如黃—綠，黃，綠和琥珀色的 LED。另一方面，LED 的光強度也大幅的提升，如今已經廣泛的應用在顯示器光源，指示燈，交通號誌，車燈和特殊照明等。市面上販售的白光 LED 產品主要以藍光 LED 激發摻了鈰（Ce^{3+}）之釔鋁石榴石（Yttrium-Aluminum-Garnet, YAG）螢光粉（黃光）為主，儘管 YAG 螢光粉早在 1967 年 Blasse 與 Bril 就開始發展，並應用在陰極射線管上，由於始終無法有適合的激發光源可以激發，因此，固態照明無突破性的發展。直到 1993 年，任職於日亞化學的中村修二，成功開發藍光的發光二極體（Light Emitting diode, LED），在 1996 年結合藍光 LED 和高效率 YAG 螢光粉形成的白光 LED 正式問世且成功商品化，終於為固態照明開啟嶄新的一頁。直到現在，這種白光 LED 正朝向一般照明領域持續研究。利用藍光 LED 激發發黃光之 YAG 螢光粉，混光後產生之類白光，得以實現人類使用固態照明的夢想。將 YAG 螢光

粉塗佈在藍光 LED 所在的反射杯內，由於藍光晶片放出波長 450~460nm 的光，YAG 螢光粉吸收藍光後放出放射波長為 540nm 的黃光，藍光晶片放出的藍光和螢光粉放出的黃光經過混光後，透過人眼的作用呈現白光。LED 光源具有節省能源、環保與堅固耐用等優點，具有取代傳統照明的潛力。目前在各大通路已經可以購買到白光 LED 燈泡和燈管，如圖 7.20 所示。

圖 7.20　白光 LED 燈泡和燈管。

　　量子點已經被應用為光轉換材料，量子點螢光粉比無機螢光粉和有機染料優異之處包含：(i) 量子點的量子效率高；(ii) 放光範圍涵蓋近紫外光─可見光─近紅外光；(iii) 較有機染料優良的穩定性；(iv) 半高寬小於 30nm（色飽和度高，一般無機螢光粉半高寬 50~100nm）；(v) 廣的吸收範圍（可同時激發不同粒徑的量子點）。量子點最大的缺點是自我吸收（Self-absorption），因為大粒徑的吸收光譜和小粒徑的放光光譜重疊以及表面鈍化的有機物阻礙出光。以下我們將逐步討論不同激發光源的 LED。

7.5.2 藍光晶片為激發源之LED

　　自從日本的日亞化學公司在 1996 年領先推出以藍光 LED 激發 YAG 螢光粉產生白光的元件結構，此結構為混合藍光與黃光形成白光的新技術，自此開啟白光 LED 邁入照明市場的契機。YAG 螢光粉的主要組成為 $Y_3Al_5O_{12}$：Ce，屬於立方晶系，$Y_3Al_5O_{12}$ 為主體晶格，本身不發光；Ce 為發光中心離子，稱為活化劑，藉由 f-d 軌域的躍遷和放射，得到半高寬較寬之放射光譜。YAG 的最適合激發波段為 450~460nm 之間，此波段與日亞化學開發之藍光 LED 發光

波長互相匹配，因此，此元件結構可利用混合藍光與黃光而得類白光，使其發光效率得以完全發揮，且其元件結構簡單，為目前商業化主要產品之一。

德國歐司朗（Osram）公司在 1999 年申請新型螢光粉的專利 -TAG。TAG 的組成主要是 $Tb_3Al_5O_{12}$:Ce，發光波長範圍與 YAG 類似，因此同樣可利用藍光 LED 為激發源，激發發黃光的 TAG 螢光粉形成類白光，只是 TAG 螢光粉的發光效率低於 YAG。住友電氣公司於 2000 提出在藍光晶片上成長一層 ZnSe 層，此層發光範圍在 550~650nm 之間，然此元件效率較低、壽命較短，較不被市場重視。

另外 SiAlON 氮氧化物螢光粉也適合以藍光晶片激發，放射波長為 585nm。將發橘黃光 SiAlON 螢光粉與藍光晶片合成暖白光。也可以使用綠光（535nm）及紅光（640nm）螢光粉搭配藍光晶片獲得白光。也可利用 $(Y_{1-x}Gd_x)_3(Al1_{-y}Ga_y)_5O_{12}$:Ce 螢光粉搭配藍光晶片獲得白光，當 Gd 含量增加時放射波長會產生紅移，反之當 Ga 含量增加時放射波長會產生藍移，因此可以藉由控制 Gd、Ga 含量來獲得所需 CIE 位置。混合兩種螢光粉 β-SiAlON:Yb^{2+}（綠光螢光粉）及 $Sr_2Si_5N_8$:Eu^{2+}（紅光螢光粉）與透明有機樹脂混合，最後以藍光晶片作為激發源獲得白光。

7.5.3 黃光螢光粉／量子點混成的白光LED

將 YAG 和 4.5nm 發橘光的 CdS:Mn/ZnS 奈米晶混合，以 450nm 的 InGaN 晶片激發，因為奈米晶增加了長波長部分的光譜，因此演色性增加，顯示 CdS:Mn/ZnS 奈米晶可以提升元件的演色性。以藍光 LED 激發雙色 CdSe 奈米晶＋矽酸鹽螢光粉，演色性可達 90。利用 400nm 晶片激發 $Ba_2Si_3O_8$:Eu^{2+} 橘光 CdSe/ZnSe 奈米晶，演色性達 85。以藍光晶片激發 YAG＋CdSe/ZnS，演色性達 90，發光效率 80Lm/W。利用核／殼 CdS/ZnS 量子點與 YAG 螢光粉混合，可以提升演色性。採用 CdSe/ZnS 奈米晶（618nm）與 YAG 螢光粉混合，搭配藍光晶片形成白光 LED，白光 LED 元件的 CIE 與 CRI 分別為（0.30, 0.31）和 86。

由此可知，奈米晶在這種元件中的主要角色為提升白 LED 的演色性，但會伴隨發光效率的降低。紅光量子點的加入如同紅光螢光粉擴充原本黃光螢光粉所欠缺的紅光光譜部分，因此整體演色性可以增加。圖 7.21 為 YAG/CdSe 量子點白光 LED。

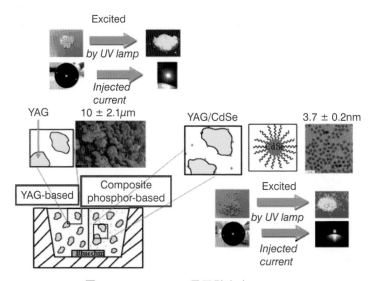

圖 7.21　YAG/CdSe 量子點白光 LED。

Source：虎科大能源材料與元件實驗室提供。

7.5.4 純量子點白光LED

Chen 等人以藍光晶片激發黃綠／紅光量子點，發光效率 7.2Lm/W。Chung 等人[68] 利用發光波長為 460nm 的 InGaN 藍光 LED 晶片當作激發源，將不同粒徑的 CdSe（2.9、3.4 與 4.3nm；發光波長分別為 555、580、625nm）分散在聚甲基丙烯酸甲脂（PMMA）當作螢光粉，CdSe 量子點的量子效率介於 10~30%，研究 CdSe/PMMA 的混合比例對所形成白光 LED 性能之影響。研究結果指出，當 CdSe/PMMA 混合比例為 1:10 時，580nm 的 CdSe + 藍光晶片所形成的白光 LED 演色性 15.7，發光效率 5.62Lm/W；當混合兩種粒徑量子點時（555 與 625nm）演色性增加為 61.4，發光效率為 3.78Lm/W。Li 等人

以 450nm 藍光晶片 + CdSe/ZnS（λ_{PL} = 555nm and 613nm）得到 80 以上的演色性。Nizamoglu 等人指出藍光晶片激發添加四種奈米晶（λ_{PL} =500, 540, 580 and 620nm）演色性 71。隔年 Nizamoglu 等人指出增加紅光奈米晶的添加量會導致色溫增加演色性降低。文獻中以純量子點為光轉換材料所得之白光 LED 的效率普遍而言都很低，這存在幾個問題：量子點的量子效率低、界面活性劑過多產生遮光效應、團聚現象導致的散射等。圖 7.22 為利用藍光晶片激發黃光量子點的照片，此元件 CRI 27，效率 5.7Lm/W，色度座標（0.31,0.29），色溫 6400K。由於量子點的半高寬窄的特性，在白光 LED 的應用上，必須添加多種不同波長的量子點才能達到高演色性。

圖 7.22　藍光晶片激發黃光量子點。

Sourse：虎科大能源材料與元件實驗室提供。

　　3M 近期宣布推出量子點薄膜（QD Film），可以裝在現有 LCD 螢幕，不但可以減少一半的耗電，還可增加 50% 的色彩亮度。同時也可以裝在 LED 檯燈上，增加演色性與降低色溫。

7.5.5 白光奈米晶白光LED

　　2005 年時，Rosenthal 教授以 OPO/HDA/octadecene (ODE)/tri-n-butylphosphine (TBP) 和自行合成的 Dodecylphosphonic acid (DPA) 為溶劑系統。CdO 和 Se 粉為 Cd 和 Se 的前驅物。實驗方法為將 11.84 克的 Se 粉溶於 150mL 的

TBP 中，再用 TBP 稀釋至 0.2M。反應的溶劑系統為 7.0 克的 TOPO 混合 3.0g 的 HDA，同時混合 0.128 克的 CdO 和 0.496 克的 DPA 加熱至 320℃，隨後取濃度為 0.2M 的 S:TBP4.25m*l* 混合 2m*l* 的 ODE 快速注入三頸瓶中，成長溫度維持在 270℃ 與 240℃ 之間。他們為了製備非常小的奈米晶（Ultra-small nanocrystals (e.g. < 20 A)），二次注入 10m*l* 的丁醇讓溫度在 2~10 秒內降至 < 130℃。利用壓縮空氣冷卻，再以甲醇和己醇清洗，最後分散在甲苯中。合成出的奈米晶的能帶邊緣吸收（Band edge absorption）在 414nm，為典型直徑為 1.5nm 的魔術尺寸（Magic-sized）的 CdSe 奈米晶的吸收峰。Rosenthal 教授指出在特殊的製程條件下，可製備出發白光之 CdSe 奈米晶[68]，並將此量子點分散在樹脂中，以 400nm 的紫外光晶片激發後，可得色度座標為（0.322, 0.365）的白光[69]。近年更有研究指出具有魔術尺寸的 CdSe 奈米晶可放出半高寬相當寬的光譜，利用紫外光晶片激發白光 CdSe，由於奈米晶的量子效率僅有 2~3%，因此元件效率僅約 0.19Lm/W，但演色性可達 93。Chandramohan 等人以 InGaN/GaN 藍光晶片激發 2.5nm 白光 CdSe（QY~5%），演色性可達 87，發光效率同樣遠低於 1Lm/W。

Sapra 等人合成白光 CdS 量子點[70]，製程如下：將 0.1mmol CdO 溶在 0.83mmol OA and4 m*l* ODE 加熱至 300 ℃ 形成無色溶液。0.05mmol 硫粉溶在 0.5m*l* 的 ODE 中。S:ODE 溶液快速注入 Cd/OA/ODE 溶液中。溫度降至 280 ℃ 持溫 30s。快速降溫至室溫，利用丙酮讓奈米晶析出，接著用甲醇和丙酮重複清洗以去除多餘的 OA。純化後的奈米晶溶在甲苯中保存。其結果顯示 CdS 奈米晶的粒徑 2.7nm，放射光譜分別由能帶邊緣和表面能態放射所構成，量子效率 17%。長時間反應下，表面能態放射被抑制，僅剩下能帶邊緣放射。在 ZnCdS 奈米晶的發光特性中，使用 ODE/TOPO/HDA 溶劑系統可以得到光色可調的白光奈米晶，量子效率 >30%。因此透過製程上的控制，不讓發光機制僅由能帶邊緣控制，亦能藉由中間能帶（midgap state）發光，結合兩種發光機制，可以得到白光，重點在於如何讓奈米晶產生表面能態放射。

2008 年，Schreuder 研究團隊也將白光 CdSe 量子點，混合各種不同聚合

物搭配藍光晶片合成白光 LED 元件。虎科大的研究團隊利用熱分解法製備三元 $Zn_xCd_{1-x}S$ 白光奈米晶，以紫外光晶片激發形成白光 LED 元件 [71,72]。當 $Zn_{0.5}Cd_{0.5}S$ 奈米晶與矽膠比例由 1:10 增加至 1:1，元件效率大於 0.85Lm/W；演色性大於 85；而使用 $Zn_{0.8}Cd_{0.2}S$ 奈米晶隨著比例由 1:10 增加至 1:1 時，發光效率大於 3.16Lm/W 及演色性大於 81。

　　白光量子點目前尚處於研發階段，主要還是想應用在照明產業上，而白光 LED 元件為目前最受矚目的照明元件，一般藍光晶片搭配傳統螢光粉所形成之白光，皆有發光效率差、演色性不佳等缺點，量子點則具有較高量子效率、放射波長可控制性且激發波段寬廣等特性，使其在替換傳統螢光粉有明顯的優勢，因此使得白光奈米晶在照明工業上有極大的應用潛力。然而，目前文獻中所提到之白光奈米晶所獲得之白光 LED 元件演色性雖然很高，但其發光效率卻都只有 0.5~4Lm/W。

7.5.6 量子點在顯示器的應用

有機發光二極體（Organic light-emitting diode, OLED）

　　有機發光二極體（OLED）屬於面光源，且具有輕、薄的優點，透過光的混合可以形成白光，讓攜帶 OLED 也不會覺得有負擔，也可以整合至我們的隨身產品當中，如衣服、背包等，讓不曾有過燈源的產品，也可以和 OLED 緊密地相結合在一起。OLED 採用薄膜技術，不同於傳統照明的製作技術，且可以採用低生產成本的噴墨印刷，其產品成本將可低於傳統的照明燈源。又因 OLED 材料為有機材料，本身並未含有汞，所以不會像螢光燈管一樣，會有汞污染的問題，對於環境保護是友善的。OLED 驅動的電壓是採用低於 15V 的直流電，所以無需升高壓來點亮燈源，所以 OLED 的點亮速度比傳統燈源還要快，且又因具有高發光效率及低驅動電壓的特性，所以比傳統燈源更為省電。藉由不同的 OLED 材料可以發出不同顏色的光，使得 OLED Lighting 除了發出白色光源之外，也可配合情境的設計，發出所需要的光色，對於照明設計的自由度

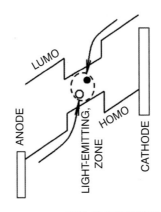

圖 7.23　OLED 元件操作原理示意圖。

是遠高於傳統燈源。另可藉由特殊的製程條件，而製作出透明的 OLED Lighting 燈源，在不通電時，是一面可透視的玻璃，但通電之後，就是一面被點亮的照明燈具。

　　OLED 會放出光是因正負兩極所產生的電子和電洞在發光層重新結合，使得有機材料由高能階的激發狀態轉變成穩定狀態時產生發光的現象，如圖 5-4 所示。由於有機材料所構成的發光層本身會有發光現象，因此，光色與強度是由形成發光層的有機化合物種類和發光層的結構設計所決定。整個元件的結構非常簡單，有機薄膜如同三明治般被夾在玻璃或塑膠基板電極中，使得 OLED 具有薄膜化和輕量化的特性。

　　OLED 因使用材料的不同，可區分為小分子與高分子，其中小分子 OLED 材料有螢光材料和磷光材料兩種。在螢光發光方式之中，單重態激發狀態的能量只在回歸到基態時才發光，單重態激發發光效率只有 25%，其餘 75% 的三重態激發狀態無法發光，而成為熱能。另一方面，在磷光發光方式中，不僅單重態激發發光，三重態激發狀態也能發光，相對於螢光發光方式只有 25% 的最大發光，磷光發光方式卻可達到 100% 的最大發光，因此，就內部量子效率而言，磷光發光方式是螢光發光方式的 4 倍。高分子 OLED（又稱 PLED）是以共軛高分子為材料的元件，高分子材料有一特點為可溶於適當的溶劑當中，

而成為液態的有機材料，可藉由塗佈、噴墨、印刷等低生產成本的製程方式來製作在玻璃基板或是塑膠基板上。

　　小分子有機材料製作成一個 OLED 元件，需要有 4 層的結構，才能將小分子 OLED 驅動發光；而高分子 OLED 材料則只需要 2 層的結構，就可以把高分子 OLED 驅動發光，在結構上高分子 OLED 元件較容易製作。小分子 OLED 的製造主要是藉由真空熱蒸鍍的方式，再搭配金屬遮罩技術將材料蒸鍍在基板上。高分子 OLED 則可以利用旋轉塗佈（Spin Coating）或噴墨印刷（Inkjet Printing）技術將其製作在基板上，其優點為易大面積化。OLED 顯示器的色域比液晶顯示器（LCD）寬，色彩飽和度更高。

7.5.7 量子點有機發光二極體（Quantum Dot Organic light-emitting diode, QD-OLED）

　　近年來，新穎發光材料—量子點（Quantum dots, QD）的發展非常迅速，由先前量子點的理論與特性可知，量子點是半導體奈米微粒，由於受到量子侷限效應（Quantum confinement）的影響，其價帶與導帶的能階呈現不連續性。藉由調控量子點粒徑大小和組成可以獲得不同發光的波長：若是二元或核殼結構的量子點，粒徑越小，發光顏色越偏藍色；粒徑較大的量子點則趨近紅色。此外，量子點具有良好的吸光—放光特性，不僅放光光譜的半高寬很窄、量子效率高，同時也有相當寬的吸收光譜範圍，因此擁有很高的色彩純度與飽和度。結合上述之優點，量子點被認為極有潛力能取代現今螢光粉轉換白光發光二極體，成為新一世代的背光材料。為使量子點能夠利用於顯示器，目前主要應用技術為旋轉塗佈、霧狀噴塗與噴印技術，這些方法皆有其優點，但主要遇到的問題為顏色均勻性與各顏色之間相互汙染問題，所以解決紅綠藍三色分離與各色均勻性成為量子點發光二極體運用於工業上之重要議題。利用量子點奈米科技製造薄膜面板（Thin-film panels）與噴墨（Contact printing）或塗佈（Solvent spin-casting techniques）的技術是相容的。slide 1 of 量子點是半導體奈米晶顯示器技術的一部分，它們是放射光薄層，可以在可撓式基板大面積的沉積。傳

統的 OLED 中擔任放光層的有機分子對於氧和水氣相當敏感，在這種環境下效率衰退相當快。結合電子與電洞注入層和傳遞的有機分子層與無機量子點放射層的 OLED 有許多的優點，也被視為是下一代顯示器技術，將被應用在薄型平面電視螢幕、貼片、手機和數位相機中。量子點的電激發光和光激發光的性質和性能是由組成和粒徑所決定。

在過去 10 多年間，量子點為主的 LED（QD-based LED, QDLED）受到相當大的關注以及商品化的努力，事實上，QDLED 相較於有機 LED（OLED）有許多的優勢，例如：(i) 量子點的放射光譜半高寬小於 30nm，有機分子則大於 50nm，半高寬窄意味著光色純，對於高品質的成像而言是必須的；(ii) 無機材料的穩定性較有機材料優異。在高亮度亦即在高電流操作下，產生的焦耳熱是元件衰退主要的問題之一，為了要有較佳的穩定性，以無機材料為主的元件預期會有較長壽命；(iii)OLED 顯示器呈現的顏色通常會隨著時間改變，因為紅、綠、藍等有機分子所形成的像素有不同壽命。若以量子點為放光層，可由改變粒徑（因為量子侷限效應）即可獲得紅、綠、藍三種光色，由於組成相同應該會有類似的衰退速率；(iv)QDLED 可以產生近紅外光放射，而有機分子的放光波長通常小於 1 μm；(v) 以量子點而言，spin statistics 不被約束，亦即理論上外部量子效率（EQE）為 100%。QDLED 的 EQE 可以表示成：

$$\eta_{Ext} = \eta_r \cdot \eta_{Int} \cdot \eta \cdot \eta_{out} \tag{7-13}$$

其中：η_r 為電子電洞產生機率；

η_{Int} 為內部 *PL-QY*；

η 和 η_{out} 分別為輻射緩解機率 *out-coupling* 效率。

對於有機發光分子而言，其理論值為 25%，因為單重態和三重態的比例為 1:3，而只有單重態的再結合會產生螢光，對於磷光放射的有機分子而言，其效率大於 25%，這是由於自旋軌道耦合（Spin-orbit coupling）所導致的，值得注意的是磷光放射的有機物會讓主體材料衰退加速。為了讓 η_{Ext} 增加，可藉著提升 η_{out}，而 η_{out} 一般為 20%，若是導入微孔結構（Microcavity structure）可以增加 η_{out}。對於 QLED 而言，η_{Ext}(QY) 接近 100%，η_r 也接近 100%，QDLED 可

在順向或反向偏壓下放出光，導致這種現象的原因不明，有許多的解釋如電子和電洞注入速率不同，電子和電洞再傳輸層的移動率（mobility）不同，不同放射層的組成、表面均勻性和厚度產生不同的能帶偏移（energy level offset）。早期 QD-based EL 元件是由氣相製程讓量子點自組裝而成，1994 年 Colvin 等人揭露量子點與高分子混合的電激發光（EL）元件，如圖 7.24 所示[73]，他們利用旋轉塗佈的方式以 PPV（poly(phenylene vinylene)）為電洞傳輸層，ITO 和 Mg 分別為陽極和陰極，此元件驅動電壓為 4.0 V，而 EQE 為 0.001~0.01。Alivisatos 等人在 1994 年以 CdSe 奈米晶和導電高分子製作有機發光二極體。奈米晶不是以粉末的形態就是溶在溶劑中，為了能將它們應用於元件上，必須建立新的組裝技術讓載子能注入到奈米晶內並傳輸，而硫醇在金屬表面具有自組裝能力，利用這種概念讓奈米晶排列。所選用的奈米晶為 CdSe-TOPO，將其溶於甲苯中塗佈在事先經過己烷硫醇（hexane dithiol）處理的 ITO 或 ITO/PPV 薄板上，己烷硫醇具有雙官能基，一端接在基板，一端與奈米晶相接，重複多次後形成多層的 CdSe。組裝方式將影響驅動電壓的大小，若以 ITO-CdSe-PPV-Mg 的方式沉積只觀察到 PPV 的綠光，意即電子電洞在 PPV 再結合，而 PPV 已知對於電子的傳輸非常差，驅動電壓 7V；若換成 ITO-PPV-CdSe-Mg 驅動電壓只要 4V，而且可以同時獲得 PPV 的綠光和 CdSe 的紅光，因為 CdSe 對電子的親和力比 PPV 好，降低了驅動電壓，也讓電子可以穿過 CdSe 到達 CdSe/PPV 的界面。Coe 等人[74] 將 CdSe/ZnS-TOPO 包覆的量子點和 N,N'-diphenyl-N,N' bis(3-methylphenyl)-(1,1'-biphenyl-4,4'-diamine) 混合，用旋轉塗佈的方式成膜，接著再熱蒸鍍一層 Tris-(8-hydroxyquinoline) aluminum(Alq_3) 當作電子傳輸層（ETL），所獲得的亮度為 2000Cd/m^2（在 125mA/cm^2 下）。另一種方式是利用熱蒸鍍的方式沉積電洞阻障層和 Alq_3。以熱蒸鍍的方式沉積有機層使 OLED 的效率提升，卻不利於 OLED 的商品化。舉例而言，Alq_3 為 ELT 而 Ca 為電子注入層，然而，這樣的元件卻不穩定原因是有機層的劣化以及活性金屬陰極的氧化。此外，這個元件需在真空系統中製作，缺陷總是存在於有機 - 無機介面導致效率下降。有機薄膜中電子的傳輸速度和本質電子密度都低，

導致電子密度遠低於電洞密度，因此載子不平衡又使得效率下降。無機傳輸層可以克服這些問題，如 NiO 用作電洞傳輸層（HTL），因為它的化性和電性很穩定與 CdSe 量子點也相容。

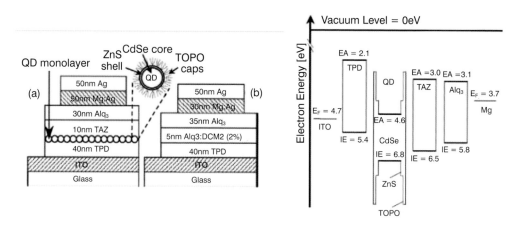

圖 7.24　QDLED 結構與能帶示意圖。

要製作出白光 OLED 元件，在 OLED 結構上可以有四種方式來產生白色的光源，如圖 7.25 所示。單層白光結構：直接採用會發出白光的 OLED 材料；垂直 RGB 堆疊結構：將 R、G、B 三色的 OLED 材料垂直堆疊起來，藉由 R、G、B 三色的混合而產生白光；水平 RGB 排列結構：將 R、G、B 三色的 OLED 材料水平排列在一起，同樣藉由 R、G、B 三色的混合而產生白光；第四種結構則為藍色 OLED 材料搭配螢光粉：藉由藍色 OLED 的藍色光源照射橘色螢光粉而發出白色光。此四種產生白光方式之製程，以單層白光結構在製作上最為簡單，但是單一白色 OLED 材料調配不易，且目前單一白色 OLED 材料的特性甚低於 R、G、B 的 OLED 材料特性。在製作上最為困難的則是水平 RGB 排列結構，需要精準地將 R、G、B 的 OLED 材料製作在準確的位置，否則所產生的白光顏色將會不純，會夾帶其他顏色的光，目前此種製作方式，主要還是應用於 OLED 顯示器上，應用於 OLED 照明上，其製作成本較高。

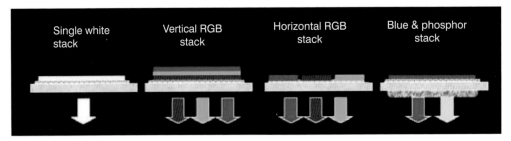

圖 7.25 形成白光的方式。

7.5.8 量子點電視

如前所述，由 CdSe 量子點所放出的光可由 5nm 的粒徑放出紅光緩慢的變小到 1.5nm 放出紫光。量子點的量子侷限效應直接影響量子點的能階也關係著放光的顏色。量子點是光激發光（Photoluminescent, or photoactive）和電激發光（Electroluminescent, or electroactive），它們擁有獨特的物理性質可以輕易的整合到 OLED 顯示器中。量子點有較佳的色純度，可溶於極性和非極性溶液讓製程更為便利。溶液狀可以提供大面積的塗佈，如噴墨製程或是網印製程，大面積塗佈可以提供大尺寸的 TV 顯示器，由於量子點是無機的材料，可以預期對於顯示器壽命的改善有幫助。以量子點為主的 LED 顯示器呈現飽和的色彩，因為量子點的半高寬很窄色純度高。顏色可以由粒徑調整，發光範圍從 460nm 的藍光到 650nm 的紅光，涵蓋整個可見光。索尼（Sony）在消費電子展上展示了在電視品牌 Bravia 中以量子點為顯色材料的技術，可讓 LCD 電視的色域增加 50%，讓一直處於研究階段的量子點首次用於大規模生產的消費電子產品上。索尼整合了 QD Vision（MIT 的技術）推出改進的液晶電視，雖然 QD Vision 也嘗試將量子點用於 OLED 上，量子點同樣為 OLED 顯示器中的顯色材料，但很難做出大尺寸的可靠產品。在液晶電視中，由白光背光源放出的白光通過紅、綠、藍三色的濾光片而獲得三原色，起初做為背光源的螢光燈（CCFL），或是以白光 LED 為背光源（市場稱之為 LED 液晶電視）都有相同的問題，那就是這些白光通過濾光片後所得的單色光的光色並不純，經過混

光後會得到黯淡的顏色。在索尼的新型電視中，除去了白光光源，以藍光 LED 為藍光光源，以藍光 LED 分別激發綠光和紅光量子點，由於藍光 LED 和綠光與紅光量子點的半高寬都很窄，因此即使通過濾光片仍舊可以保持色純度，因此量子點電視呈現與 CRT 相同，與 OLED 顯示器相近的色域。

7.5.9 量子點薄板的製造方法
（Fabrication Methods for Quantum Dot Sheets）

利用相分離的方法製造量子點層，首先將量子點與溶劑混合後以旋轉塗布的方式形成單層量子點（Monolayer QD），量子點自組裝形成緊密的六方堆積，如圖 7.26 所示。量子點形成的結構由許多因素影響，如溶劑的揮發、溶液的濃度、量子點的尺寸分布、量子點的長寬比和有機溶劑等。相分離是一個相當簡單的製程，但不適合用於顯示器製程。

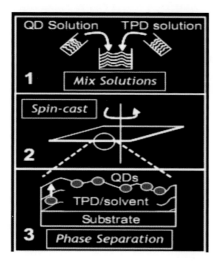
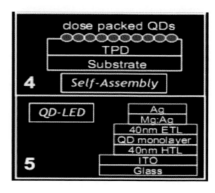

圖 7.26　沉積量子點的方法示意圖。

7.5.10 無溶劑直接接觸噴塗量子點薄層的薄膜顯示器（Solvent-free Contact Printing of Quantum Thin Film Dot Displays）

接觸噴塗是一個不使用溶劑、簡單且經濟的形成量子點薄膜的製程，過去10多年來，研究人員一直在研究量子點顯示器。4英寸（約10厘米）的量子點螢幕，生成的電致發光圖像的分辨率可達 320×240 像素，由於增大螢幕會降低畫面質量，過去是把量子點噴在基底材料表面作塗層，類似於噴墨打印。這種技術要把量子點溶解在有機溶劑中，會污染顯示器，降低色彩亮度和效能。為克服這一缺點，研究人員找到一種壓印的方法，用有圖案的矽片造出一種「印章」，然後用「印章」來選取大小合適的量子點，不需要溶劑，就可將它們壓在薄膜基片上，平均每平方厘米約分布 3 萬億個量子點。為了實現 100% 的轉印，需要改變「印章」的速度和壓力。用這種方法製成的顯示器密度和量子一致性都更高，能產生更明亮的畫面，效能也比以前更高。這種在柔軟薄膜上印製量子點顯示器的新技術，在可撓式攜帶型顯示器、柔軟發光設備、光電設備等領域都會有廣泛的應用。此外亦有研究單位（交通大學光電工程學系林建中教授與郭浩中教授所領導的研究團隊）使用紅色、綠色與藍色三色的硒化鎘／硫化鋅（CdSe/ZnS）量子點做為顯色材料。為提高均勻性與顏色間的區別性，利用脈衝噴塗技術將紅、綠、藍三色量子點噴塗在紫外光發光二極體上，使用此技術優點為噴塗區域面積大、高均勻性且可控制各層厚度。當利用原子力顯微鏡掃描觀察噴塗區域粗糙化程度時，發現表面起伏大約為 1nm 之內，其均勻性表現非常優異。利用聚甲基矽氧烷（polydimethylsiloxane, PDMS）薄膜作為中間隔層，分隔量子點以提高顏色區別性且降低量子點自聚集效應，此方式可大幅減少各顏色之間相互汙染問題。此外，為提高發光效率，搭配布拉格反射結構（DBR），增加紫外光之反射，可激發更多紅、綠、藍三色量子點，並且提高紅、綠、藍三色量子點亮度。這項研究成功地將量子點應用於顯示器上，其色彩飽和度（NTSC）範圍可提升至 120%，完成新穎量子點顯示元件，使得顯示器能達擁有更廣色域與傑出的色彩表現，成為未來下一代量子點顯示器發

展趨勢。

正當各大廠商推出號稱超高清電視（Ultra HDTV）的 OLED 電視時，科技界已經在研究量子點螢幕。量子點螢幕因為同樣具有高清解析度功能，但成本較 OLED 低，耗能低；許多電子大廠已經在研究量子點螢幕應用在手機、平板電腦、筆電及大螢幕高清電視。量子點螢幕是由半導體奈米晶所組成，由奈米大小的晶體提供發光功能，應用在顯示螢幕的技術。量子點螢幕結構和陰極射線管（Cathode Ray Tube, CRT）及液晶顯示器（Liquid Crystal Display, LCD）不同，但與 OLED 相同。量子點螢幕具有幾項優點：一是比現有任何顯示螢幕有更大的色彩範圍。在人眼能看見的光譜上，比一般螢幕能顯示多 30%。二是低耗能（Low Power Consumption），和 LCD 比較，量子點螢幕可以節省 30 到 50% 的電力，因為量子點不需要背光源（Backlight）來顯示。三是量子點螢幕的亮度（Brightness）要比 CRT 和 LCD 螢幕亮 50~100 倍。四是具有彈性（Flexibility），量子點螢幕在製程中，可用於大小不同的螢幕尺寸。五是壽命長（Improve lifetime）。QD-LED 和 OLED 類似，不同的是 QD-LED 是以無機奈米晶製成；未來將朝延長產品壽命上繼續研發。「電氣電子工程師協會光譜技術」（IEEE Spectrum Technology）雜誌指出，QD-LED 螢幕的成本要比 OLED 來得低。產業界預估量子點螢幕正式上市還有三到五年。韓國 Samsung 和 LG 因為在 OLED 上已經投下大量資金，目前沒有計畫推出 QD-LED 電視。日本和台灣的面板大廠已經開始推動應用量子點在超大螢幕的高清電視上。

7.5.11 生物顯像

將量子點應用於生物標記（biological、biomedical）是奈米技術中發展快速的領域之一。這些奈米尺寸的半導體晶體獨特的光學性質使它們在螢光顯像技術上與感測的（sensoric）應用上相當重要。為了將它們應用於生物的流體（biological fluids）或生物水溶液（biological aqueous）環境中，必須改變量子點的表面，使它們能與生物體相容。它們不僅要能溶於水也必須官能化以滿

足不同的需求。為了達到這些不同的目的，量子點的表面需要被覆不同的高分子，使它們能溶於水而且有額外的官能基能讓其他分子接上（attachment）。

　　由於生物體系的複雜性和特殊性，以雷射激發生物螢光探針有很高的要求，例如螢光探針要有較佳的光穩定性，不易被光分解或漂白、對生物體本身功能的影響小、較佳的激發和螢光效率，對所測量的生物反應靈敏、光譜特徵明顯等。目前常用的標籤為螢光物質，也就是有機染料，有機染料在檢測和顯像當作螢光標籤的技術已經被建立，儘管它們的光譜特性並非最佳以及光化學穩定性也不好，但它們是一種簡單，安全和相對便宜的選擇。多數情況下有機染料的激發光譜較窄，很難同時激發多種成分；且其螢光放射光譜又較寬，分布不對稱，難以區分不同螢光探針，要同時檢測多種成分時較為困難。除了光穩定性不佳外，光漂白和光分解讓螢光效率降低，光分解產物往往對生物體產生殺傷作用，以量子點做為生物螢光探針是非常有吸引力的材料，因為量子點激發範圍寬廣且量子效率高，同一光源即可激發多種量子點，形成多重頻譜以及不需要強大的信號放大；放射光譜窄易於辨別，光化學穩定性高不易光分解，在近紅外光仍有強螢光等獨特特性。生物分析應用要求多重顯像，而量子點有足夠的穩定性，良好的近紅外螢光活體成像，在 650~900nm 範圍內具有高螢光量子效率，只要經過適當改質變成水溶性以配合在特定深層組織的成像，量子點在生物應用上潛力無窮。

　　臨床批准的有機螢光染料的螢光量子產率非常低、穩定性不佳、僅能與有限的血漿蛋白結合等缺點，雖有進行改良但有待核准的替代品相較於能在近紅外放光的 CdTe 量子點仍舊存在量子效率低的缺點，以致成像不明顯。此外，在建立多功能複合材料上例如結合兩個或兩個以上生物醫學成像的方式，如近紅外螢光的磁共振成像，量子點是具有吸引力的候選材料。然而，目前常使用的量子點不僅供應廠商有限，也還沒有建立不同官能化的量子點（公司以及研究機構）的螢光量子產率，以及不同的量子點材料和其表面化學（包括典型的配體和與生物細胞結合的配體）的差異，這些數據對於欲將量子點用於生物標的與顯像的用戶而言將是非常有益的，也是驅使這些材料建立品質標準的第一

步。供應商應該盡可能提供量子點相關的訊息與製備方法，而研究者必須在一系列實驗中使用同一批次製備的奈米粒子，並進行比較不同批次的量子點使用前的光譜特徵，其他諸如量子點標籤的使用壽命、開發合適的算法進行數據分析和時間分辨螢光共振能量轉移等研究也要盡速投入。批量的合成策略，尤其是對尚未商品化的近紅外量子點，在量子點的表面化學的控制，並建立官能化技術更有系統的研究也是必要的。同時設計一個可測試表面殼層完善程度的方法也必須同步投入，因為這是影響螢光量子產率、穩定性和細胞毒性最關鍵的參數。此外，應該使用染料所建立的標準化程序，系統性地評估不同功能的量子點的細胞毒性（包括典型的配體）。只要上述量子點的缺點不解決，量子點仍是無法取代已經建立完善量測技術的有機標籤。對於單分子或單粒子成像和追蹤的應用中，量子點原則上優於大多數有機螢光染料是無可爭議的，此乃源自於它們優異的耐光性，能允許比有機螢光團的單螢光團跟蹤更長的時間。然而，在量子點中普遍觀察到閃爍現象，其中的原因和機制還沒有完全理解，需要加以克服。改善表面化學組成和加入還原劑如 β- 巰基乙醇或低聚（亞苯基亞乙烯基）可以抑制閃爍，最終使量子點在所有需要優異的耐光性的應用中成為理想的標籤。

　　螢光標記的光譜特性包括螢光團的吸收和發射光譜的位置、寬度和形狀，史托克位移（Stokes shift），莫耳吸光係數和螢光量子效率與螢光壽命。史托克位移（Stokes shift）決定光譜的重疊程度，因此它是激發和放射之間波長的差異。它也可以影響兩個或多個螢光基團的螢光共振能量轉移（Fluorescence resonance energy transfer, FRET）或光譜的多重顯像的應用。

7.5.12 有機染料（Organic dyes）

　　有機染料的光學性質與參與躍遷的電子有關，如果給定已知染料也可以通過精心設計的策略，進行結構與性能的微調。有機染料的發射通常起源從在整個發色基團的非定域光學躍遷（這裡我們指這些共振染料，因為其共振發射），

或分子內電荷轉移（我們稱這些 CT 染料）。大多數常見的螢光基團，例如：螢光素（fluoresceins），羅丹明（rhodamines）和多數的 4,4'-difluoro-4-bora-3a,4a-diaza-s-indacenes（BODIPY dyes）以及多數的花青素（cyanines）是共振染料（resonant dyes），具有單一結構，相對窄的吸收和放射峰，吸收和放射峰如同鏡面對稱，史托克位移小，莫耳吸收係數高，中到高的螢光量子效率。相反的，CT dyes 如 coumarins 在極性溶劑中則具有較大的史托克位移，寬化且和結構無關的吸收和放射帶。它們的莫耳吸收係數和多數的螢光量子效率通常比共振放射的染料低。此外，CT dyes 呈現較強的極性而且 CT dyes 在近紅外光的吸收和放射通常有較低的螢光量子效率。

　　與有機染料相比時，量子點具有吸收度隨著波長變短逐漸增大的趨勢（低於第一激子吸收帶）和大多數的放射峰窄且對稱。吸收和放射的波長可由粒徑控制。放射峰的半高寬可以決定量子點粒徑的分布。吸收範圍寬表示可自由選擇激發波長，因此可輕易分離吸收和放射。量子點的第一吸收帶的莫耳吸收係數（與粒徑有關）通常可與有機染料匹敵。一般而言量子點的莫耳吸收係數介於 100,000~1,000,000 $M^{-1}cm^{-1}$，而染料的主要吸收峰的莫耳吸收係數則為 25,000~250,000 $M^{-1}cm^{-1}$。量子點若經過適當的表面鈍化，在可見光範圍內（400~700nm）的量子效率分別為：CdSe 為 0.65~0.85，CdS 為 ≦ 0.6 和 InP 為 0.1~0.4；而在可見光 - 近紅外光範圍（visible-NIR, ≧ 700nm）CdTe and CdHgTe 為 0.3~0.75；在近紅外光範圍（≧ 800nm），PbS 為 0.3~0.7 以及 PbSe 為 0.1~0.8。相對的，有機染料在可見光範圍有相當高的量子效率，但在近紅外光範圍則會下降。有機染料在近紅外光量子效率降低以及耐光性有限的影響，限制了使用近紅外波長的有機染料在螢光成像的應用。一般有機染料在可見光的螢光壽命約 5 奈秒，而在近紅外光波長則為 1 奈秒，量子點的壽命較長，通常為幾十奈秒。

　　把這些無機半導體量子點和生物分子如胺基酸，蛋白質和 DNA 結合，奈米晶獨特的發光特性能產生多色螢光（不同粒徑大小），對於顯影最常被使用的量子點為 CdE（E = Se, S, Te），主要是因為它們便於合成與控制。它們的本

質光學特性來自於它們的半導體天性，如亮度高且穩定的螢光以及寬的激發光譜和高的吸收係數。這些獨特的性質成為量子點具有比一般有機染料和基因工程發光蛋白質在生物和生物醫學的應用上更具優勢的原因。相較於有機染料，它們提供多種顯色和長時間研究的可能性，因為它們的放射波長可調以及光穩定性可提升至數個月。不過，量子點的表面需要保護和官能化以提供生物相容性，生物穩定性和合適的表面功能，以便應用於生物方面。要將這些奈米粒子應用於生物偵測最主要的步驟為設計一適合包覆在無機表面的物質，這層包覆物質有兩個功能：不但達到量子點化學和物理的穩定性，而且改變它們表面的特性，使它們有能力和特定的官能基相互作用而擴大其應用性。第一種實現這種概念的便是利用硫基酸包覆量子點使其成為水溶性（Water-soluble）。

7.5.13 有機染料與量子點光學特性的差異

量子點的光學特性是由構成材料、粒子大小、粒度分佈（分散度）和表面化學，特別是懸空鍵的數目有利於非輻射失活所控制。量子點的直徑一般為 <10 奈米。量子點材料的選擇主要是被製備所需的光學性能的顆粒所驅動。生命科學應用中最突出的材料是硒化鎘和碲化鎘，雖然 III/V 族或三元半導體如磷化銦和磷化銦鎵因為缺乏細胞毒性的鎘離子也是可能的選擇。目前，硒化鎘（由 Sigma-Aldrich, Invitrogen, Evident and Plasmachem 供應），碲化鎘（由 Plasmachem 供應）和磷化銦，磷化銦鎵（由 Evident 供應）等商業產品已有廠商專門供應。以其他材料製備高度單分散性（即具有窄的粒度分佈）、無毒且發光的量子點尚未成功。由於在核顆粒表面的懸掛鍵的數量決定螢光量子效率，利用無機鈍化層和／或有機覆蓋配體的方式與粒子表面結合，以提升量子效率和穩定性。因此，典型的量子點的核—殼（例如，硒化鎘核 /ZnS 殼）或僅核心（例如，碲化鎘）賦與不同官能化的表面，它們的性質有相當大的程度取決於顆粒的合成和表面改性。

7.5.14 生物相容的量子點

　　在生物體系的應用中，可溶於水、高抗氧和低衰退、小尺寸與官能化等特點是量子點必須具備的。由於未官能化的量子點表面是高度的疏水，因為表面包覆 TOPO 或 HDA（如圖 7.27 所示），這是在合成過程中所選用的溶劑，這些溶劑對於生物上的應用卻是不利的，因為它們不溶於水，必須將量子點的表面由疏水性改成親水性才能應用於生物系統。而量子點的表面改質方式可分為二大類（圖 7.28）：

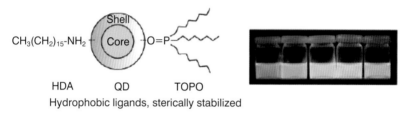

圖 7.27　表面包覆界面活性劑的量子點示意圖與光色圖。

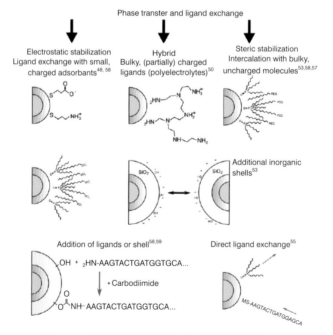

圖 7.28　量子點表面配體交換或包覆示意圖。

1. **配體交換（Ligand exchange）：把合成過程中包覆在量子點表面的配體完全地以另一種配體取代。**

　　將高分子直接導入包覆在量子點的表面，量子點在溶液中的穩定性取決於量子點表面配體的穩定性。量子點表面包覆高分子相對於表面包覆小分子配體而言更穩定。此外，利用高分子多種且多樣的化學官能化可以導到量子點的表面，這種直接官能化量子點表面的方法可以維持量子效率，而且在量子點表面的高分子也扮演了量子點和基材間的介面，提高相容性。舉例而言，電子在量子點和母相間傳輸的過程（如光伏元件－太陽電池）是必須的，量子點的表面以導電高分子使其官能化，可提升量子點／高分子介面的載子傳輸。有許多方法可以得到高分子包覆的量子點。量子點表面的配體和高分子之間的疏水性的交互作用有助於在量子點表面形成一高分子薄層。這個方法不涉及配體的交換反應，因此預期對於量子點的光學性質並無影響。另一種方法為透過形成多鍵或單鍵的方式，將大分子（macromolecular）直接接在量子點表面或是高分子鏈官能化直接在量子點表面聚合。

2. **配體包覆（Ligand capping）：選擇適當的兩性高分子或直接以高分子包住已在合成過程中存在的配體。**

　　一般常見合成量子點的方法使得量子點無法分散於極性溶劑中，溶解度低的主要原因為所選用的穩定配體，這些配體通常含有烷基鏈，然而在許多的應用中，特別是生物應用中，需要將量子點溶在水溶液裡。為了避免不必要的配體交換反應，有多種方式可以得到水溶性量子點。其中一種方式為選用一端疏水、一端親水的兩性高分子，利用接在量子點表面的配體具有疏水端以及高分子的疏水端之間的交互作用，形成均勻的高分子包覆的量子點，另一端親水端則可溶於極性溶劑。被兩性高分子包覆後的量子點粒徑變大，這種方式最大的好處是不需要進行配體交換反應，儘管如此，文獻中以此法進行表面改質的研究仍舊不多。

　　這兩種方式各有優缺點，以親水性的配體取代原先疏水性的配體，使得量

子效率以及其在緩衝液中的物化與光物理穩定性降低。若以兩性高分子包覆則會使得最後粒徑變大，但量子效率和穩定性則可維持住不變。不同的表面改質方式會讓量子點的光學和化性產生巨大的變化，諸如粒徑大小和帶電與否，化學和光物理穩定性，放光強度和毒性等，對於不同的應用領域必須考量最適合的系統。

7.5.15 表面包覆的效應

　　包覆可讓量子點有兩個面向的改變，一為光物理（photophysical），另一為物化（physicochemical）。影響光物理的特徵如放射波長，量子效率以及光穩定性。合成時自然的包覆在量子點表面的配體，讓量子點表面抵抗表面缺陷與氧化。大多數的表面缺陷導致量子效率下降，因為激子可以藉由非輻射的路徑釋放能量。光穩定性被發生在表面的光氧化深深影響，以及不完全的包覆亦會使光穩定性降低。發生表面氧化也可稱之為「bluing」，意味放射波長往藍光方向偏移。量子點表面一但氧化，核的粒徑變小，所以放射波長往短波長偏移。

　　若將原始的配體置換，可能會因包覆不完全而導致遭受損害的可能性增加。此外，含有硫醇類的配體易受氧化，導致配體從量子點表面脫離。若以兩性高分子包住原奈米晶表面的配體，則可以減少產生表面缺陷的可能性，而且在多數的例子中，這種包覆方式有較佳的保護效果，因為量子點有較厚的包覆層包覆。奈米晶的物化特性由不同的包覆方式所影響，如它們的粒徑，電荷以及分散在生物系統中粒子聚集的穩定性。然而這些粒子的特性對於新的包覆法的設計而言通常是最關鍵的項目。配體交換的方法，一方面讓量子點最後的粒徑變小，接上的硫醇易於氧化而脫落，導致因沒有配體的遮蔽量子點易團聚。然而在某些對於團聚不那麼重視的應用中，配體交換的量子點因粒徑小還是有好處。另一方面以大分子的兩性高分子包覆量子點，可能不只包覆單一顆量子點，而是同時包覆多顆量子點。不過這些較大的顆粒因表面有好的化學穩定性而能避免團聚。

7.5.16 配體交換策略

硫醇類的配體是最常被使用的配體，其中獲得水溶性量子點最簡單的方法即為在量子點接上硫醇化的 PEG 高分子。硫醇化 PEG 主要的好處在於容易合成，容易控制，因此，PEG 配體被廣泛用於穩定粒子。其他合適的配體如巰基乙酸、巰基丙酸或是二氫硫辛酸。通常也會加入第二種官能基如胺基或羧基的配體，以便提供後續官能化步驟的可能性。PEG 另一項好處是降低非標定細胞接到改質的未帶電的粒子上。改變高分子鏈長和接支點的數目可選擇單一或二點的硫醇。後者的接支效果較佳，因此可以提供奈米晶在溶液中較佳的穩定性。不過這種簡單的包覆法卻會有放光強度降低且硫醇類長時間的化學穩定性差的缺點。

另一種替代的方案為在表面吸附帶有硫醇基的有機小分子，額外帶有陰離子或陽離子部分來穩定粒子。隨後再以相反電荷的高分子包覆。然而不僅合成的高分子可以接在帶電的表面，蛋白質也可以輕易接上，有些研究團隊利用這種特性將蛋白質接在量子點的表面。另一種是透過胺基將高分子接在量子點表面，氨基在量子點表面的結合力很弱，儘管如此有些團隊還是成功地將 PEI 接在量子點表面，PEI 是有效的轉換劑，讓量子點在極性溶劑中有好的溶解度。然而，量子點表面包覆 PEI 似乎會增加量子點的光氧化，因此讓量子點變暗。

7.5.17 光伏元件之應用

太陽光每天照射地球的能量大約 9×10^{22} 焦耳，人類每天消耗的能量 9×10^{18} 焦耳。光伏元件的工作原理與 LED 相反，簡而言之，元件照光後必須能將載子有效分離並傳導到外電路，讓負載能產生 PV Solar Cell 吸收太陽光，且此太陽光中光子的能量必須高於半導體的能隙才能產生電子電洞對。塊材無機半導體具有相對高的介電常數，室溫下這些因光產生的導電粒子是不相關的，而且自由地在導帶和價帶移動，因此稱為自由載子。而在有機半導體中介電常數低，光產生的載子是相關的而且形成束縛的電子—電洞對稱為激子。前者需要内部

電場有效分離自由電子和電洞,讓它們可以被電極收集而利用。這種電場在P-N接面中很常見,然而在半導體和金屬或液體接觸的蕭特基(Schottky)接面必須有適當的功函數才能有效分離電子和電洞。有機半導體的激子必須被分離才能形成自由載子,移動到電極,而利用具有足夠的能帶偏移(Band-offset)的異質接面可以驅使電子—電洞分離。

　　目前的太陽能電池普遍存在的現象之一是光子的能量必須比半導體能隙高,所產生的自由載子或激子若具有比能隙高的能量,這些載子或激子稱為熱載子(Hot carriers)或熱激子(Hot excitons),這些過多的能量很快的經由電子和聲子的散射而損失,將動能轉成熱能,自由載子或激子佔據最低能階,在這些能階上它們可以被轉成電或化學能或透過輻射或非輻射再結合而消失。在1961年,Shockley和Queisser計算轉換太陽光為電力的最大熱力學轉換效率,他們有兩項假設,一為complete carrier cooling,另一為只有輻射再結合這種能量損失。計算得到最大轉換效率為31~33%,最佳能隙為1.1和1.4eV,對應最適合的材料為矽和GaAs。

　　粒徑可調的二元奈米晶已經有文獻報導可應用於光伏元件,因為非常小奈米晶之間的電荷傳輸不佳,導致效率很差。加入組成可調的合金奈米晶改善光學吸收,PbX奈米晶為適當的材料,PbX的能隙小且波爾激子半徑大[75]。混有PbSe奈米晶的SC具有比較大的短路電流(J_{sc}),而PbS則具有比較大的開路電壓(V_{oc}),若是使用PbS_xSe_{1-x}合金則可以同時增加J_{sc}和V_{oc},相對二元奈米晶具有較佳的轉換效率[76,77]。以黃銅礦為主的半導體材料是另一類太陽能電池的材料,Schulz等人利用噴霧沉積的方式製作小面積CIGS太陽能電池[78],Guo等人製作$Cu(In_{1-x}Ga_x)(S1-_ySe_y)_2$吸收層[79]。儘管未來仍需改善以奈米晶為主的吸收層的元件材料,非真空的製備方式不僅製程簡單,成本低和容易大量製作仍是相當具有發潛力。

　　為了降低載子冷卻(Carrier coolin)造成的能量損失,其中一種方式為堆疊一系列具有不同能隙的半導體。理論計算在二層能隙下最大轉換效率為43%,三層為48%,四層為52%,五層為55%。堆疊最多層能隙能符合太陽

光譜的情況下在 1sun 條件下轉換效率可達 67%。然而實際上只有 2~3 種能隙被利用，因為這種多重接面的太陽能電池只有在 3 個能隙下才能測到效率，超過 3 層就會降低。在實驗室中使用三個接面（GaInP$_2$/GaAs/Ge(or GaInAs)）效率為 41%（在 140~240 suns 條件下），單層接面 Si PV 電池實驗室值為 25%。

　　1982 年熱力學計算首次顯示以不同能隙堆疊的光伏電池的轉換效率也可以很高，如果利用這些熱載子在它們以熱的形式散失前，在低於 3000K 時轉換效率可達 67%。達此目的的方法之一是利用適當的功函數使熱載子快速達到電極，這種電池又稱為熱載子太陽能電池（Hot carrier solar cell）。另一種方法是利用剩餘的動量產生額外的電子─電洞對，如圖 7.29 所示。在塊材半導體中此過程又稱為碰撞解離（Impact ionization），與歐傑過程相反。然而碰撞解離對於目前的太陽能電池如 Si，CdTe，CuIn$_x$Ga$_{1-x}$Se$_2$ 或 IIIV 半導體等轉換效率無貢獻，因為碰撞解離不能產生額外的載子。在塊材半導體中，以碰撞解離產生光子的臨界能量超過能量守恆。此外，碰撞解離的速率必須與聲子使能量損失的速率競爭，只有在電子的能量比能隙高過許多的情況下才能發生。以 Si 為例 (E$_g$ = 1.1eV)，在 $hv \cong 4eV(3.6\ E_g)$ 時碰撞解離效率只有 5%，而在 $hv \cong 4.8eV(4.4\ E_g)$ 為 25%。

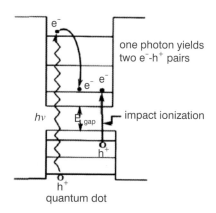

圖 7.29　一個高能光子產生兩對載子的碰撞解離結構圖。

　　由於在量子點中電子—電洞被侷限：(i) 電子 - 電洞對為相關，因此是以激子的形式，而非自由載子的形式存在；(ii) 因為形成不連續的電子能態，熱電子和熱電洞被淬滅的速率被減緩；(iii) 動量不是好的量子數（good quantum number），因此需要讓晶體動量守恆；(iv) 歐傑過程（Auger Process）被大大的強化，因為增加了電子—電洞庫倫交互作用。因為上述的這些因素，產生多重電子—電洞對的機率比在塊材中多很多，不僅是多重電子—電洞對（electro hole pair multiplication, EHPM）的臨界能量（hv_{th}）和它的產生的效率 η_{EHPM} 都能很顯著的增加（EHPM 的定義為超過臨界能量後每額外能量產生的電子—電洞對數目）。在量子點中將產生多個激子的現象稱為 MEG（Muitiple exciton generation），自由載子（Free carriers）只能由激子的分離產生，如在各種的光伏元件中生成的自由電子和電洞，在 2001年，在量子點中可能可以增加 MEG。當 MEG 臨界值為量子點能隙的兩倍時，在 1Sun 的條件下轉換效率可由 32% 提升至 44%。塊材半導體能隙如果只有 < 0.5eV，若做成量子點時最大轉換效率即使沒有 MEG 也可以比塊材高近 3 倍，如果量化的能隙由 0.5eV 增加至 0.9~1.3eV，如果有適當的 MEG 特性，最大效率可增加 4~5 倍。塊材的半導體若藉由碰撞解離產生載子的話通常需要 3~5倍能隙的能量才能達到，但無法透過多重載子的方式增加轉換效率，以量子點為主的太陽能電池（QD-based SC）的挑戰為了解並建立具有階梯 MEG 特性的量子點系統。

　　除了利用熱電子—電洞對增加太陽光轉換效率之外，奈米晶和量子點可以被用在其它第三代 SC 中，包括：(i) 在主要的半導體能隙中加入較小能隙的量子點，產生新的電子能帶吸收較低的能量；(ii) 使用奈米結構產生下轉換（高能量轉低能量）或上轉換（低能量轉高能量）修飾入射太陽光譜。

　　第一個用實驗報導 PbSe 奈米晶的多重激子是由 Schaller 和 Klimov 所指出的，要產生二個激子／一個光子的臨界激發能量為 $3E_g$ [80]。但後來的研究指出在 PbSe 量子點中產生 MEG 臨界能量為 $2E_g$ [1]，此現象也發生在 PbS 和 PbTe量子點中。其他實驗如 PbSe，CdSe，InAs，Si，InP，CdTe 和 CdSe/CdTe 核殼結構量子點中也發現 MEG。在 InP 中 MEG 的臨界值為 $2.1\ E_g$，在 CdSe/

CdTe 量子點中發現 MEG < 100 fs，比由電子—聲子交互作用產生的熱激子冷卻速率（Hot exciton cooling rate）還快，因此 MEG 變得更有效。PbSe 量子點中在 $\frac{h\nu}{E_g}$ = 4 時效率可由 130% 增加為 300%，而有些報導則指出 MEG 的效率和塊材中的碰撞解離相當，有些則無再現性或效率低。這些實驗上數據的不一致來自於量子點表面改質和表面化學的影響以及量測 MEG 效率的儀器產生表面電荷（surface charge）的影響。最近的研究指出電荷累積效應（charging effect）不是一直都很明顯，它和量子點的表面化學、光子能量和量子點的尺寸有關，因光產生電荷累積（photocharging）的現象可在量測前攪拌量子點懸浮液而消除。

讓無機元件的效率與有機或混合型元件有這麼大的差異主要的原因為載子的遷移率。有機半導體材料具有比較高的吸收係數（>10^5/cm），在太陽能電池中須經過四個階段：(i) 吸收光產生激子；(ii) 激子擴散；(iii) 電荷分離；(iv) 電荷傳輸。在導電高分子中載子遷移率低，載子壽命短，擴散距離短（10~20nm），換言之，激子無法擴散很長的距離到達電極，或在傳輸過程中即被再結合，故而轉換效率低。舉例而言，單層或多層碳管（CNT）上沉積官能化的 CdTe 量子點，碳管提供良好的電洞傳輸而 CdTe 扮演電子的施予者，在單壁碳管 /pyrene 混合紅光 CdTe 這樣的元件中，單一波長下的轉換效率為 2.3%。因此結合有機和無機材料可以提高太陽能電池的轉換效率。無機／有機混成太陽能電池中無機的部分目前有使用 CdSe，TiO_2，ZnO，PbS，PbSe，$CuInS_2$ 和 $CuInSe_2$。

在太陽能電池中使用量子點有幾個好處，包括：(i) 量子侷限效應讓能隙可透過粒徑大小調整，所以在多重接面元件中使用同一種材料吸收相對於塊材範圍更寬廣的光；(ii) 由於激子的侷限可以明顯的降低熱激子緩解（hot carrier relaxation dynamic）；(iii) 多重激發或 MEG 變得可能（即量子效率 >100%）；(iv) 有好的異質接面讓電洞傳導變得可能；(v) 量子點穩定性佳，對氧、水氣與紫外光的抵抗相對於高分子也好得多；(vi) 可利用低成本的濕式製程製作；(vii) 可用於可撓式基板。

　　對於提升轉換效率有兩個基本的途徑：增加光電壓或是增加光電流。理論上有三種不同的量子點太陽能電池。

1. 陣列（arrays）量子點光電極

　　在這種型態的太陽能電池中，量子點是以 3-D 整齊排列的方式存在，電子間很強烈的耦合允許表面的電子傳輸。如果量子點具有相同的尺寸且排列整齊，此系統雖為 3D 卻類似 1D 的超晶格，而且有微小的能帶在中間形成。這種中度非定域結構但仍為量化的 3D 能態預期可以產生 MEG。當然較慢的載子 cooling 和非定域電子可以被允許傳遞和收集，以產生較高的光電壓。這種太陽能電池主要的議題是太陽能電池的電子能態，其為量子點彼此的距離、有序和無序的程度、量子點的方向和形狀、表面能態、表面結構鈍化和表面化學的函數，量子點陣列的傳輸性質很重要。

2. 量子點敏化太陽能電池（QD-Sensitzed Nanocrystalline TiO$_2$ SCs）

　　1991 年，染料敏化太陽能電池（DSSC）由 Graetzel 建立 [81,82]，在 DSSC 中光是由染料所吸收，接著電子由染料分子的激發態傳輸進入高能隙的半導體的導帶，如 TiO$_2$、ZnO、NbO$_2$ 或 Ta$_2$O$_5$。染料中的電洞被溶液中 redox couple 捕獲而消除，要得到比較有效的電荷分離，在寬能隙半導體材料表面要披覆少於 1 個單層（1 monolayer）的染料，如圖 7.30 所示。一般而言染料在可見光範圍有很強的吸收，但在 UV 和近紅外光範圍的吸收則很弱，此外在 DSSC 中染料還會遭受光裂解（photo degradation）。因此能隙可調的半導體在 DSSC 的製作上引起興趣。

　　量子點敏化太陽能電池是由染料敏化太陽能電池的改良（如圖 7.30），染料分子以化學吸附方式吸附在 10~30nm 的 TiO$_2$ 表面，TiO$_2$ 先燒結成多孔性 10~20μm 的 TiO$_2$ 薄膜，一旦染料分子被光激發後，電子非常有效的由染料的激發態注入 TiO$_2$ 的傳導帶，電洞則與電解液反應，電荷分離產生光伏效應。量子點的吸收可從紫外光（UV）到近紅外光（NIR），能帶邊緣吸收對於光的捕捉是很有效的，最後表面鈍化可以強化量子點的穩定性。利用 in-situ 的方

式在高孔性的 TiO_2 電極上沉積 CdS（4~20nm）量子點，隨後諸如 PbS, Ag_2S, Sb_2S_3 和 BiS_3 量子點等敏化劑相繼提出。最近有些有機電洞層被開發取代溶液型電化學 cell，換言之濕式電化學太陽能電池逐漸朝向異質接面的太陽能電池。而在量子點敏化太陽能電池中，量子點取代染料分子 [83]，量子點比染料優異的可能原因在於量子點的光學性質可隨粒徑不同而不同、吸收一個光子可以產生多個激子以及與固態電洞有較佳的異質接面，同時另一個獨特的性質為量子點可由 MEG 產生不只一對的激子。

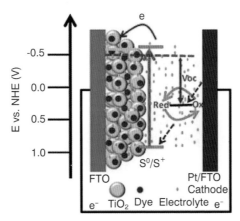

圖 7.30　染料敏化太陽能電池工作示意圖。

Source: http://emuch.net/html/201111/3772914.html

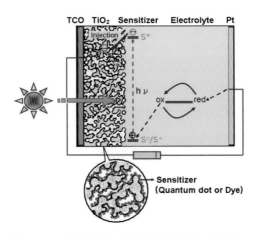

圖 7.31　量子點敏化太陽能電池工作示意圖。

Source: http://140.120.11.34/QDSSC.html

3. 量子點分散在有機半導體基材所形成的太陽能電池

有機太陽能電池的能帶示意圖如圖 7.32（圖左），有機半導體材料吸光後，電子由 HOMO 躍遷至 LUMO 形成分離的激子，電子傳輸至金屬負電極，電洞傳輸至 ITO 正電極，由於有機半導體材料通常存在電子遷移率低（$<10^{-4}$ cm^2/V-s）的問題，1992 年，Wang 和 Herron 用 in-situ 的方式，在 poly（vinyl-carbazole）中沉積 CdS 量子點[84] 形成有機／無機混成太陽能電池。Greenham 等人製作有機／無機混成太陽能電池元件是將 5nm 的 CdSe 量子點散亂的分佈在導電洞的有機導電半導體高分子 MEH-PPV[85] 中，以旋轉塗佈的方法沉積在 ITO／玻璃基板上，再鍍上鋁電極，在 514nm(5 W/m^2) 的單色光照射下轉換效率為 0.2%[86]。一旦量子點受到光激發，光產生的電洞注入到 MEH-PPV 高分子相，經由電極收集；電子將在量子點中透過擴散和量子點彼此連結被外電極收集。此元件一開始的轉換效率很低，若以棒狀 CdSe 和 P3HT 混合可以改善效率[87]，摻入棒狀 CdSe 後讓外部量子效率高達 55%，轉換效率為 1.7%。另一種結構是以 TiO$_2$ 為電子傳輸相，而 MEH-PPV 為電洞傳輸相，電子—電洞是由量子點照光後產生的。ZnO 量子點為 n 型半導體具有高的載子濃度和電子遷移率，以 ZnO 量子點為主混合 P3HT 的混合型太陽能電池，在 AM1.5 照射下能量轉換效率為 0.9%，在 480nm 光照下的外部量子效率為 27%；若和 poly[2-methoxy-5-(3',7'-dimethyloctyloxy)-1,4-phenylene vinylene]（MDMO-PPV）混合，在 AM 1.5 照射下能量轉換效率為 1.6%，在 480nm 光照下的外部量子效率則為 40%。

1993 年，Murray 等人利用高溫裂解有機金屬前驅物—二甲基鎘[88]，合成可溶於有機相的量子點，並藉由控制反應時間及溫度調控粒子的大小及形狀，被視為是合成 CdSe 量子點的基礎。由於製程中使用具有危險的前驅物二甲基鎘，二甲基鎘有劇毒且在室溫下不安定，又昂貴，因此發展受到限制。2001 年，Peng 等人選用穩定性較高且毒性較低的氧化鎘做為二價鎘離子的前驅物，成功取代高環境影響性的二甲基鎘，合成法的突破開啟了量子點製備的新里程碑。爾後以此為基礎，利用製程控制成長核／殼結構、奈米棒或是四足狀奈米晶的

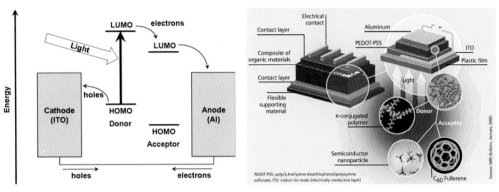

圖 7.32　左：有機太陽能電池能帶示意圖；右：有機／無機混成太陽電池結構示意圖。

研究蓬勃發展。而第一個簡單有機光伏元件為單層結構，由於高分子吸收層厚度薄，故而不足將光子轉換成電流[89]，雖然此元件在可見光範圍有寬的吸收帶，然而對分離及收集所產生的電子一電洞對卻是很差的。因此可以了解，讓在兩種介面產生的載子有效的分離，允許分離的載子有效的傳輸至正負極，降低再結合的機率，可以有效提高轉換效率。所以在導電高分子中導入 C_{60}、有機小分子、高分子、CdSe 和 CdS 等，形成異質接面藉以改善元件性能，如圖 7.32（右）。若奈米晶的能隙落在可見光範圍，奈米晶和高分子形成的元件對於吸收太陽光上二者皆有貢獻。1996 年，Alivisotos 和 Greenham 利用 CdSe 和共軛高分子混合，製備有機／無機混成太陽能電池。CdSe 奈米晶可以吸收太陽光，而且可以藉由調整粒徑達到最佳化的光吸收。第一個以 CdSe 奈米晶分散於 Poly[2-methoxy-5-(2'-ethylhexyloxy)-1, 4-phenylene vinylene](MEH-PPV) 中的元件，外部（單光器）量子效率達到 12%。在這些元件中，CdSe:MEH-PPV 主動層是以三明治的方式夾在透明的 Indium Tin Oxide（ITO）上電極與鋁金屬下電極之間，分別收集照光產生的電子和電洞。控制奈米晶的表面化學特性在太陽能應用上很重要，奈米粒子在合成過程中，表面有三辛基氧化膦（TOPO）包覆，雖然可讓奈米晶溶於有機溶劑中，然而為了讓共軛高分子和奈米晶間的電子傳輸以及隨後電子在奈米晶中的傳輸效率提高，必須移除奈米晶外層的介面活性劑。因此一般做法是用砒啶（Pyridine）將 TOPO 移除，再將此奈米晶和共軛高分子溶於氯仿（Chloroform）中。

　　Greenham 等人用光激發光（Photoluminescence, PL）和光致吸收光譜（Photoinduced absorption spectroscopy, PIA）研究光致電子從共軛高分子到 CdSe 的傳輸。研究中分別製備三種元件，將 2.5~4.0nm 的奈米晶分散於 MEH-PPV 中 [90, 91]。對 MEH-PPV 而言，其 PL 強度下降（被淬滅，Quench）且 PIA 圖譜顯示共扼高分子的特徵圖譜，反之對奈米晶而言，其 PL 和 PIA 卻不明顯。由於此種形式的元件效率很低，直到 1999 年，Alivisatos 的研究團隊將 CdSe 奈米棒（nanorod）和 P3HT 結合，使得此類太陽電池的光伏效率有顯著的改善。此類元件最大的挑戰在於讓奈米棒均勻與共扼高分子混合。如 CdSe 量子點一樣，CdSe 奈米棒表面的 TOPO 一樣可以用砒啶（Pyridine）置換後，讓 CdSe 奈米棒可以溶在砒啶－氯仿的混合液中。這種元件的外部量子效率達到 55%，電流密度 J_{sc} = 5.7mA/cm^2，開路電壓 V_{oc} = 0.7V，填充因子 FF = 0.4，在 AM 1.5（100mW/cm^2）照光條件下，能量轉換效率 η = 1.7%[132]。這種元件的高效率導因於利用砒啶－氯仿混合液使 CdSe 奈米棒有效地分散在溶劑中，隨後利用熱處理將砒啶移除。有效的分散產生高的界面面積，砒啶的移除使得光電流大幅的增加。由於共軛高分子與奈米棒間的電荷傳輸因為彼此緊密的接觸而使得光電流增加；其次砒啶的作用可能如同共軛高分子中激子的非輻射再結合位置（nonradiative recombination site），也使得光電流增加。這種元件的缺點在於僅能改善沿著奈米棒排列方向的電子傳輸，而在薄膜元件中，CdSe 奈米棒是平躺在上下電極中，而不是垂直的。因此，四足狀（tetrapod）的 CdSe 可以改善這項缺點。由於四足狀如同消波塊可以站立而非平躺在平面上。Greenham 等人利用具有四足狀形狀的 CdSe 與 MDMO-PPV 混合與線型的 CdSe 奈米棒比較下，電子傳輸可以獲得大幅改善，效率可達 2.4~2.8% [93, 94]。Li 等人合成一系列四足狀的三元奈米材料 -CdSe$_x$Te$_{1-x}$，x = 0(CdTe)、0.23、0.53、0.78 和 1（CdSe）[95]，並將 CdSe$_x$Te$_{1-x}$ 與 MEH-PPV 混合製成元件 [96]，實驗結果發現元件的 Voc、Jsc 和 η 全部都因 Te 的含量減少而增加。四足狀的 CdSe 和 MEH-PPV（9:1 w/w）有最高的轉換效率 1.13%（在 AM1.5，EQE = 47%，510nm 下）。Alivisatos 等人指出利用官能化的四足狀 CdTe，亦即在其表面因

為 carboxylic 或是 siloxane 讓四足狀可以站立在 ITO 上，隨後將溶於氯仿中的 P3HT 以旋轉塗佈的方式沉積在 ITO／四足狀 CdTe 上，此元件之效率 < 1%。他們未來將以調整組成、形貌及退火等方法提升效率，由於電子在 CdTe/P3HT 介面的傳輸可能不是很有效，因此使得轉換效率低。Meredith 等人指出一般元件製程是先合成奈米晶，再與共軛高分子混合，這樣會有兩個缺點：

(1) 必須移除製備奈米晶時的介面活性劑，任何的介面活性劑都會抑制奈米晶與共軛高分子介面的有效電荷傳輸。

(2) 需要利用共溶劑（co-solvent）混合，而共溶劑對奈米晶的溶解度和高分子鏈排列方向是不利的。因此，Meredith 等人提出一新製程 - 利用共軛高分子控制奈米晶生長[97]，亦即利用單一製程製備複合材料。將醋酸鉛和硫一起置入 MEH-PPV 中，此製程的優點是不需使用特殊的介面活性劑，元件性能偵測結果為 $\eta = 0.7\%$（AM 1.5 illumination, 5mW/cm^2），$J_{sc} = 0.13\text{mA/cm}^2$，$V_{oc} = 1\text{V}$，FF = 0.28[98]。效率提升的原因為奈米晶可以同時增加電子與電洞的遷移率。在複合系統中有兩個傳導路徑：(i) 高分子—奈米晶的 donor-acceptor；(ii) PbS 中電子電洞遷移路徑。

　　2007 年，由 Gur 及其研究團隊，利用類似刺蝟的超分支形 CdSe 奈米晶與有機高分子 P3HT 混合，製作成混合型太陽能電池[99]，比較奈米棒與刺蝟狀奈米晶的光電特性，結果顯示刺蝟狀的奈米晶比奈米棒的更佳，刺蝟狀奈米晶在 AM 1.5 照射下，光電轉換效率可達 2.2%。

　　上述這些結構的差異在於將量子點分散在混有電子和電洞傳導的高分子，這種形式與以量子點為主的 LED 恰好相反。在光伏電池中，每種載子傳輸的高分子必須具有傳導某種載子的能力，最主要的因素為必須避免電子和電洞在兩種混合的高分子介面產生再結合，而這也是其他以量子點為主的光伏元件所必須避免的現象。透過良好的接面設計，奈米晶不盡然一定要是消波塊的形狀，棒狀或球狀同樣也有提升轉換效率的功能。再者，即使 MEG 效率已有報導指出對於光伏轉換效率是有幫助的，然而目前尚無以量子點為主的光伏元件的實驗顯示因 MEG 效應而使元件效率增加，其中的原因之一可能為效率低，

必須在發生歐傑過程前就將產生的電子和電洞有效的收集，而歐傑過程僅在 20~100ps 內就會發生，在未來的研究必須建立各種量子點太陽能電池結構的電荷分離動力學。

7.5.18 結論

　　具有獨特光學性質的量子點在螢光粉中尚屬新興領域，隨著固態照明與顯示器的需求增加，量子點因為製程逐漸趨於穩定，其應用性也逐漸打開，不僅可做為理論研究的題材，同時也具有商品化的潛力。量子點相關的研究仍舊持續進行中，深入了解量子點的特性，方能將其性能充分發揮。我們在這一章節中已將量子點的理論、製程與應用做了全盤的描述，希望有助於協助各位了解奈米螢光粉，也希望有更多團隊投入相關研究。

7.6 習題（Exercises）

1. 利用分子軌域概念描述氫和碳如何形成氫分子與鑽石。

2. 矽晶體的能隙是如何產生的。

3. 何謂直接能隙與間接能隙。

4. 何謂量子侷限效應。

5. 量子點鈍化的方式為何。

6. 量子點的能隙為何可由粒徑或組成控制。

7. 簡述量子點的光學性質。

8. 量子點為何能有多重激子的激發。

9. 簡述量子點的應用。

7.7 參考資料（References）

[1]　A. P. Alivisatos, *Science* **1996**, *271*, 933–937.

[2] E. Glogowski, R. Tangirala, T. P. Russell, T. Emrick, J. Pol. Sci. A Pol. Chem. **2006**, 44, 5076-86.

[3] L. E. Brus, J. Chem. Phys. **1983**, 79, 5566-5571.

[4] A. L. Efros, M. Rosen, Annu. Rev. Mater. Sci. **2000**, 30, 475-521.

[5] L. E. Brus, J. Phys. Chem. **1986**, 90, 2555-2560.

[6] F. W. Wise, Acc. Chem. Res. **2000**, 33, 773-780.

[7] A. D. Yoffe, *Adv. Phys.*, **1993**, *42*, 173–266.

[8] A. D. Yoffe, *Adv. Phys.*, **2001**, *50*, 1–208.

[9] E. Jang, S. Jun, and L. Pu, *Chem. Comm.*, **2003**, 2964–2965.

[10] J. S. Steckel, P. Snee, S. Coe-Sullivan, J. R. Zimmer, J. E. Halpert, P. Anikeeva, L. A. Kim, V. Bulovic, and M. G. Bawendi, *Angew. Chem. Int. Ed.*, **2006**, *45*, 5796–5799.

[11] J. Bang, H. Yang, and P. H. Holloway, Nanotechnology, **2006**, 17, 973–978.

[12] E. Kucur, W. Bucking, R. Giernoth, and T. Nann, *J. Phys. Chem. B*, **2005**, *109*, 20355–20360.

[13] V. L. Colvin, A. N. Goldstein, A. P. Alivisatos, *J. Am. Chem. Soc.* **1992**, *114*, 5221–5230.

[14] B. O. Dabbousi, C. B. Murray, M. F. Rubner, M. G. Bawendi, *Chem. Mater.* **1994**, *6*, 216–219.

[15] C. B. Murray, C. R. Kagan, M. G. Bawendi, *Science* **1995**, *270*, 1335–1338.

[16] X. B. Chen, Y. B. Lou, A. C. Samia, and C. Burda, *Nano Lett.*, **2003**, *3*, 799–803.

[17] D. V.Talapin, I. Mekis, S. Gotzinger, A. Kornowski, O. Benson, and H. Weller, *J. Phys. Chem. B*, **2004**, *108*, 18826–18831.

[18] R. G. Xie, U. Kolb, J. X. Li, T. Basche, and A. Mews, *J. Am. Chem. Soc.*, **2005**, *127*, 7480–7488.

[19] J. F. Xu and M. Xiao, *Appl. Phys. Lett.*, **2005**, *87*, 173117 1.

[20] A. P. Alivisatos, *J. Phys. Chem.* **1996**, *100*, 13226.

[21] A. J. Nozik, and O. I. Micic, *MRS Bulletin* **1998**, 24.

[22] M. Kuno, J. K. Lee, B. O Dabbousi, F. V. Mikulec, and M. G. Bawendi, *J. Chem. Phys.* **1997**, *106*, 9869.

[23] M. T. Nenadovic, M. I. Comor, V. Vasic, and O. I. Micic, *J. Phys. Chem.* **1990**, *94*, 6390.

[24] P. Guyot-Sionnest, and M. A. Hines, *Appl. Phys. Lett.* **1998**, *72*, 686.

[25] A. Henglein, *Topics in Current Chemistry* **1988**, *143*, 115.

[26] W. J. Albery, G. T. Brown, J. R. Darwent, and E. Saievar-Iranizad, *J. Chem. Soc. Faraday Trans. 1* **1985**, *81*, 1999.

[27] A. Issac, C. Borczyskowski, F. Cichos, *Phys. Rev. B* **2005**, *71*, 161302 1.

[28] T. H. Gfroerer, *Photoluminescence in analysis of surface and interfaces*. John Wiley & Sons Ltd.: Chichster, UK, **2000**; pp. 9209–9231.

[29] A. B. Djurisic, Y. H. Leung, W. C. H. Choy, K.W. Cheah, W. K. Chan, *Appl. Phys. Lett.* **2004**, *84*, 2635–2637.

[30] N. S. Norberg, D. R. Gamelin, *J. Phys. Chem. B* **2005**, *109*, 20810–20816.

[31] A. B. Djurisic, Y. H. Leung, *Small* **2006**, *2*, 944–961.

[32] H. M. Cheng, K. F. Lin, H. C. Hsu, W. F. Hsieh, *Appl. Phys. Lett.* **2006**, *88*, 261909.

[33] J. G. Lu, Z. Z. Ye, Y. Z. Zhang, Q. L. Liang, S. Fujita, Z. L. Wang, *Appl. Phys. Lett.* **2006**, *89*, 023122.

[34] P. S. Xu, Y. M. Sun, C. S. Shi, F. Q. Xu, H. B. Pan, *Nucl. Instrum. Methods Phys. Res. Sect. B* **2003**, *199*, 286–290.

[35] B. D. Aleksandra, Y. H. Leung, *Small* **2006**, *2*, 944–961.

[36] L. Spanhel, M. A. Anderson, *J. Am. Chem. Soc.* **1991**, *113*, 2826–2833.

[37] A. L. Efros, M. Rosen, *Phys. Rev. Lett.* **1997**, *78*, 1110–1113.

[38] E. W. Williams, R. Hall, *Luminescence and the light emitting diode*. 1 Ed.; Pergomon Press: New York, NY, USA, **1977**; p 237.

[39] V. I .Klimov, A. A. Mikhailovsky, D.W. McBranch, C. A. Leatherdale, M. G. Bawendi, *Science* **2000**, *287*, 1011–1013.

[40] L. Esaki and R. Tsu, *IBM J. Res. Develop.*, 14, 61, 1970.

[41] L. L. Chang and L. Esaki, *Phys. Today*, 45, 36, 1992.

[42] A. I. Ekimov and A. A. Onushchenko, *JETP Lett.*, 34, 345, 1981.

[43] A. L. Efros, Soviet Phys., *Semiconductors–USSR*, 16, 772, 1982.

[44] L. E. Brus, *J. Chem. Phys.*, 79, 5566, 1983.

[45] A. Henglein, *Chem. Rev.*, 89, 1861, 1989.

[46] C. de Mello Donega, P. Liljeroth, and D. Vanmaekelbergh, *Small*, 1, 1152, 2005.

[47] W. Z. Wang, I. Germanenko, and M. S. El-Shall, *Chem. Mater.*, 14, 3028, 2002.

[48] X. H. Zhong, Y. Y. Feng, W. Knoll, and M. Y. Han, *J. Am. Chem. Soc.*, 125, 13559, 2003.

[49] Y. C. Li, M. F. Ye, C. H. Yang, X. H. Li, and Y. F. Li, *Adv. Funct. Mater.*, 15, 433, 2005.

[50] J. Y. Ouyang, C. I. Ratcliffe, D. Kingston, B. Wilkinson, J. Kuijper, X. H. Wu, J. A. Ripmeester, and K. Yu, *JPCC*, 112, 4908, 2008.

[51] L. A. Swafford, L. A. Weigand, M. J. Bowers, J. R. McBride, J. L. Rapaport, T. L. Watt, S. K. Dixit, L. C. Feldman, S. J. Rosenthal, *JACS*, 128, 12299, 2006.

[52] R. E. Bailey and S. M. Nie, *JACS*, 125, 7100, 2003.

[53] N. P. Gurusinghe, N. N. Hewa-Kasakarage, and M. Zamkov, *JPCC*, 112, 12795, 2008.

[54] N. Al-Salim, A. G. Young, R. D. Tilley, A. J. McQuillan, and J. Xia, *Chem. Mater.*, 19, 5185, 2007.

[55] N. Piven, A. S. Susha, M. Doeblinger, and A. L. Rogach, *JPCC*, 112, 15253, 2008.

[56] J. Y. Ouyang, M. Vincent, D. Kingston, P. Descours, T. Boivineau, M. B. Zaman, X. H. Wu, and K. Yu, *JPCC*, 113, 5193, 2009.

[57] W. Jiang, A. Singhal, J. N. Zheng, C. Wang, and W. C. W. Chan, *Chem. Mater.*, 18, 484, 2006.

[58] T. Pons, N. Lequeux, B. Mahler, S. Sasnouski, A. Fragola, and B. Dubertret, *Chem. Mater.*, 21, 1418, 2009.

[59] Y. C. Li, H. Z. Zhong, R. Li, Y. Zhou, C. H. Yang, and Y. F. Li, *Adv. Func. Mater.*, 1705, 2006.

[60] H. Z. Sun, H. Zhang, J. Ju, J. H. Zhang, G. Qian, C. L. Wang, B. Yang, Z. Y. Wang, *Chem. Mater.*, 20, 6764, 2008.

[61] H. Qian, C. Dong, J. Peng, X. Qiu, Y. Xu, and J. Ren, *JPCC*, 111, 16852, 2007.

[62] J. M. Tsay, M. Pflughoefft, L. A. Bentolila, and S. Weiss, *JACS*, 126, 1926, 2004.

[63] I. U. Arachchige and M. G. Kanatzidis, *Nano Lett.*, 9, 1583, 2009.

[64] W. Ma, J. M. Luther, H. M. Zheng, Y. Wu, and A. P. Alivisatos, *Nano Lett.*, 9, 1699, 2009.

[65] Y. M. Sung, Y. J. Lee, and K. S. Park, *JACS*, 128, 9002, 2006.

[66] X. H. Zhong, Z. H. Zhang, S. H. Liu, M. Y. Han, and W. Knoll, *JPCB*, 108, 15552, 2004.

[67] X. H. Zhong, Y. Y. Feng, Y. L. Zhang, Z. Y. Gu, and L. Zou, *Nanotechnology*, 18, 385606, 2007.

[68] W. Chung, K. Park, H. J. Yu, J. Kim, B. H. Chun, and S. H. Kim, *Optical Materials*, **2010**, *32*, 515.

[69] M. J. Bowers II, J. R. McBride, and S. J. Rosenthal, *J. Am. Chem. Soc.*, **2005**, 127, 15378.

[70] S. Sapra, S. Mayilo, T. A. Klar, A. L. Rogach, and J. Feldmann, *Adv. Mater.*, **2007**, 19, 569.

[71] S. R. Chung, K. W. Wang, L. K. Lin, C. Y. Huang, C. C. Chiang, "Preparation method of white light quantum dot", US 7,678,359 B2, **2010**.

[72] S. R. Chung, K. W. Wang, C. C. Chiang, "Light emitting diode devices and fabrication method thereof", US 7,884,384 B2, **2011**.

[73] V. L. Colvin, M. C. Schlamp, A. P. Alivisatos, *Nature*, **1994**, *370*, 354–357.

[74] S. Coe, W. K. Woo, M. Bawendi, V. Bulovic, *Nature*, **2002**, *420*, 800–803.

[75] R. J. Ellingson, M. C. Beard, J. C. Johnson, P. Yu, O. I. Mic ̆ ić ̆, A. J. Nozik, A. Shabaev, A.

L. Efros, *Nano Lett.*, **2005**, 5, 865.

[76] J. M. Luther, M. Law, M. C. Beard, Q. Song, M. O. Reese, R. J. Ellingson and Ar. J. Nozik, *Nano Lett.*, **2008**, 8, 3488.

[77] W. Ma, J. M. Luther, H. Zheng, Y. Wu and A. P. Alivisatos, *Nano Lett.*, **2009**, 9, 1699.

[78] D. L. Schulz,C. J. Curtis, R. A. Flitton, H. Wiesner, J. Keane, R. J. Matson, K. M. Jones, P. A. Parilla, R. Noufi, and D. S. Ginley,*J. Electro. Mater.*, **1998**, 27, 433.

[79] Q. Guo, G. M. Ford, H. W. Hillhouse and R. Agrawal, *Nano Lett.*, **2009**, 9, 3060.

[80] R. Schaller and V. Klimov, *Phys. Rev. Lett.*, **2004**, 92, 186601.

[81] B. Oregan and M. Gratzel, *Nature*, **1991**, 353, 737.

[82] M. Gratzel, *Nature*, **2001**, 414, 338.

[83] A. Zaban, O. I. Mićić, B. A. Gregg, and A. J. Nozik, *Langmuir*, **1998**, 14, 3153.

[84] Y. Wang and N. Herron, *Chem. Phys. Lett.*, **1992**, 200, 71.

[85] N. C. Greenham, X. Peng, and A. P. Alivisatos, *Phys. Rev. B*, **1996**, 54, 17628.

[86] N. C. Greenham, X.G. Peng, A.P. Alivisatos, *Synth. Met.*, **1997,** 84, 545.

[87] W. U. Huynh, X. Peng, and P. Alivisatos, *Adv. Mater.*, **1999,** 11, 923.

[88] C. B. Murray, D. J. Noms, and M. G. Bawendi, *J. Am. Chem. Soc.*, **1993,** 115, 8706.

[89] R. N. Marks, J. J. M. Halls, D. D. C. Bradley, R. H. Frend, and A. B. Holmes, *J. Phys. Condens. Matter.*, **1994,** 6, 1397.

[90] D. S. Ginger and N. C. Greenham, *Phys. Rev. B*, **1999,** 59, 10622.

[91] D. S. Ginger, and N. C. Greenham, *Synth. Met.*, **1999,** 101, 425.

[92] W. U. Huynh, X. Peng, and A. P. Alivisatos, *Adv. Mater.*, **1999,** 11, 923.

[93] B. Q. Sun, H. J. Snaith, A. S. Dhoot, S. Westenhoff, and N. C. Greenham, *J. Appl. Phys.*, **2005,** 97, 014914.

[94] B. Q. Sun, E. Marx, and N. C. Greenham, *Nano Lett.*, **2003,** 3, 961.

[95] Y. Li, H. Zhong, R. Li, Y. Zhou, C. Yang, Y. Li, *Adv. Funct. Mater.*, **2006**, 16, 1705.

[96] Y. Zhou, Y. C. Li, H. Z. Zhong, J. H. Hou, Y. Q. Ding, C. H. Yang, and Y. F. Li, *Nanotechnology*, **2006**, 17, 4041,.

[97] A. Watt, E. Thomsen, P. Meredith, and H. Rubinsztein-Dunlop, *Chem. Commun.*, **2004**, 2334.

[98] A. A. R. Watt, T. Eichmann, H. Rubinsztein-Dunlop, and P. Meredith, *Appl. Phys. Lett.*, **2005**, 87, 253109.

[99] I. Gur, N. A. Fromer, C. P. Chen, A. G. Kanaras, and A. P. Alivisatos, *Nano Lett.*, **2007**, 7, 409.

第八章

光轉換效率
Optical Conversion Efficiency

作者　金風

8.1 光轉換概論

　　早期螢光粉開發比較偏向學術研究，計量不同的能階躍遷途徑與機率，轉換效率的規格也放在量子效率（Quantum Efficiency, QE；或稱 Quantum Yield, Y）上。隨著螢光材料進入照明光源領域，總合的光轉換效率成為更受矚目的效能指標，這包含下列幾項因子：

一、量子效率（QE）

　　量子效率的計量正如其名，是關於一個被激發的載子，可以放出多少顆光子的期望值，純粹計算數量而非能量。這個期望值在單一階層的轉換中，由於載子有可能循其他不發光的路徑跑掉，所以小於等於 100%。然而，多階層式（cacade）的能階跳躍，就有可能以一顆高能量的載子得到大於 100% 的量子效率；如式（1-2）的能量計算，一顆 254nm 的紫外光光子，藉由螢光材料轉換，就可能以兩次躍遷放出兩顆能量總和低於 4.9e.V. 的光子，在能量守衡與材料能階的範圍內，就有機會達成。量子效率的單位為百分比（%）。

二、斯托克斯位移損耗（Stokes Shift Loss）

　　斯托克斯位移主要計算單階層的光子躍遷能量耗損，例如一顆波長 455nm 的藍光光子藉由 YAG:Ce 螢光粉轉換為波長 550nm 的黃光光子，一樣由式（1-2）計算，它的能量由 2.73e.V. 降為 2.25e.V. ，兩者 0.48e.V. 的能量差便為斯托克斯位移損耗，主要為中間不發光的子能階或熱能階所消耗。能量效率上更快速的計算方式為直接將反比於光子能量的波長相除，得到 455/550 = 81.8%，由於此數值一定小於等於 100%，順序也很容易分辨。

　　然而，螢光材料的吸收與放射實際上是寬頻譜的特性，為了更精確地計算，必須以吸收與放射頻譜計算加權光子能量後相除，才能得到寬頻譜的斯托克斯位移損耗。由光子能量來計算加權光子波長，也就是 $1/\lambda$ 加權

$$\frac{\int \frac{I(\lambda)}{\lambda} d\lambda}{I} = \frac{1}{\lambda_e}$$

（8-1）

其中，I 為總輻射通量，$I(\lambda)$ 為輻射通量隨波長變化之函數，λ_e 則為加權波長。

同樣地，我們用 455nm 藍光激發 YAG:Ce 做計算，詳細計算斯托克斯位移損耗，可得能量效率為 78.3%，與峰值波長快速計算的結果相較，並非可省略的誤差，這部分主要來自於 YAG:Ce 的寬頻譜特性，且其峰值波長偏向短波側造成的。

三、散射吸收（Scattering-Absorption）

螢光材料目前於發光二極體（Light-Emitting Diode, LED）產業中最常見的應用方式仍為螢光粉體混合矽封裝膠材後，塗佈於 LED 晶片上。然而，YAG:Ce 的螢光粉體本質折射率為 1.83，矽封裝膠材視成分折射率為 1.41～1.54 中間；光於此粉與膠的混合體中傳播，雜亂的散射與吸收會造成效率的嚴重損耗，這個問題的解決方案有相當多的可能性，但是加上壽命、成本、製程良率等等要求後，目前還是百家爭鳴的狀態。當然，此光學損失既然是由螢光粉散射吸收造成的，螢光粉濃度較低的高色溫封裝體受到的影響相對較低，這也是為何至今高低色溫的 LED 封裝體效率間仍存在 10～20% 效率差異的主要原因。

四、頻譜視覺效率（Spectral Efficiency）

又被稱為 LER（Luminous Efficacy of Radiation）的頻譜視覺效率，基本定義為每瓦電磁輻射的視覺流明值，也就是電磁輻射頻譜與視效函數的匹配問題了。以明視覺來看，LER = 683Lm/W 可於 555nm 時達成，但是鮮少有人會接受單一波長的黃綠光作為照明光源吧？因此在頻譜視覺效率上，多了演色性的限制，而計算演色性的基本條件就是於 CIE 1960 的色座標系中，離蒲朗克曲線（Planckian Locus，俗稱為黑體輻射線，或白光曲線）的距離不得超過 0.0054，也就因此限制了光源必須為白光。由於一般演色性計算是八組色票於標準光源與待測光源下的比對值，因此相對應的頻譜視覺效率計算就成為複雜而存在漏洞的數值運算問題了。

如圖 8-1，每個資料點都是一組最佳化的數值模擬結果。若我們完全不加諸 CRI 下限，僅要求白光色點的話，則我們可以得到圖中最右下角的 LER = 442Lm/W，

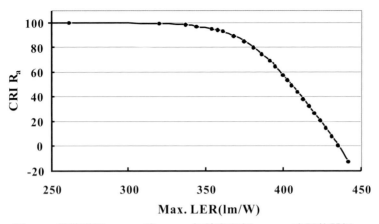

5500K Trade-off between CRI and LER

圖 8.1　數值模擬 5500K 時，LER 極值與最低 CRI R_a 之間的關係。

此時 CRI R_a = −13，這個光源是由 447nm 與 569nm 兩個單頻光混光而成；然而，要達成此兩組單頻光源可能僅有雷射作得到。當我們把規格提高到 CRI R_a ≧ 80 的時候，最佳化的結果可以得到 LER = 380.7Lm/W 的數值，這個最佳化數值則為 458nm, 533nm, 573nm 與 607nm 四組光源組成。若再加上光源頻寬估計（這邊是用 LED 的頻寬約 30nm 估計），CRI < 0 時的最高 LER 因此下降，CRI > 60 的部份則因 CRI 寬頻譜要求的基本特性，光源頻寬設定與否的差異可以忽略，如圖 8.2 的模擬值各位讀者至此應該已經發現問題所在了，就是這個所謂最佳值不易實現，無論是單色光，或特定波長組合的 LED 或螢光材料，都不是任意拿得到的。因此頻譜視覺效率這一項，訂出 CRI R_a = 80 時，數值模擬可得 LER 的極值為 100%，而實際值大概就落在 350Lm/W，約為極值的 92%。這裡要特別提醒，色溫於 3000K 以上，越低色溫的標準光源 LER 越高，與 LED 封裝體慣常的光效率趨勢剛好相反，這是由於視效函數偏向黃光所導致的。

　　此四項指標的一、二、三 3 項單位皆為百分比（%），而最後一項即第四項的單位為 Lm/W，乘積即為螢光材料端可以給予 LED 光轉換系統的光轉換效率值。而產業界真正遇到的問題並不是在怎麼算，而是在怎麼測量、改善與導入最適合的材料。

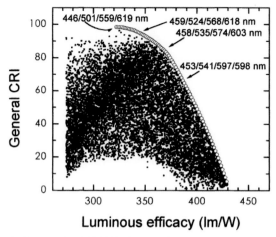

圖 8.2　加上 LED 頻寬特性後的 LER 與 CRI R_a 關係數值模擬 [1]。

8.2 非均質螢光材料量測

近代螢光粉材的光轉換效率測定，最常使用的就是俗稱 PL（Photoluminescence）與 PLE（Photoluminescence Excitation）的量測架構，簡單敘述其最基本的架構如圖 8.3

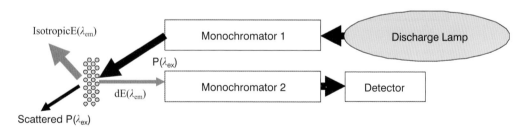

圖 8.3　PL/PLE 量測機台的基本架構。

其中，氣體放電燈（Discharge Lamp，即俗稱的 HID）發出的寬頻譜光源經由分光儀 1（Monochromator 1）選擇出特定波長 λ_{ex} 的激發光 $P(\lambda_{ex})$，照射在壓實的粉體樣品表面上，有時粉體樣品表面會多加一層玻片以維持粉體形狀；若此激發光 $P(\lambda_{ex})$ 剛好符合粉體的吸收頻譜，粉體會在吸收部份激發光 $P(\lambda_{ex})$

後，各向同性（Isotropic）地放出螢光 E(λ_{em})，螢光的一部份 dE(λ_{em}) 由分光儀 2（Monochromator 2）與光感測器（Detector）量測頻譜光強度，可繪出由特定波長激發光 P(λ_{ex}) 所得到的螢光 E(λ_{em}) 的波長頻譜強度。若我們量測螢光 E(λ_{em}) 隨激發波長 λ_{ex} 的變化，可以得到整個三維的螢光反應如圖 8.4

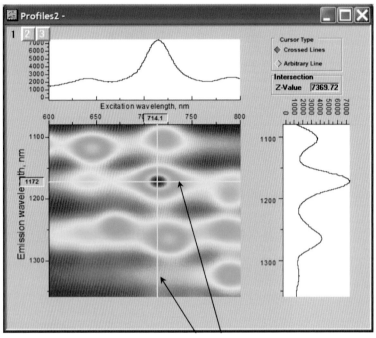

圖 8.4　對單一粉體的激發光（Excitation）與螢光（Emission）頻譜三維表示，圖上箭頭所指的兩個截面，即為 PL（圖右下）與 PLE（圖左上）[2]。

　　早些年電腦科技不甚發達時，會以幾個迴圈最佳化來找最佳激發波長（如圖 8.4 中的 714.1nm, 由 Monochromator 1 設定）所得到的放射頻譜作為 PL（圖 8.4 右下），與最強放射波長（如圖 8.4 中的 1172nm, 由 Monochromator 2 設定）的強度隨激發波長 λ_{ex} 變化作為 PLE（圖 8.4 左上）；經驗不足的量測者還常常會抓到局域最佳值如圖 8.4 中 $\lambda_{ex} \sim 645$nm，E(λ_{em}) 位在 1120nm 左右的小峰值。感謝儀器設備的進步，現在我們可以更快速的看到全貌。

　　然而，這樣的量測方式對 LED 產業來說並不夠。首先，激發光與螢光都

不是被完整地計算進來，因此 PL/PLE 僅對吸收與放射頻譜的波長有參考價值，無法對照到量子效率甚至光轉換效率。其次，樣品的準備過程對量測強度影響很大，幾個輕輕敲擊就可使粉體粒徑的分佈改變，粉體壓得鬆或緊，也對 PL/PLE 強度有相當的影響。最後，螢光粉材是處於折射率為 1 的空氣中進行量測，這與封裝膠材的 1.4～1.54 相比，粉材的散射吸收特性不同，導致 PL/PLE 與實際封裝體內的吸收放射頻譜相較，有一定程度的偏移。因此，我們將於下一章，介紹完整的量子效率量測架構。

8.3 均質螢光材料量測

均質螢光材料的光轉換效率，目前較多人認可的方式為 1980 年初發明的積分球法，這一套量測手法原本是設計來量測均質螢光材料如有機染料等等，並成為均質螢光材料的標準量測手法。在散射吸收問題較低的待測材料，如濃度低的螢光膠材或螢光陶瓷玻璃的量測，也可藉由多次量測與實際封裝比對，得到相當的可信度。

這套手法由三組量測組成，分別稱為狀態 A，狀態 B，狀態 C 量測。量測架構如圖 8.5 所示，

一、狀態 A：為光源強度頻譜與積分球響應的基本校正值，$P(\lambda_{ex})$ 為峰值波長 λ_{ex} 的激發光，藉由積分球與光纖導入頻譜儀，量測到的總輻射通量為 L_a。

二、狀態 B：螢光材料放置在積分球內，但避開激發光入射的路徑，在 $P(\lambda_{ex})$ 打到積分球壁為止的行為都與狀態 A 相同，散射開的 $P(\lambda_{ex})$ 接著有一部分會照射到螢光材料並轉換為螢光，此時用頻譜儀分光量測剩餘的激發光輻射通量為 L_b，少量螢光螢光輻射通量為 E_b，激發光與螢光的頻譜若有靠近重合的部份，得透過運算方式區分開來。

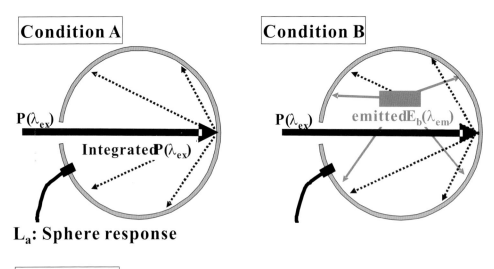

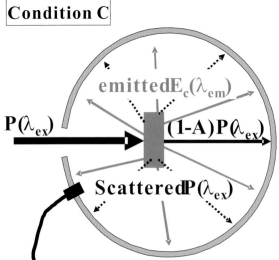

圖 8.5　量測狀態：A. 空積分球；B. 待測螢光材料於激發光路徑外；
C. 待測營光材料於激發光路徑上。

三、狀態 C：螢光材料位於積分球內，正對著激發光入射路徑，若我們假設
一次穿透螢光材料的吸收率為 A ，而透過積分球散射後螢光材料吸收率
A'，則：

(i) 螢光材料於一次入射吸收的能量為：$A \cdot P(\lambda_{ex})$

(ii) 未被散射而穿透到積分球壁的激發光強度為：$(1 - A) \cdot P(\lambda_{ex})$

(iii) 項 (ii) 部分激發光再經積分球散射吸收後剩餘 $(1 - A') \cdot (1 - A) \cdot P(\lambda_{ex})$

用頻譜儀分光量測剩餘的激發光輻射通量為 L_c，即為 $(1 - A') \cdot (1 - A) \cdot P(\lambda_{ex})$；一次入射吸收後的螢光放射與透過積分球散射後的再激發螢光，合而為輻射通量為 E_c，激發光與螢光的頻譜若有靠近重合的部份，一樣得透過運算區分開來。

至此再加入一個假設，經由積分球均勻化後的光都是相同的，則透過積分球散射後的再激發螢光，在狀態 C 與狀態 B 的情況一致，惟強度於狀態 B 時正比於 $P(\lambda_{ex})$，而於狀態 C 時正比於 $(1 - A) \cdot P(\lambda_{ex})$。

因此我們檢視激發光的部份，L_b 在散射後被螢光材料部分吸收可以表示為 $(1 - A') \cdot P(\lambda_{ex})$，$L_c$ 則是先經過一次穿透吸收後再碰上散射吸收的 $(1 - A) \cdot (1 - A') \cdot P(\lambda_{ex})$，則

$$\frac{L_c}{L_b} = 1 - A \qquad (8\text{-}2)$$

$$A = \frac{L_b - L_c}{L_b} \qquad (8\text{-}3)$$

再檢視螢光的部份，我們導入光轉換效率 Y 這個參數：

$$E_b = A' \cdot P(\lambda_{ex}) \cdot Y$$
$$E_c = A \cdot P(\lambda_{ex}) \cdot Y + (1 - A) \cdot A' \cdot P(\lambda_{ex}) \cdot Y \qquad (8\text{-}4)$$

依照慣例我們依然無法明確定義 A'，只好想辦法將他消去，這樣可得：

$$E_c - (1 - A) \cdot E_b = A \cdot P(\lambda_{ex}) \cdot Y$$
$$Y = \frac{E_c - (1 - A) \cdot E_b}{A \cdot P(\lambda_{ex})} = \frac{E_c - (1 - A) \cdot E_b}{A \cdot L_a} \qquad (8\text{-}5)$$

當積分球相對於螢光材料樣品體積大上非常多的時候，$L_b \sim L_a$，有部分學者或工程人員為了量測方便，因此直接省略狀態 A 的量測，而將所有式中的 L_a 以 L_b 取代。這會導致計算得到的 Y 稍高，僅建議在比對量測結果發現差異小於需求精度後再採用這種作法。上述的計算單位若皆為輻射通量，Y 其實已包含了

QE 與斯托克斯位移效率，或可將上述式中的 E 與 L 皆換算為光子數作計算，則可得到純粹的 QE 值。圖 8.6 即為依積分球法量測出的 YAG:Ce 吸收率與 QE。

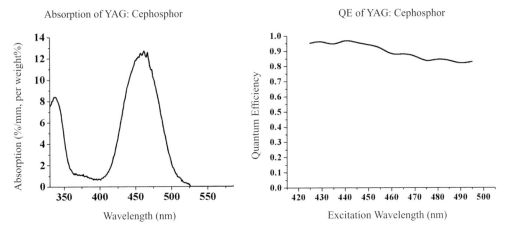

圖 8.6　依積分球法，重量百分濃度 1% 下量測出的 YAG:Ce 吸收率與 QE。

　　至此的計算皆為均質螢光材料特性，因此少了散射吸收問題，在均質的液態、氣態螢光材料或陶瓷螢光玻璃上，這個手法可以獨立於封裝結構的影響，讓研究人員於材料製備後可以快速的驗證效率，並著手改良配方或製程；然而，積分球螢光效率量測手法若推廣到非均質的螢光粉量測上，是否還具有再現性與可信度呢？答案或許是相當複雜的；如前所述，對於低濃度的螢光粉與膠材混合樣品如圖 8.7 所示，答案是肯定的。然而，螢光粉濃度一旦提升，或封裝至出光效率不高的封裝體中，就只能靠大批量封裝體的實作驗證了。

8.4 螢光粉光學特性

　　螢光材料的吸收，除了頻譜吸收率的變化，光學上符合比爾朗伯定律（Beer-Lambert Law），或簡稱為比爾定律（Beer's Law），也有些學生戲稱為啤酒定律。這個定律相當直觀，若空間中存在有濃度 N，散亂分佈的散射粒

圖 8.7　低濃度的螢光粉與膠材測試樣品。

子，則一束光穿透這個空間時，每前進一小步遭到散射或吸收的光子數，正比於濃度 N，也正比於光束在這一小步距離內的光子數，以數學式表示為：

$$\frac{dI}{d\ell} \propto N \cdot I \qquad (8\text{-}6)$$

其中 ℓ 為傳播距離，則積分後的結果就是：

$$I = I_0 \cdot e^{-\alpha \cdot N \cdot \ell} \qquad (8\text{-}7)$$

其中：α 為散射常數，代表散射截面面積等常數的乘積，而濃度與傳播距離的乘積 $N \cdot L$ 可稱為螢光材料當量，若光學幾何等因素另計，則濃度與穿透距離無論如何改變，螢光材料當量相同時的吸收轉換比例視為相同。以現象描述來說，照入螢光材料的激發光強度，將隨傳播距離呈指數衰減，而遭到吸收的激發光能量依上節所述的 Y，轉成螢光，再經歷螢光材料的散射後發出。接著的疑問是，吸收與轉換的比例在散射粒子種類、濃度 N 與傳播距離 ℓ 決定後，似乎就定下來了，是否螢光塗佈固定後的封裝色座標就固定了呢？決定最終螢光轉換封裝體顏色的主要幾個變因不外乎：(i) 激發光色座標；(ii) 螢光色座標；(iii) 前述兩項的比例。其中：

(i) LED 的色座標會隨著電流密度與溫度改變，通常的磊晶結構中，LED 波長會隨電流密度增高而下降，尤其在低電流密度如 0.1mA/cm^2 以下的範圍內變動最大；

LED 波長也會隨溫度升高而上升，藍光 LED 波長的溫度參數約為 0.04nm/K。而實際操作時端看當時的電流密度與溫度決定。高溫也會讓藍光 LED 的發光效率下降，但是只要吸收與放射的比例不變，這部份是不會影響最終封裝色座標的。

(ii) 螢光色座標於螢光材料種類固定後鮮少改變，但若螢光材料是由多種螢光成分混合而成，而各自的吸收頻譜與放射頻譜都不盡相同，則螢光可能隨激發光波長的變動而改變組成比例，因而改變螢光色座標。

(iii) 混光比例對色座標的影響最大，LED 的波長改變會影響吸收率，也會影響螢光材料的光轉換效率，影響多成分螢光材料的發光比例。而螢光材料在高溫時並不會減少吸收率，卻會因效率下降而減少螢光總量，進而影響混光比例。

以 LED 製程誤差的螢光材料當量來說，即式 8-7 中的 $N \cdot L$，如圖 8.8 所示，舉 YAG:Ce 單粉封裝的 5500K 白光封裝體為例，只要誤差 2%，就會引發 CCT 產生 +120K 或 −108K 的誤差；對於封裝體如 3020，LED 晶片表面僅有 $150\mu m$ 厚的螢光層來說，僅 $3\mu m$ 的誤差，發光面處也不過是 $3 \times 2 \times 0.003 cm^3 = 18 \times 10^{-6}$c.c. 的點膠誤差，就足以產生目測可分辨的色彩差異。

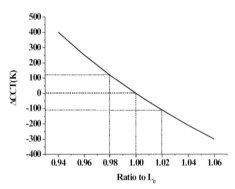

圖 8.8　以 YAG:Ce 單粉製作的 5500K 封裝體，色溫隨螢光層濃度與厚度當量（兩者乘積標準值為 L_0）變化的情況。

　　無論是由電流密度或是溫度的影響造成的激發波長漂移,同時會影響螢光材料吸收而影響激發光與螢光比例,讓色座標大幅漂移;若加上螢光材料當量的誤差,兩者綜合的效應如圖 8.9 所示,在跳躍式的螢光材料塗佈方式出現前,都是複雜的工程問題。多螢光材料的混合效應,是更複雜的計算,若一切參數都能完美量測,或是採用幾乎無散射吸收的均質螢光材料,或許還能大致準確地估計。在非均質材料,甚至細部參數不明瞭的時候,一切的計算就只能提供參考而已了。

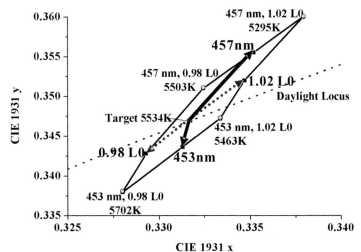

圖 8.9　激發波長誤差 2nm 或螢光材料當量誤差 2% 時的顏色漂移計算。

8.5 光轉換效率的挑戰

　　回頭檢視螢光材料光轉換效率的四大因素:(i) 量子效率;(ii) 斯托克斯位移;(iii) 散射吸收;(iv) 頻譜視覺效率。其中:(i) 量子效率在最常用的 YAG:Ce 螢光粉上已經超過 90%,離理論極限非常靠近;(iv) 視覺頻譜效率在量子點(Quantum Dot)螢光材料成熟前較難完全控制,若使用 LED 來組成白光,也需要突破綠光 LED 效率的根本問題;因此,以藍光與紅光 LED 加上黃色螢光粉的解決方案近期相當受歡迎,此舉同時可以省卻紅色螢光粉的斯托克斯位移損耗,並避

免近紅外光頻譜過多的頻譜視覺效率低落問題；惟四元的紅光 LED 不僅波長與效率隨溫度漂移是藍光 LED 的 X 倍，長期點亮的壽命衰減也較為嚴重，此部分需由磊晶段解決，倘若成功後預計可以增益封裝效率達兩成；(2) 斯托克斯位移的部份，藍光激發波長縱使可增加，在基本 CRI R_a 的要求下幅度並不大；窄頻譜高效率紅光螢光粉（$\lambda p \sim 620nm$）同時可解決視覺頻譜效率，但相較於衰減得到控制的紅光 LED，後者目前比較接近技術成熟點；(3) 散射吸收目前估計造成超過 8% 的效率損失，應是關鍵的挑戰項，然而，散射吸收與螢光材料的激發光吸收，存在相依的光學關係，能解決此項問題的關鍵，需要螢光材料的技術突破。無論是陶瓷玻璃螢光材料、有機螢光材料或是特殊結構的螢光材料，都有賴研究人員的持續努力。

8.6 習題（Exercises）

1. 一封裝體內，使用 455nm 的藍光 LED，加入 A 與 B 兩種螢光粉，其波長頻譜強度與 QE 各如下表列出。試計算：

	QE	455nm	500nm	550nm	600nm	650nm
螢光粉A	90%	0	0.4	0.5	0.1	0
螢光粉B	80%	0	0	0.1	0.5	0.4
視覺效率		80 Lm/W	330 Lm/W	680 Lm/W	440 Lm/W	70 Lm/W

(1) 請問螢光粉 A 與 B 的斯托克斯位移效率為多少？

(2) 若封裝體輻射組成比例為藍光 LED：螢光粉 A：螢光粉 B = 0.1:0.45:0.45，請問此封裝的視覺頻譜效率為多少 Lm/W？

(3) 若不計散射吸收，試問此封裝體內螢光粉轉換效率（QE 與斯托克斯位移乘積）為多少？

(4) 若 LED 晶片 EQE 為 50%，試將此封裝體的各部分能量損耗比例列出。

2. 承上題螢光粉 A，若製成散射吸收可被忽略的低濃度膠餅量測後，$L_a = 1$，
    $L_b = 0.95$，$L_c = 0.8$，$E_b = 0.04$，$E_c = 0.15$，則：

    (1) 此膠餅一次穿透吸收率為？

    (2) 此膠餅的光轉換效率為？

    (3) 此膠餅的 QE 為？

8.7 參考資料（References）

[1] Solid state lighting and displays, San Diego CA , ETATS-UNIS (31/07/2001) 2001, vol. 4445, pp. 148-155, [Note(s) : VI, 182 p.,](21 ref.).

[2] Fluorolog®-3 Spectrofluorometer Operation Manual p.4-7, HORIBA, JOBIN YVON.

第九章

LED封裝應用
LED Packaging

作者 金風

9.1 LED 封裝概論

本章開始我們將由 LED 產業應用的角度，介紹螢光材料的使用需求、封裝架構與失效模式，期望由不同觀點帶來更接近全貌的完整資訊。讓我們用三張圖表快速帶出螢光材料於 LED 封裝的角色：

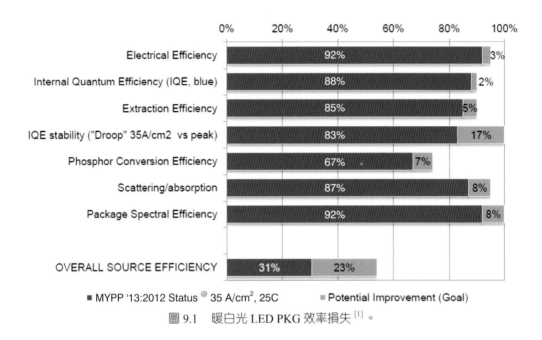

圖 9.1　暖白光 LED PKG 效率損失 [1]。

圖 9.1 是色溫 3000K，演色性 85 的 LED 封裝體於 35A/cm², 25°C下測試得到的，表格最下方的封裝效率為上面七項效率的乘積，分別為：

(i) 電效率（Electrical Efficiency）：包含電子注入效率，不完美的接面阻抗等等。

(ii) 內部量子效率（IQE）：為磊晶層（EPI）在晶片內部將電能轉為光能的效率。

(iii) 光汲取效率（Extraction Efficiency）：光子由高折射率晶片導出的效率。

(iv) 高電流密度衰減（Droop）：電流密度高時，IQE 會跟著衰減，一般相信與多載子效應或量子井的電子洩漏有關。此處是以 35A/cm² 時的 IQE 除以晶片最高 IQE 計算，而實際上業界比較在意 35~100A/cm² 的這一段。這部份的效率衰減是近年最主要的技術瓶頸，只要能以相同的效率產出更高的光通量，許多工程與經濟問

題就可迎刃而解。

(i)、(ii)、(iii)、(iv) 為 LED 晶片效率，(v) 為包含螢光粉的量子效率（QE）與斯托克斯位移損耗兩項；(vi) 為螢光材料的散射吸收；(vii) 是色彩學配色上的最佳化，(v)、(vi)、(vii) 於前一章已經詳述。由於製表者為學者專家與業界菁英，MYPP'13:2012 Status 是由業界領導廠商量產的最佳值推導而來，Potential Improvement 則是理論極限推導而來，逼近理論極限的工程要求，都不是容易的事。

螢光材料於 LED 產業所扮演的角色可由兩個不同的角度來看。其一，如圖 9.2，螢光材料占 LED 封裝體成本不到 7%，以圖 9.3 的燈具端來看更是不到 3%；其二，無論是 LED 封裝體或組裝完成的燈具，其光效率與光色穩定性都有六成以上要看螢光材料效能決定。相同的光輸出要求下的成本，我們可以用更多芯片，運作在更低的電流來達成高效率；同樣的手法卻不適用在螢光材料上，效率不佳的就只能被回收或用於不在乎光效的產品；擁有高效率材料的供應商因此備受 LED 業者的呵護，而材料的採用或淘汰，除了色座標穩定性與光衰壽命外，常常只差在 1~2% 的光轉換效率。

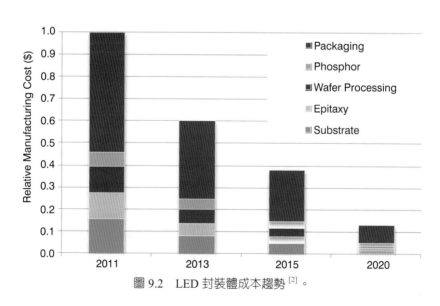

圖 9.2　LED 封裝體成本趨勢 [2]。

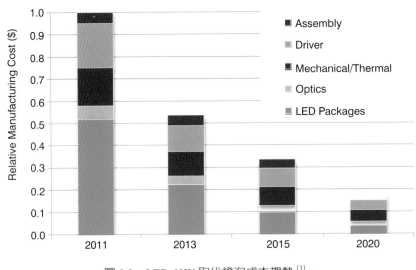

圖 9.3 LED 60W 取代燈泡成本趨勢 [3]。

LED 封裝體的歷史沿革與分類，由最早的食人魚，PLCC，需要用 silicone lens 蓋上後灌膠的 K2/Batwing，到 Side View PLCC，EMC/SMC，以及幾家晶片大廠近期才正式發表且稱呼繁多的 Chip-Size Package（CSP），如果要詳述其歷史沿革與各自的優缺點，可以另外寫一本書；因此簡單分成兩大類，(i) 平板封裝（包含大多數的 PLCC 與 COB）與 (ii) 半球形封裝（俗稱 Dome lens 或 Emitter）；這樣的分類雖然粗略，但是對於螢光粉應用所需的了解卻已經足夠。

9.2 能量與效率

且讓我們以 5500K 的 YAG:Ce 白光封裝體再作一次範例，計算封裝體內部的能量流如圖 9.4。

此處的例子為大家最常使用的 1W Emitter，晶片 EQE 在此範例中為 48%（雖然一派說法將此處效率稱為 Wall-Plug Efficiency, WPE，不過顧名思義，WPE 應該是包含電源效率的系統效率），因此晶片端就已有 0.52W 的熱產生；生成的 0.48W 藍光中需要有 3/4 被螢光粉吸收，產生 0.24W 的黃光，留下了 0.12W 的轉換餘熱在螢光粉端，而封裝體與螢光粉的散射吸收產生另外 0.05W

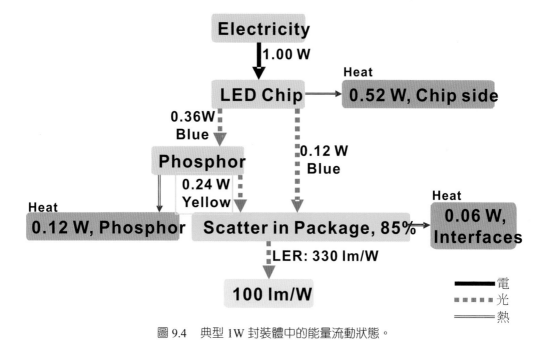

圖 9.4 典型 1W 封裝體中的能量流動狀態。

的介面光耗損後，整體封裝光效率為 100Lm/W。幾個關鍵點如下：(i) 1W 的電功率中，僅 30% 成為光，其餘 70% 都生成為熱；(ii) 螢光粉端產生的熱佔總輸入功率的 12%，如果加計散射吸收的部分還可佔到 18%，如何讓螢光粉散熱也是封裝設計的重要問題；(iii) 3/4 的藍光需要被吸收轉換，如圖 9.6，1%*1mm 的 YAG:Ce 螢光膠吸收率僅 12%，這意味著若單次穿透，我們需要 11%*1mm 的螢光材料當量，這層濃霧會吸掉多少光呢？何況還是 5500K 的色溫，若拉到低色溫如 3000K，這堵螢光粉牆將更為厚實。增加螢光粉 doping 的載子濃度是一個相當不錯的解法，同時需解決材料良率與壽命等衍生問題，才能讓這類型的解決方案成熟。

　　在效率提升的問題上，如同圖 9.1 所示，目前業界前端的效率指標，晶片端的四項乘積 57.1% 即為晶片的 EQE，改善幅度潛力最高的是 Droop，理論極限來說仍有 17% 可以增進，最高可達 77%，即 2012 Status 的 135%。後三項的螢光封裝部分，每項距離理論極限皆有 7~8% 的距離，整體乘積有可能由 59.2% 進展到 70.3%，約莫成長至 119%。將這些改善項次套到圖 9.4 作重新

計算時，可發現晶片端的熱有大幅下降 35% 的空間。而螢光粉端幅度就僅有 19%，可預見的問題是，晶片端並不會因為效率提升而滿足，實際上極有可能加催更高的電流，螢光材料在更高的光通量密度下會承受更多的熱，如何補足這個效率或者散熱能力的落差就是有趣的問題了。

9.3 封裝光學效率

　　LED 封裝的光學效率模擬一直是光學工程師的難題，有型態完美反而模擬跑不完的晶片內部光學共振腔，有吸收了光子後可能再放出更多的光放大材質，還有形狀不規則且會沉降的粉體光轉換物質，混合在隨天候與摻雜濃度不同，黏滯係數隨時在變的有機封裝材料內。因此，真正的封裝光學效率細節我們得與以省略，僅以大方向的封裝光學效率做介紹。

　　封裝光學效率的第一步是晶片端，不同組成與波段的 LED 晶片其折射率大致為藍光 GaN~2.48$^@$455nm，紅光 AlGaInP~3.44$^@$620nm，若晶片都做成長方體，且每面都是光滑平面組成，則一顆任意方向的光子，很有可能被內部全反射困在晶片內而無法順利跑出晶片，由於螢光的放射剛好也是各向同性的，他的出光效率就可以直接用積分計算得到估計值。由於晶體內部出光的內部全反射臨界角符合以下公式：

$$\sin\theta_c = \frac{n_i}{n_{LED}}$$

（9-1）

其中：為 n_i 為 LED 所處介質的折射率，n_{LED} 為 LED 磊晶層的折射率，則藍光 LED 晶片在空氣中時，$\theta_c = 23.8°$；紅光 LED 在空氣中時，$\theta_c = 16.9°$. 一顆長方體的晶片有六個出光面，則在四面八方所有角度，也就是 4π 的立體角中，可以順利出射晶片的光僅佔：

$$6 \cdot \int_0^{2\pi} \int_0^{\theta_c} \sin\theta \cdot d\theta \cdot d\phi = 6 \cdot 2\pi \cdot \int_0^{\theta_c} -d(\cos\theta) = 12\pi \cdot (1 - \cos\theta_c)$$

（9-2）

或者計算出光比例，再除以 4π 成為 $3(1 - \cos\theta_c)$，在藍光 LED 為 25.5%，紅光為 13.0%。

一切以數學來看的話，包圍晶片周圍的介質折射率越高，θc 就越大，出光效率就會越好，若藍光 GaN 進到折射率 1.41 的矽膠中，出光效率就增加到 53.2%，若是在折射率 1.54 的矽膠，更提高到 64.8%，很可惜這麼簡單明瞭的計算在近代 LED 工程界已經不能適用了；首先，LED 的光學結構由表面粗化進展到微結構藍寶石基板（Patterned Sapphire Substrate, PSS），甚至兩者都用上以提高 LED 晶片出光效率，這些微結構可以有效打散內部全反射光，讓他們及早出射晶片，此時高折射率膠材能帶來的增益還存在，但較為有限。其次，無論膠材折射率多高，我們還是得面對光從膠材出射到空氣的問題。因此，光學結構的設計就更顯得重要，相對於將晶片形狀或微結構做改變以提升光取出效率的作法，膠材結構顯得大巧不工，概分為下列兩種：

一、球狀透鏡

出光效率最好的就是將晶片置於球心的球狀透鏡，讓所有出射光都逼近垂直出射。並且半徑的下限可被快速計算如圖 9.5。

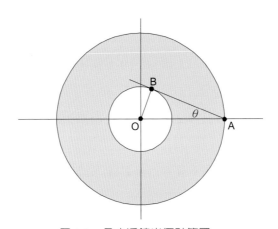

圖 9.5　最小透鏡半徑計算圖。

假設一半徑為 OA 且折射率為 n_i 的球狀透鏡，球心附近有一發光體，發光體離球心最遠的距離為 OB ，則至少期望發光體發出的光不要遇到內部全反射問題，$\theta < \theta_c$，則：

$$\frac{OB}{OA} = \sin\theta < \sin\theta_c = \frac{n_{Air}}{n_i} = \frac{1}{n_i}$$

$$OB < \frac{OA}{n_i}$$

（9-3）

舉例來說，一個由 1mm×1mm 的 LED 晶片，加計螢光粉層（也是發光體）100μm 與固晶對位誤差 40μm 後共 1.14×1.14mm，其對角線即距離球心最遠距離，以折射率 1.41 的矽膠透鏡來說，最小透鏡直徑為：$1.14 \cdot \sqrt{2} \cdot 1.41 = 2.3$mm。

　　若球狀透鏡真這麼好用，為何市面上沒有一面倒地採用半球透鏡呢？原因是螢光材料，如前一章所述，若沒有散射吸收，則螢光材料的當量需求在 5500K 的 YAG:Ce 螢光轉換上高達 11%mm。球狀透鏡的優點也是缺點，當 LED 激發光一次出射的比例達到 90% 以上，又是在球狀透鏡的中心，則螢光轉換出來的輻射功率隨傳播距離指數衰減，比重最高的位置也在球心，這些螢光得穿越大部分的螢光材料厚度，才能出射到外界。因而，如此完美的出光效率絕對適用於無螢光轉換的封裝架構，有螢光轉換的部分就要打上一個問號了。

二、平板封膠

　　平板膠體的封裝，得面對與晶片出光效率類似的出光效率運算，好在此時膠材的折射率與空氣差異較小。如同式 10-1 與 10-2 的計算，對於折射率 1.54 與 1.41 的矽膠來說，出射空氣的 θ_c 分別為 40.5° 與 45.2°，出光面僅有一面的情況下，一次光出光效率為式 9.2 的 1/6，分別為 12% 與 14.8%，其餘部分都需再經封裝體內部反射。

　　且讓我們回憶一下圖 9.4，高達 3/4 的藍光都需要被螢光粉吸收轉換，成品色點才能達到 5500K，那麼，這樣的出光效率豈非恰如其分？由膠面內部全反射回頭的藍光剛好照在螢光材料的外側，其放射光恰好偏向於出光面，這些螢光所面臨的散射吸收因此較低。

　　對於螢光轉換的白光 LED，究竟哪種封裝形式較佳呢？這取決於封裝體的螢光材料當量與組成，以最傳統的螢光粉材轉換白光來說，高色溫的封裝體以球狀透鏡效率最佳，而低色溫的封裝體適合平板封裝，期間的分界點大致在

5500K 左右，而這個分界點只要些微的組成成分與構型差異，就會漂移，實際結果還是需要大量封裝結果驗證。另一方面，介於平板與球狀透鏡的中間值，如不同程度的凸杯封裝等等，也有可能是更佳的封裝解法，端看設計者如何去找出最佳平衡點。

9.4 螢光粉構型

螢光轉換封裝長期存在的另一個問題便是色彩不均，如黃藍分離，綠光紫光分離的問題，是許多投射燈具如 MR, PAR, AR, 車燈與手電筒設計者的夢魘。雖然以二次光學元件有機會透過微透鏡，甚至粗糙結構的手段淡化這些問題，但這些色差的根本成因是螢光粉構型。

LED 內部的發光本身是各向同性的，但經由介面出射後，自然地會接近朗伯（Lambertian）光源，也就是發射光強度正比於 $\cos\theta$，θ 為與介面垂直的光出射角。激發光由 LED 晶片發出後，如式 9-7，隨經過的螢光粉當量成指數衰減，未被吸收的部份則成為封裝頻譜的藍光部分；封裝頻譜的其他部份呢？螢光的放射在封裝體內是各向同性的，從封裝膠體出射的光型是否會與藍光一致？就是這個問題的關鍵點了。

如圖 9.6(A) 所示，結構上同厚度 d 的螢光層，垂直出射的光線 1 面對的 ℓ 是 d，光線 2 面對的卻是 $\ell/\cos\theta$，光線 2 被螢光材料吸收的比例因此高出許多，且晶片正面與光線 2 平行的光線皆然，若以架構 A 的方法製成白光直接加上球型透鏡封裝，則晶片正面出光的部份小角度偏藍，大角度偏黃是避免不了的。

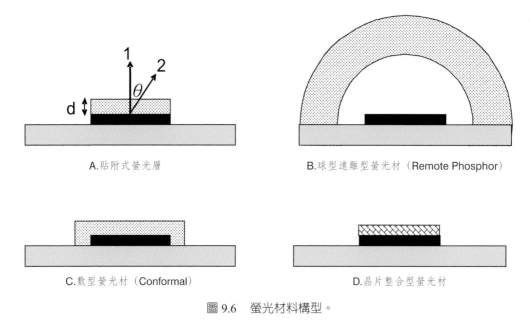

A.貼附式螢光層　　　　　　　　　　B.球型遠離型螢光材（Remote Phosphor）

C.敷型螢光材（Conformal）　　　　　　D.晶片整合型螢光材

圖 9.6　螢光材料構型。

在球狀透鏡封裝裡，螢光材料塗佈方式一般可分為圖 9.6 中的幾類，除這幾類以外的製程也存在，但是設計理念差異不會太大，以下分別說明：

一、貼附式螢光層

通常是使用正面噴塗，製作螢光矽膠貼片後貼合，甚至整片晶圓製作後才進行切割。水平或垂直晶片在打線前進行貼附還得以預種金球後研磨，或用各種製程手法想辦法把打線用的 pad 預留下來。此類製成的晶片正面出光如同前述，會產生角度色彩誤差。側邊幾乎沒有螢光層貼附的部份則會有藍光過多的問題。若晶片的側邊發光比例與光型控制得當，我們是可以用晶片側邊的藍光與晶片正面大角度的偏黃白光作平衡，讓量測機台量到的角度色偏控制在一定水準內。可惜側光的部分，晶片與螢光材料還是有位置上的落差，縱使相加後色點是對的，在近乎成像光學的投射後還是會分開，讓拿到角度色偏數據的二次光學設計者跌破眼鏡。

二、球型遠離型螢光材

經過前述的計算，聰明人腦海中大概就會浮現這個結構了，只要遠離晶片一點，球型塗層就可以讓每個不同角度的藍光面對到幾乎一致的螢光當量，進而讓量測機台量到的角度色偏得到控制；這一層的 Remote Phosphor 可能需要額外攪和散射材料，否則遇到近乎成像光學的聚光投射，較大的螢光發光體與較小的藍光晶片的成像大小仍會有所區隔，造成一定程度的黃藍或紫綠分離。然而，這個架構的問題不止於此，螢光當量要求相同的前提下，Remote Phosphor 的螢光粉用量就成平方倍增加，面積過大時還會讓燈具外觀看見黃色或橘色的螢光材料，加上塗佈或成型的製程成本，讓這種應用方式推廣較難。使用此應用方式還得小心，螢光材料的熱產出佔封裝總功率的 10% 以上，若距離不夠遠，又懸浮於導熱較差的材料中，局部溫度是可以超過晶片接面溫度的。

三、敷型螢光材（Conformal）

以高濃度螢光材料於晶片表面包含側壁，塗佈一層近乎等厚度的結構而成。如此螢光材料的發光位置與晶片幾乎重合，角度色偏問題以適量散射材料搭配螢光粉調整；惟螢光材料會受到較高通量的藍光激發，也意味著熱產出速度上升，螢光材料壽命因此受到挑戰，晶片雖可提供過熱的螢光材料導熱途徑，較集中的熱仍需謹慎處理。此技術除了專利屏障外，還是使用高品質的晶片與螢光材料較佳。

四、晶片整合型螢光材

在前述的封裝光效率計算時，晶片待提升的出光效率與螢光材料的散射吸收，是否可以放在一起互補呢？答案是肯定的。若能將螢光材料放入晶片內部，通常是藍寶石或其他材料的基板，又或者將螢光材料混進折射率與晶片較為匹配的基材中，再與晶片貼附，只要貼附介面足夠平整，或貼附介質也能做到折射率匹配，也可視做晶片整合型螢光材製程。目前尚未見到完全成熟的量產品，應該是因為製程成本過高的因素。

9.5 永續環境的挑戰

　　進入二十一世紀後，極端氣候發生的頻率逐步升高。環境與能源問題伴隨著經濟風暴逐步惡化。人類面對的問題，正式由如何開發自然資源，轉變為如何挽回環境系統的平衡，並用有限資源維持人類的永續發展。

　　如同財務收支一般，這個挑戰包含開源與節流兩個方向。開源的部分包括風力，水力，太陽能，生質能，地熱，潮汐等再生能源，是環境負荷較小的新興能源。節流的部分，除了人口控制與抑制浪費外，主要是以高效率低污染的技術，取代低效率高汙染的舊技術。也如同財務收支的特性，節流的效果會比開源來的更快速有效，為了避免環境系統進一步崩壞，造成無法復原的傷害，節能產業將是近幾年內是否能力挽狂瀾的關鍵。

　　技術的效率進展上，著名的例子如波音公司 1958 年起生產的 707 客機最高載客 189 人；2009 年起生產的 787 客機最高載客 330 人，油料的消耗卻是 707 的三分之一，以人次計算運輸效率於 50 年內成長至五倍以上。舉另一個更貼近生活的例子，由於壓縮機，冷媒，絕熱材料與驅動方式的技術進展，1990 至 2010 的 20 年間，美國市售的冷氣能耗減少 30%，冰箱能耗減少 45%，洗衣機能耗更減少達 70%，可惜洗衣佔的總能源需求比例不高。人類的電力消耗約佔總能源消耗的 1/3，而照明需求約佔電力需求的 1/5，僅估計照明的效率提升為 2 倍，已可節省世界能源消耗達 3.5%，更遑論 LED 照明可取代原本就不算在電力系統內，既耗能污染又重的煤油燈等燃燒光源，與造成土地汞污染問題的螢光燈。除了照明領域，LED 產業更為消費性電子產品帶來革命性的效能提升，而這些 LED 革命背後所依賴者，絕大部分仍需螢光材料的輔助。

　　本書即將完稿的 2013 年底，LED 產業正面臨嚴峻的淘汰賽，多國政府的強力補助，造成 LED 產業迅速地供過於求，商品價格長期快速滑落，技術能力與生產管理不善的商家們紛紛倒閉，生存下來的廠商也泰半在生存邊緣掙扎，尤其是凡事得靠自己的台灣廠商。然而，「這裡關了一家，別處卻開十家」，前仆後繼投入的人們似乎看不清楚現況。以產業分析的角度來看，繼續投入這

種過度競爭的市場絕對不是明智之舉，參與其中的政府或廠商似乎都已瘋狂。

然而，正是因為看清所有技術領域的發展可能，目前要挽回環境生態平衡並暫時紓解能源問題的手段中，LED 產業是最有可能性的。因此，政府寧願承受罵名，企業寧願承擔風險，許許多多前仆後繼的從業人員甘願在獲利能力可能不如預期的企業中打拼；只是因為：

> 「我們是否要注視我們孩子的眼睛並且承認，我們曾經擁有機會，卻缺乏勇氣？我們曾經擁有足夠的科技，卻缺乏遠見？」
>
> "Will we look into the eyes of our children and confess that we had the opportunity, but lacked the courage? That we had the technology but lacked the vision?"
>
> - Energy [r]evolution, GWEC, EREC, Green Peace

9.6 習題（Exercises）

1. 由圖 10.4 的基本設定，加上圖 9.2 與 10.1 的 DOE 研發目標值計算，5500K 的單螢光材料轉換白光的封裝體效率為？若加入紅色 LED(視覺效率 250 lm/W，EQE 假設同藍光) 後，LED 藍光：螢光粉黃光：LED 紅光的強度比為 1:2:1，則此時的封裝體最佳效率為？

2. 具有折射率 1.54 平板膠體封裝的 PLCC 封裝體，已知 LED 晶片皆為正向朗伯光型出射，試問

   (1) 未經其他反射的一次光出光效率為？

   (2) 若反射皆為各向同性的散射，二次光的出光效率為？

   (3) 試論述平板膠表面的色彩分佈狀態。

9.7 參考資料（References）

[1] Solid-State Lighting Research and Development Multi-Year Program Plan, DOE/EERE-0961, April, 2013.

[2] Solid-State Lighting Research and Development Manufacturing Roadmap, DOE, August 2012.

習題解答

第一章

1. 電磁波（Electromagnetic wave）倘若根據能量大小（即波長由小至大的順序），依序可分為那幾種類別？

【解答】： 電磁波（Electromagnetic wave）倘若根據能量大小（即波長由小至大的順序），依序可分為：γ 射線（Gamma ray；γ-ray）、X 射線（X-ray；X-ray）、紫外線（Ultraviolet ray；UV）、可見光（Visible light）、紅外線（Infrared ray；IR）、微波（Microwave）、電波（Radio wave）等，如下圖所示：

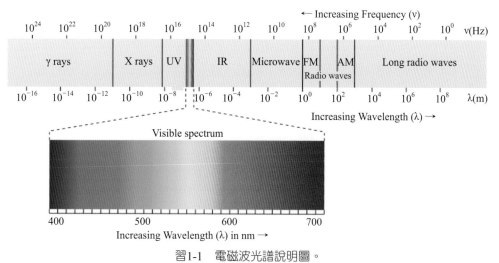

習1-1 電磁波光譜說明圖。

Source: http://en.wikipedia.org/wiki/Light

2. 可見光（Visible light）的波長範圍為何？另外常見之藍（Blue）／綠（Green）／紅（Red）三色光的波長範圍分別為何？

【解答】： 可見光（Visible light）的波長範圍為 380~760nm 之間。

最常見之藍（Blue）／綠（Green）／紅（Red）三色光的波長範圍通常定義為：藍（Blue）光的波長範圍為 440~480nm 之間、綠（Green）光的波長範圍為 520~560nm 之間，而紅（Red）光的波長範圍則為 590~630nm 之間。

3. 人類眼睛的光敏感的細胞有那幾種類別？其功能特性有何不同？

【解答】： 人類會感受到顏色，乃是在人的眼睛之視網膜裡，具有錐狀（Cone）及柱狀（Rod）兩類光敏感細胞。錐狀細胞包含三種對不同波長範圍的光有所反應的不同細胞，分別對於紅光、綠光及藍光具有反應，主要分佈在中央區域，負責偵測進入人眼之光線的顏色，於明亮時的感覺相當敏銳，雖然只有這三種能分辨不同波段（顏色）光的細胞，但是配合這三種細胞感光強弱的不同組合，使我們人類能分辨多種顏色的光；另外，柱狀細胞可以偵測影像的灰階模式，對光線的強度更是敏感，但是卻無法分辨顏色（波長），主要分佈在周邊，用於提供夜間（暗處）的視覺。

4. 請簡要說明光色（Color of light）與物色（Color of object）的差異。並請分別說明光色與物色的三原色（Three primary colors）。

【解答】： 光色（Color of light）乃是發光體發出的光線，直接射入人的眼睛所感受到的顏色，其乃是一種直接的入射光色；而物色（Color of object）則是環境光源的光線，先射到物體的表面，經由物體表面所反射後的光線，再射入人的眼睛所感受到的顏色，對光源而言，則是一種間接的反射光色。

光色的三原色分別為紅色（R：Red）、綠色（G：Green）及藍色（B：Blue），而物色的三原色則是靛藍色（C：Cyan）、洋紅色（M：Magenta）及黃色（Y：Yellow）。其中紅、綠及藍（R/G/B：Red/Green/Blue）等各色，分別與靛藍、洋紅及黃（C/M/Y：Cyan/Magenta/Yellow）等各色形成互補色（Complementary colors），而各互補色光之組合，可以形成白色（W：White）光。

5. 人類眼睛之明視感度（Photopic：Chromatic perception）與暗視感度（Scotopic：Achromatic perception）分別對於那些波長的光線具有最高的敏感度？

【解答】： 由內文圖 1.6 可知，明視感度曲線之最高點位於波長 555nm 之處，意指人類眼睛之錐狀細胞，對於 555nm 波長的綠光，具有最高的敏感度，且 1 瓦特（Watt：W）555nm 波長的綠光等於 683 流明（Lumen, Lm）。

另外暗視感度曲線之最高點位於波長 507nm 之處，意指人類眼睛之柱狀細胞，對於 507nm 波長的光，具有最高的敏感度，且 1 瓦特（Watt：W）507nm 波長的光等於 1700 流明（Lumen, Lm）。

6. 請簡要說明輻射度量學（Radiometry）與光度學（Photometry）的意義及差異性。

【解答】： 光是一種輻射的電磁波，也是一種能量，故可應用一般的物理單位來表示，此應用一般稱為輻射度量學（Radiometry），其應用單位則稱為輻射度量學單位（Radiometric units），例如：焦耳（Joule；能量單位）、瓦特（Watt；功率單位）

等。另一方面，光度學（Photometry）則是研究人眼感知光強弱的一種度量科學，乃是考慮到人眼對光的敏感度因素，把不同波長的輻射功率用光度函數加權，以表示與光相關的度量，至於其應用單位則稱為光度學單位（Photometric units），例如：塔伯（Talbot；光能單位）、流明（Lumen；光通量單位）等。總而言之，輻射度量學乃是以光源為主體的光度量科學，其度量單位可應用於可見光，與紫外線及紅外線等不可見光，而光度學則是以人眼為主體的光度量科學，乃是考慮到人眼對光的敏感度因素，應用光度函數進行加權以表示光對於人眼感受的度量，其度量單位通常僅應用於可見光，可以參考下圖之說明。

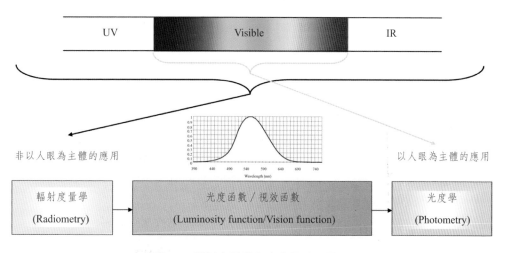

習1-6　輻射度量學與光度學說明圖。

7.　何謂色彩的三屬性（色彩三要素）？請分別簡要說明。

【解答】：色彩的三屬性係指色相（Hue）、飽和度（Saturation/Chroma/Color purity）與輝度（Brightness/Lightness/Value）等色彩三要素。

色相（Hue）又稱為色調，乃是指色彩的相貌，或是區別色彩的名稱，為色彩的種類，如紅、橙、黃、綠、藍、靛、紫等。

飽和度／彩度／色純度（Saturation/Chroma/Color purity）則是指色彩的飽和程度，也就是當純色與黑、白、灰或其他色彩混合以後，彩度就會降低，如此說來粉紅色、粉藍色、粉綠等色，便是低彩度（低飽和度）的顏色，而紅、藍、綠等純色則屬於高彩度（高飽和度）的顏色。

輝度／明度（Brightness/Lightness/Value）」指色彩的明暗程度，光的高低，要看其接近白色或灰色的程度而定，越接近白色明度越高，越接近灰色或黑色，其

明度越低，譬如紅色有明亮的紅或深暗的紅、藍色有淺藍或深藍，無彩色明度的最高與最低，分別是白色與黑色，有彩色中，綠黃色明度最高，紫色明度最低。

8. 何謂色溫（Color temperature：K）？並請利用色溫來說明暖色系（Warm colors）與冷色系（Cool colors）的差別。

【解答】：色溫之定義乃是依據黑體（Blackbody：例如鐵）加熱，當溫度昇高至某一程度以上時，其發光顏色會開始由深紅色（如：800K），經由溫度的升高逐漸改變為淺紅、橙黃、白、藍白、藍（如：60,000K）等各種光色，倘若以色度座標系統（如CIE 1931）來觀察，其光色之色度座標變化會呈現出曲線的軌跡，而此色溫曲線一般稱為蒲朗克曲線（Plankian locus：Black body locus：BBL），可以參考下圖之說明。一般而言，色溫度在3000K以下時，光色有偏紅的現象，給人是一種溫暖的感覺，可稱為暖色系（Warm colors）；而色溫度超過5000K時顏色則偏向藍光，給人是一種清冷的感覺，可稱為冷色系（Cool colors）。

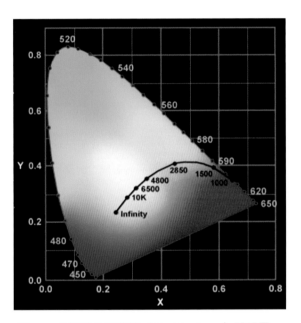

習1-8　光源之色溫曲線（Plankian locus）說明圖。

9. 何謂演色性（Color rendition）？何謂演色係數（Color rendering index：CRI）？而於演色係數之測量時，其所應用的標準參考光源為何？

【解答】：演色性（Color rendition）是照明光源能展現物體顏色之忠實程度的一種能力特性，

演色性高的光源對物體顏色的表現較為逼真，被照明物體在人類眼睛所呈現的物體顏色也比較接近其自然的原色。

演色性通常以演色係數（Color rendering index；CRI）作為指標，其測量標準是將標準參考光源照射物體所呈現之顏色定義為 100（即 100% 真實色彩），另外則以測試光源照射物體所呈現之顏色的真實程度的百分比數值（如：75；即 75% 真實色彩），作為此測試光源的演色係數。

其中標準參考光源的選擇與色溫有關，在色溫小於 5000K（CCT<5000K）時，通常選擇黑體輻射光源（Black body radiator；如熱熾燈），而於色溫高於 5000K（CCT ≧ 5000K）時，則選擇 D65（Illuminant D65；色溫 6504K）作為標準光源。

10. 何謂色域／色彩飽和度（Color gamut/Color saturation）？而影響色域之重要的光色特性為何？其重要的參考比較標準為何？

【解答】：色域係指彩色顯示器等所能顯示顏色多寡（即如顯示器在 CIE 色度座標系統上所能顯示的顏色範圍或領域）的一種特性指標，實用上亦有稱為色彩飽和度。相對於演色性之於照明光源的重要性，色域特性則是顯示器展現其色彩能力的重要指標。

彩色顯示器的色域特性，通常與紅／綠／藍等三原色光之主波長（Dominant wavelength）及其色純度（Color purity）息息相關（亦即與三原色光之色度座標位置相關），在適當的主波長狀況下，高色純度的三原色光可以獲得較寬廣的色域。

目前顯示器之色域特性，常以 NTSC（National Television System Committee）所制定的色域範圍作為比較標準，而 NTSC 所制定之三原色的 CIE 1931 色度座標（x, y）值分別為：R（0.674, 0.326）、G（0.218, 0.712）、B（0.140, 0.080），以早期液晶顯示器常用的冷陰極管（Cold cathode fluorescent lamp；CCFL）背光源而言，其所能展現色彩的能力僅為 NTSC 之 72% 左右，故目前許多廠家均應用 LED 作為液晶顯示器的背光源，並號稱其顯色能力可以超過 100% 的 NTSC 範圍，相關比較可參考下圖之說明。

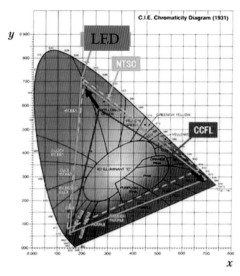

習1-10　顯示器之不同背光源之色域特性比較說明圖。

第二章

1. 請概要說明物質發光（Light emission）形式的類別及差異性。

【解答】：物質發光的形式可分為兩類：第一類為熱發光（Incandescence），乃是物質處於一定高溫時所釋放出來的光，其通常與整個原子的振動有關，為屬於熱平衡狀態之下的光輻射現象；至於第二類則為冷發光（Luminescence），乃是物質把從外界吸收的各種形式的能量，轉換成非平衡的光輻射現象，一般是物質在外界某種作用的激發下，而電子偏離原來的平衡狀態，如果再回復到原來的平衡狀態的過程中，其多餘的能量以光輻射的形式釋放出來。一般而言，物質在一定溫度下皆具有平衡的熱輻射（Thermal radiation；即熱發光），而冷發光則是物質受到外界激發，所釋放出超出平衡熱輻射之外的輻射光。以接近室溫而言，物質的熱輻射因微乎其微而並不明顯，故其發光現象通常為冷發光機制所主宰。事實上，冷發光（Luminescence）又可分為螢光（Fluorescence）與磷光（Phosphorescence）等兩種型態，其中螢光現象乃是外界激發源停止激發後，光輻射很快就會停止的冷發光，而磷光現象則是外界激發源停止激發後，光輻射會持續一段時間的冷發光，一般以持續時間 10^{-8} 秒為分界點，光輻射持續時間短於 10^{-8} 秒者稱為螢光，而光輻射持續時間長於 10^{-8} 秒者稱為磷光。另外，尚有一種外界激發源停止激發後，光輻射會持續一段很長時間的冷發光，稱為長餘輝（Afterglow），其光輻射持續

時間通常大於 10 秒，甚至可以長到數小時，可以參考下圖之內容說明。其中，長餘輝發光現象通常因材料當中具有電子的捕捉中心（Trap）所致，導致電子會在捕捉中心內停留較長時間，使得光輻射持續時間大幅延長，其與磷光之選擇律所禁止的電子遷移機制並不盡然相同。

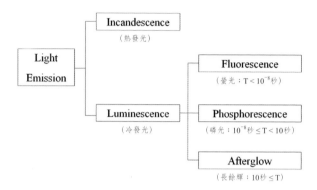

習2-1　物質發光類別說明圖。

2. 請簡要螢光材料（Luminescent materials）的類別。

【解答】：螢光材料大約可分為下述類別：(1) 有機螢光色素（Fluorescent colorants）；(2) 高分子螢光材料（Fluorescent polymers）；(3) 量子點螢光材料（Quantum-dot phosphors）；(4) 無機螢光材料（Phosphors），其中 (1) 及 (2) 屬於有機螢光材料（Organic luminescent materials），而 (3) 及 (4) 則屬於無機螢光材料（Inorganic luminescent materials）。

3. 無機螢光材料（Phosphor）的組成要素為何？其一般之化學式表示法為何？

【解答】：無機螢光材料（Phosphor）主要由「主體材料（Host materials）」、「活化劑／發光中心（Activators/Luminescent centers）」所組成，有時須摻雜其他「雜質（Dopants）」作為敏化劑（Sensitizer），或是摻雜「共活化劑（Co-activators/Co-dopants）」以達成其他特殊功能及目的（如光色混合等），如下圖所示：

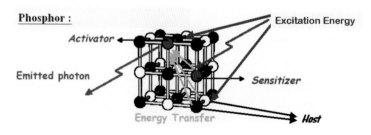

習2-3(1)　無機螢光材料（Phosphor）說明圖。

其中，無機螢光材料的主體材料多數由硫化物（Sulfides）、氧化物（Oxides）、硫氧化物（Oxysulfides）與鹵化物（Halides）所組成，近年來則有逐漸朝往氮化物（Nitrides）與氮氧化物（Oxynitrides）發展的趨勢；至於活化劑／發光中心則主要為過渡元素（Transition metal elements）或稀土族元素（Rare-earth elements）等之離子為主。

其一般之化學式表示法可以參考下圖之詳細說明（註：以磷酸鑭主體材料共摻雜鈰與鋱離子活化劑的螢光材料（$LaPO_4:Ce^{3+}, Tb^{3+}$）為例說明）：

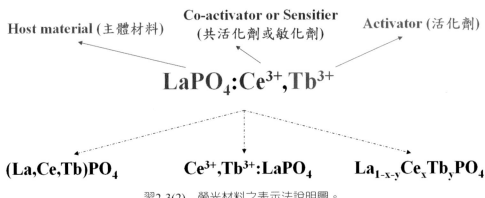

習2-3(2)　螢光材料之表示法說明圖。

其中，$LaPO_4:Ce^{3+}, Tb^{3+}$ 為最典型之螢光材料的表示方法，主體材料（$LaPO_4$）置於左方，（共摻雜）活化劑／發光中心（Ce^{3+}, Tb^{3+}）則置於右方，中間則以冒號（:）分開，而少數較為古老的表示法，則有將冒號（:）兩方之主體材料與活化劑／發光中心左右對調，然現今已非常罕見。另外，倘若（共摻雜）活化劑／發光中心是替代主體材料中之某些陽離子之晶格位置時，則可以（La,Ce,Tb）PO_4 之類的方式來表示螢光材料，其中更可以清楚地標示（共摻雜）活化劑／發光中心之替代或摻雜比例，如 $La_{1-x-y}Ce_xTb_yPO_4$ 之表示法。

4. 請說明黑白陰極射線管顯示器（Black-and-white CRT display）與彩色陰極射線管顯示器（Color CRT display）所應用的螢光粉。

【解答】：黑白陰極射線管顯示器（Black-and-white CRT display）常用的白光放射螢光粉，如下列所示：

① 　ZnS:Ag（藍光螢光粉）+ (Zn,Cd)S:Cu, Al（黃光螢光粉）

② 　ZnS:Ag（藍光螢光粉）+ (Zn,Cd)S:Ag（黃光螢光粉）

③　(Zn,Cd)S:Ag, Au, Al（白光螢光粉）

④　ZnS:Ag（藍光螢光粉）＋ ZnS:Cu, Al（綠光螢光粉）＋ $Y_2O_2S:Eu^{3+}$（紅光螢光粉）

上述之第①項與第②項同為藍光螢光粉與黃光螢光粉組合而成的白光放射螢光粉，祇是所應用的黃光螢光粉略有不同。第③項則為多活化劑共摻雜的單一組成（Single component）白光放射螢光粉。第④項則為藍光螢光粉、綠光螢光粉與紅光螢光粉組合而成的白光放射螢光粉。

另一方面，彩色陰極射線管顯示器（Color CRT display）常用的三原色放射螢光粉，如下表所示：

習2-4　彩色陰極射線管顯示器（Color CRT display）常用螢光粉說明表。

項　次	藍光（B）	綠光（G）	紅光（R）
1	ZnS:Ag	$Zn_2SiO_4:Mn^{2+}$	$Zn_3(PO_4)_2: Mn^{2+}$
2	ZnS:Ag	(Zn,Cd)S:Ag	(Zn,Cd)S:Ag
3	ZnS:Ag	(Zn,Cd)S:Ag	$YVO_4: Eu^{3+}$
4	ZnS:Ag	(Zn,Cd)S:Cu,Al	$Y_2O_3:Eu^{3+}$
5	ZnS:Ag	(Zn,Cd)S:Cu,Al	$Y_2O_2S:Eu^{3+}$
6	ZnS:Ag	ZnS:Au,Cu,Al	$Y_2O_2S:Eu^{3+}$
7	ZnS:Ag	ZnS:Cu,Al	$Y_2O_2S:Eu^{3+}$

上述表格中第 1 項 ZnS:Ag、$Zn_2SiO_4:Mn^{2+}$、$Zn_3(PO_4)_2: Mn^{2+}$ 之藍／綠／紅光螢光粉組合為彩色陰極射線管顯示器最早採用的螢光粉。其中藍光螢光粉部份，因 ZnS:Ag 藍光螢光粉之各項應用特性相當優良，迄今仍是應用中最主要的藍光螢光粉；綠光螢光粉部份，因發光效率、殘光現象及環保因素的考量，已逐步被 ZnS: Au, Cu, Al、ZnS:Cu, Al 等所替代；至於紅光螢光粉部份，稀土（Rare earth）紅光螢光粉被開發出來以後，$Y_2O_2S:Eu^{3+}$ 則是目前彩色陰極射線管顯示器最常應用的紅光螢光粉。

5.　請說明場發射顯示器（Field Emission Display：FED）所應用的螢光粉。

【解答】：目前已有不少的螢光材料可作為場發射顯示器（FED）應用的螢光粉，亦有少數新穎的螢光材料被提出，其組成如下表之內容所示：

習2-5 場發射顯示器（FED）可應用的螢光粉說明表。

類　　別	藍光（B）	綠光（G）	紅光（R）
單色系		ZnO:Zn	
多色系	ZnS:Ag,Cl	ZnS:Au,Cu,Al	$Y_2O_2S:Eu^{3+}$
	$Zn_2SiO_4:Ti$	$Zn_2SiO_4:Mn^{2+}$	$Y_2O_3:Eu^{3+}$
	$Y_2SiO_5:Ce^{3+}$	$Y_2SiO_5:Tb^{3+}$	
	$SrGa_2S_4:Ce^{3+}$	$SrGa_2S_4:Eu^{2+}$	
	$Ta_2Zn_3O_8$	$ZnGa_2O_4:Mn^{2+}$	
		$Ta_2Zn_3O_8:Mn^{2+}$	

6. 請說明電激發光裝置（Electroluminescent devices）的各種不同類別。

【解答】： 目前所謂的電激發光裝置，乃包含由交流電（Alternating Current；AC）或直流電（Direct current；DC）驅動之厚膜型（Thick-film/ Powder type/Dispersion type）或薄膜型（Thin-film）冷光裝置，其中厚膜型冷光片或裝置，可利用含有發光材料（螢光粉體）的油墨或漿料，經由印刷或其他可行塗佈方式製成；另一方面，薄膜型冷光片或裝置，則通常由蒸鍍（Vacuum deposition）、濺鍍（Sputtering）或其他特殊方式製成，可參考下圖之說明。

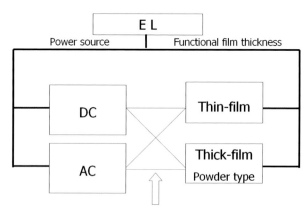

The dominated commercial products are AC thick-film EL

習2-6 電激發光裝置之類別說明圖。

7. 交流電（AC）驅動之厚膜型電激發光裝置之操作電壓和頻率的範圍為何？並請說明其所應用的螢光粉。

【解答】： AC 驅動之厚膜型電激發光裝置，其一般的工作電壓和頻率通常是在 100 伏特和 400 赫茲左右，可調變的操作電壓由 50 伏特到 200 伏特，而操作頻率可由 50 赫茲到 3000 赫茲，不同的電壓或頻率將會改變冷光的亮度或顏色，藉由電壓的不同，可以激發螢光粉放射不同波長如各種藍、綠、黃／橙的可見光，也可以透過色光混合或過濾的方式，獲得其他不同的顏色。必須特別說明的是，不適當的操作電壓與頻率，將有可能縮短 EL 的使用壽命，亦有可能造成其他不良的副作用。

應用於厚膜型電激發光裝置的螢光材料，目前仍以硫化鋅（ZnS）系列的螢光粉為主，可分別放射出藍、藍綠、綠、橘及紅光，可以參考下表之內容說明：

習2-7　重要厚膜型電激發光螢光材料說明表。

Phosphor	Colour
ZnS：Cu, Cl(Br, I)	Blue
ZnS：Cu, Cl(Br, I)	Green
ZnS：Mn, Cl	Yellow
ZnS：Mn, Cu, Cl	Yellow
ZnSe：Cu, Cl	Yellow
ZnSSe：Cu, Cl	Yellow
ZnCdS：Mn, Cl(Cu)	Yellow
ZnCdS：Ag, Cl(Au)	Blue
ZnS：Cu, Al	Blue

8. 請說明螢光燈（日光燈）常用的螢光材料。

【解答】： 螢光燈（日光燈）所應用的螢光材料，早期是以單一組成（Single component）白光放射螢光粉 $Ca_5(PO_4)_3(F,Cl):Sb^{3+},Mn^{2+}$（Calcium halophosphate phosphors）為主，然而此單一組成白光放射螢光粉之最大缺點為演色性不高。而為了提昇日光燈等螢光燈的演色性，以 BAM（$BaMgAl_{10}O_{17}:Eu^{2+}$；450nm）藍光螢光粉、CAT（$(Ce,Tb)MgAl_{11}O_{19}$；545nm）綠光螢光粉、YOX（$Y_2O_3:Eu^{3+}$；611nm）紅光螢光粉組合而成之三波段日光燈於是被推出，其演色性（R_a）可達 85 左右，色溫則可調控於 2500~6500K 之間。迄今為止，全球已發展許多的螢光材料可作為螢光燈（日光燈）應用的螢光粉，其組成彙整如下表所示：

習2-8　螢光燈（日光燈）常用的螢光粉說明表。

類別	螢光粉與發光顏色		
單色系白光	$Ca_5(PO_4)_3(F,Cl){:}Sb^{3+},Mn^{2+}$		
多色系白光	藍光（B）	綠光（G）	紅光（R）
	$BaMgAl_{10}O_{17}{:}Eu^{2+}$	$(Ce,Tb)MgAl_{11}O_{19}$	$Y_2O_3{:}Eu^{3+}$
	$(Sr,Ca,Ba)_5(PO_4)_3Cl{:}Eu^{2+}$	$LaPO_4{:}Ce^{3+}{:}Tb^{3+}$	$(Y,Gd)(P,V)O_4{:}Eu^{3+}$
		$GdMgB_5O_{10}{:}Ce^{3+}{:}Tb^{3+}$	
		$Zn_2SiO_4{:}Mn^{2+}$	
	其他		
	藍綠光（BG）		黃光（Y）
	$(Ba,Ca,Mg)_5(PO_4)_3Cl{:}Eu^{2+}$		$Y_3Al_5O_{12}{:}Ce^{3+}$
	$2SrO \cdot 0.84P_2O_5 \cdot 0.16B_2O_3{:}Eu^{2+}$		
	$Sr_4Al_{14}O_{25}{:}Eu^{2+}$		

9.　請說明白光 LED 的各種可行製作方式。

【解答】：　目前白光 LED 的製作方式主要有幾種，分別是：① 三原色（藍／綠／紅）LED 混成白光；② 藍光 LED + 黃光螢光粉；③ 藍光 LED + 綠／紅光螢光粉；④ 紫外線 LED + 藍／綠／紅光三原色螢光粉，其中 ① 乃是應用數個不同光色 LED 所製成的白光 LED，則屬「多晶型白光 LED（Multi-chip white-LED）」，其中 ②～④ 乃是單一 LED 晶片加上螢光粉而製成的「單晶型白光 LED（Single-chip white-LED）」，因其應用螢光材料進行光色轉換及混光，故通常又稱為 PC-LED（Phosphor-Converted LED），可以參考下圖之說明及比較。

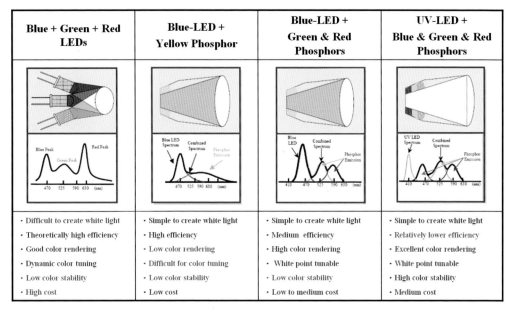

	Blue + Green + Red LEDs	Blue-LED + Yellow Phosphor	Blue-LED + Green & Red Phosphors	UV-LED + Blue & Green & Red Phosphors
	· Difficult to create white light · Theoretically high efficiency · Good color rendering · Dynamic color tuning · Low color stability · High cost	· Simple to create white light · High efficiency · Low color rendering · Difficult for color tuning · Low color stability · Low cost	· Simple to create white light · Medium efficiency · High color rendering · White point tunable · Low color stability · Low to medium cost	· Simple to create white light · Relatively lower efficiency · Excellent color rendering · White point tunable · High color stability · Medium cost

習2-9　各種白光發光二極體（White-LED）之比較說明圖。

10. 請列舉各種可供發光二極體（LED）應用的重要螢光粉。

【解答】：　目前 LED 業界使用之最主要的螢光粉分別為 $Y_3Al_5O_{12}$:Ce^{3+}（黃光）、$(Ba,Sr)_2SiO_4$:Eu^{2+}（黃光）、$CaAlSiN_3$:Eu^{2+}（紅光）、β-SiAlON（綠光）等，而下表則說明 LED 目前常用與未來可能會應用到的各種螢光粉。

習2-10　可供發光二極體（LED）應用的重要螢光粉說明表。

藍光（B）	綠光（B）	黃光（G）	紅光（R）
$BaMgAl_{10}O_{17}$:Eu^{2+}	β-SiAlON	$Y_3Al_5O_{12}$:Ce^{3+}	$CaAlSiN_3$:Eu^{2+}
$Ca_5(PO_4)_3Cl$:Eu^{2+}	Ba_2SiO_4:Eu^{2+}	$(Ba,Sr)_2SiO_4$:Eu^{2+}	$(Sr,Ca)AlSiN_3$:Eu^{2+}
	$Lu_3Al_5O_{12}$:Ce^{3+}	$Tb_3Al_5O_{12}$:Ce^{3+}	$Ca_2Si_5N_8$:Eu^{2+}
	$SrSi_2N_2O_2$:Eu^{2+}	$CaSi_2N_2O_2$:Eu^{2+}	$Sr_2Si_5N_8$:Eu^{2+}
	$SrGa_2S_4$:Eu^{2+}	$(Y,Gd)_3Al_5O_{12}$:Ce^{3+}	CaS:Eu^{2+}
	$Ba_2Si_6Al_{12}O_2$:Eu^{2+}	$SrLi_2SiO_4$:Eu^{2+}	$(Sr,Ca)S$:Eu^{2+}
	$Ca_3Sc_2Si_3O_{12}$:Ce^{3+}	Ca-α-SiAlON	K_2SiF_6:Mn^{4+}

第三章

1. 何謂固態反應法，其優缺點為何？

【解答】： 反應物的原料是以固態的方式進行混合（mixing）、研磨（grinding），再放入高溫進行高溫燒結反應（sintering），而固態反應法所使用反應起始物（starting materials）大多為金屬碳酸鹽類（metal carbonates），例如：$CaCO_3$、$SrCO_3$ 或金屬氧化物（metal oxides），例如：CaO、SrO，依所需比例混合研磨後，再進行後續的熱處理動作。此為一簡單且廣為應用的方法。固態反應法的優點是方法簡單、低成本，僅需將反應起始物進行研磨後放入高溫燒結，即可獲得螢光粉體，但其缺點是產物的組成均勻度不佳，所以需要比濕化學方法更長的燒成時間及更高的燒成溫度，而且此法並無法有效的控制產物的粉體粒徑。

2. 何謂助熔劑？其在固態反應法所扮演的功用為何？

【解答】： 助熔劑一般是低熔點的化合物，例如：LiF、CaF_2、SrF_2、BaF_2、H_3BO_3、$CaCl_2$、$SrCl_2$、$BaCl_2$、AlF_3、$NaCl$、Na_2CO_3 等，一般添加量為 1~10wt%，主要的功用是添加在起始物當中，當進行高溫燒結反應時，助熔劑會先熔解成流動狀態，藉此讓固態反應的均勻性提升、晶粒可長得更大，因此可降低固態反應法之反應合成溫度 100~200℃ 以上。

3. 就固態反應法而言，哪些實驗參數會影響最後樣品的發光效率？

【解答】： 起始物選擇、混合方式、助熔劑、燒結溫度、燒結氣氛、燒結氣氛、粉體粉碎、粒徑分級、後處理程序，均會影響最後螢光粉的發光效率。

4. 何謂共沉澱法，其優缺點為何？

【解答】： 共同沉澱法的基本原理，乃利用適當的沉澱劑（通常為有機酸、鹼），如草酸根（oxalate）、檸檬酸根（citrate）與碳酸根（carbonate）等，將各種不同的金屬離子從溶液中以相近的速率形成沉澱，再經過過濾、乾燥等動作形成組成均勻的前驅物。此法的優點為合成容易，不需要特殊的設備或者昂貴的原料即可進行。此外，本法尚有程序的控制、原料的取得容易、製程再現性高、具量產潛能等優點。

5. 試說明如何使用碳熱還原法製備螢光粉，其使用時機為何？

【解答】： 碳熱還原氮化法是利用高溫時在先驅物周圍有碳的環境下將氧化物還原，碳熱還原法通常可用來從氧化物先驅物製備氮化物或氮氧化物螢光粉，我們可以在不使用手套箱的環境下使用穩定的碳酸鹽類先驅物合成氮化物螢光粉。

6. 何謂氣體還原氮化法（Gas Reduction and Nitridation, GRN），其優缺點為何？

【解答】： 所謂的氣體還原氮化法就是一個簡單且有效的方法，此方法主要是透過 NH_3 的氣氛下對氧化物先驅物進行高溫燒結，進而可獲氮氧化物或氮化物螢光材料。Suehiro 等學者即利用 $CaO\text{-}SiO_2\text{-}Al_2O_3\text{-}Eu_2O_3$ 在 1400-1550℃ 下通入 $NH_3\text{-}CH_4$ 的混合氣體成功合成出約 300nm 的 $Ca\text{-}\alpha\text{-}sialon\text{:}Eu^{2+}$ 黃色氮氧化物螢光粉，$NH_3\text{-}CH_4$ 混合氣體在此所扮演的角色同時提供還原氣氛以及氮的來源對氧化物進行氮化。同樣地方法與概念也應用在利用以 $La_2O_3\text{-}SiO_2\text{-}CeO_2$ 的系統中對綠色氮化物螢光粉 $LaSi_3N_5\text{:}Ce^{3+}$ 的製備研究。此外，像是其他氮化物螢光粉，包括 $CaSiN_2$ 或 $Sr_2Si_5N_8$ 均成功地在 NH_3 的高溫氣氛下進行合成。

7. 何時需使用高壓環境對螢光粉進行合成？

【解答】： 合成氮化物螢光體，有時會需要高壓下才能合成出純相，特別是對於高共價性的氮氧化物或氮化物螢光體，例如紅色的 $CaAlSiN_3\text{:}Eu^{2+}$ 氮化物螢光粉或綠色的 $\beta\text{-}SiAlON\text{:}Eu^{2+}$ 氮氧化物螢光粉，必須在 10~100atm 大氣壓下才能夠合成出具有高度結晶性的純相

8. 對於螢光粉之合成中，燒結氣氛如何進行選擇？

【解答】： 對於所摻雜的稀土離子價數的不同，有些螢光體需要較強的還原氣氛進行反應，例如使 Eu^{3+} 還原成 Eu^{2+} 或 Ce^{4+} 還原成 Ce^{3+}，這個時候在燒結過程中還原氣氛的營造與控制就格外重要；有些螢光體則不需要還原氣氛，甚至在空氣或富氧環境下可製備出高發光效率的螢光體，特別是對 Eu^{3+} 摻雜或 Mn^{4+} 摻雜的螢光體

9. 對液態反應法而言，欲合成出高發光效率螢光粉，需注意哪些實驗參數的調控？

【解答】： ① 溶液的 pH 值；② 先驅物的選擇；③ 螯合劑；④ 燒結溫度；⑤ 燒結方式等均會影響合成出螢光粉的粒徑與發光效率。

10. 粒徑控制對於螢光粉的封裝極為重要，哪些步驟可對螢光粉的粒徑進行調控？

【解答】： ① 助熔劑的選擇；② 燒結溫度；③ 粉碎；④ 過篩；均可對所合成的螢光粉進行粒徑的控制。

第四章

1. 請概要說明螢光玻璃陶瓷的優勢與缺點。

【解答】： 螢光玻璃陶瓷具有長時效使用較無色偏移及的放光衰減問題產生、無黃化現象發

生、取光效率好、安定性佳、壽命長等優點；缺點是熱穩定性（此指熱對無機封裝材料的發光）及結合性（與晶片結合）較差。

2. 請簡要說明螢光玻璃陶瓷的分類。

【解答】： 螢光玻璃陶瓷分為：

① 陶瓷螢光材料（Ceramic phosphor：CP）

② 玻璃陶瓷螢光材料（Glass-ceramic phosphor：GCP）

③ 玻璃螢光材料（Glass phosphor or Phosphor in glass：GP or PIG）

3. 請說明陶瓷螢光體材料（Ceramic phosphor：CP）的優缺點。

【解答】： 陶瓷螢光體材料可應用的螢光材料系統均較為多元，且可同時適合於單一或組合螢光材料系統，對於色度座標、色溫、演色性等色光特性的調控彈性度高，而且此製備方式可得到較高的發光效率及穿透度，但缺點為陶瓷螢光材料的製備須在高溫真空或高溫高壓設備下，且光色及色座標的調控也只能依靠陶瓷螢光材料的厚薄度來調控。

4. 請說明玻璃陶瓷螢光體材料（Glass-ceramic phosphor：GCP）的優缺點。

【解答】： 玻璃陶瓷螢光材料之可行的螢光材料較受限制，並非所有螢光材料系統都 適用，且僅適合於單一螢光材料系統，倘若要製備出高演色性的發光是非常不容易，而且色光特性（如：色度座標、色溫、演色性等）的調控也會受限制，及玻璃陶瓷螢光的發光效率也較差。

5. 請說明玻璃螢光體材料（Glass phosphor or Phosphor in glass：GP or PIG）的優缺點。

【解答】： 玻璃螢光材料的缺點為製備螢光粉與玻璃粉時需考慮兩者匹配性，如：螢光粉與玻璃粉是否會反應，玻璃粉與螢光粉接觸時是否產生結晶，許多螢光粉在高溫操作下，會產生劣化或氧化現象，且須考慮玻璃粉的玻璃轉化溫度、軟化溫度、結晶溫度等特性及螢光粉與玻璃粉的熱膨脹係數是否相近與匹配，另外玻璃粉的製備程序複雜及費工；玻璃螢光體材料的後段製程簡單及容易調控色度座標、色溫、演色性等色光特性，而且玻璃螢光材料的放光效率、色座標、演色性、色溫可藉由螢光粉與玻璃粉混合比例及玻璃螢光材料的厚薄度調控，玻璃螢光體材料可同時適合於單一或組合螢光材料系統。

6. 請敘述陶瓷螢光材料、玻璃陶瓷螢光材料及玻璃螢光材料（CP, GCP, GP or PIG）的合成方法。

【解答】：① 陶瓷螢光材料的合成方法是將螢光粉或是再添加 SiO_2、Al_2O_3、Y_2O_3、TiO_2 等之陶瓷材料均勻混合後以高溫或高溫高壓燒結或真空燒結。② 玻璃陶瓷螢光材料的合成方法乃是將含有螢光材料之原料的金屬氧化物及些許玻璃材料之原料的金屬氧化物混合，利用高溫熔融澆鑄淬滅成玻璃態後，再經由長時間高溫熱處理控制原料成分比例而析出螢光材料。③ 玻璃螢光材料的合成方法一般是將螢光粉與玻璃材料混合後，並進行中低溫燒結，而於燒結過程中，若採用 HIP（Hot isostatic pressing）高壓燒結或是採取真空燒結，可以減少氣泡產生，提高緻密度。

7.　請概述玻璃螢光體材料的應用。

【解答】：玻璃螢光體材料主要是應用於高功率的發光二極體，例如：1W 以上的發光二極體、坎燈、投影燈及路燈等高功率燈飾，亦可應用於 Flip chip 和 Remote 兩種封裝體。

8.　請說明無機封裝材料與有機封裝膠材的差異性。

【解答】：① 有機封裝膠材質輕、透光性佳、經濟、結合性高（液體）且低溫成型容易等優點；但在長時間使用下，環氧樹脂或矽樹脂等有機材料易劣化，至使材料硬化脆裂，且封裝環氧樹脂或矽樹脂亦易泛黃變色，影響穿透率及發光顏色及取光效率差、安定性不佳、壽命短等項缺點。② 無機封裝材料之化學安定性遠比有機材料高，且無機材料之折射係數通常比有機材料高，而其可選擇及調控的範圍亦較為寬廣，其最明顯優點為封裝材料之光／熱安定性的提昇，以及可以透過相對折射係數的調控及匹配來降低螢光粉於封裝材料中之散射損失，進而能導致使用壽命的增長與取光效率提昇；缺點為無機封裝材料封裝成本較高、熱穩定性（此指熱對無機封裝材料的發光）及結合性較差。

第五章

1.　試說明具備高發光效率之商用螢光粉需考量哪些指標？

【解答】：① 相要純，如果樣品有雜相會影響發光效率；② 結晶性要好，不要有晶格缺陷（defects），這些缺陷會捕捉激發態躍遷到基態的電子，進而降低發光效率。

2.　請舉例黃色商用螢光粉有哪些選擇？

【解答】：YAG:Ce 鋁酸鹽螢光粉、$(Ca, Ba, Sr)_2SiO_4$:Eu 矽酸鹽螢光粉、α-SiAlON 氮氧化物螢光粉、$LaSi_3N_5$:Ce 氮化物螢光粉等。

3. 請舉例綠色商用螢光粉有哪些選擇？

【解答】：(Ca, Ba, Sr)$_2$SiO$_4$:Eu 矽酸鹽螢光粉、LuAG 鋁酸鹽螢光粉、CaSc$_2$O$_4$:Ce、Ca$_3$Sc$_2$Si$_3$O$_{12}$:Ce、SrSi$_2$N$_2$O$_2$:Eu 氮氧化物螢光粉、β-SiAlON:Eu 氮氧化物螢光粉、SrAl$_2$O$_4$:Eu 鋁酸鹽螢光粉等。

4. 請舉例紅色商用螢光粉有哪些選擇？

【解答】：Sr$_2$Si$_5$N$_8$:Eu 氮化物螢光粉、CaAlSiN$_3$:Eu 氮化物螢光粉、SrS:Eu 硫化物螢光粉、Sr$_3$SiO$_5$:Eu 矽酸鹽螢光粉等。

5. 試說明硫化物螢光粉的優點與缺點？

【解答】：優點：① 合成容易；② 激發光譜寬廣；③ 量子效率高。
缺點：① 化學穩定性差；② 熱穩定性差。

6. 試說明氮化物或氮氧化物光粉的優點與缺點？

【解答】：優點：① 熱穩定性佳；② 化學穩定性佳；③ 激發光譜寬廣；④ 量子效率高。缺點：① 合成困難，需要手套箱；② 有些需要在高壓下才能進行合成；③ 價格昂貴。

7. 如果應用在顯示，選用螢光粉需有哪些考量？

【解答】：顯示用螢光粉的需求是螢光粉的色純度較高，可從 PL 放光光譜的半高寬來判定，半高寬越窄、色純度越佳；同時也可從 CIE 色度座標進行判斷，色度座標越接近邊緣，此螢光粉的色純度越好；第三點則是螢光粉的放光波長盡量接近 460nm 的藍光、525nm 的綠光以及 620nm 的紅光是最佳的首選；另外，優異的化學穩定性、熱穩定性、高量子效率、狹窄的粒徑分佈、球型表面形貌都是必須考量的重要因素。

8. 如果應用在照明，選用螢光粉需有哪些考量？

【解答】：照明用螢光粉的需求是螢光粉的放光光譜要寬廣，可從 PL 放光光譜的半高寬來判定，半高寬越寬越好、其演色性的表現也會比較佳；螢光粉的放光波長盡量接近 460nm 的藍光、525nm 的綠光以及 620nm 的紅光是最佳的首選；另外，優異的化學穩定性、熱穩定性、高量子效率、狹窄的粒徑分佈、球型表面形貌都是必須考量的重要因素。

9. 在合成螢光粉時，改變螢光粉發光波長一般有哪些手段？

【解答】：① 提高稀土離子的摻雜量；② 利用陽離子進行取代改變螢光粉的晶場分裂能；③ 利用陰離子的取代，藉由其電子雲擴張效應與共價性調控放光波長。

10. 矽酸鹽商用螢光粉之優缺點為何？對其缺點，目前如何改善？

【解答】：　優點：① 合成容易；② 激發光譜寬廣；③ 量子效率高。

　　　　　　缺點：① 化學穩定性差；② 熱穩定性差。

第六章

1. 申請螢光粉專利可分為「組成專利」、「製程專利」與「應用專利」，請說明此三者之差異。

【解答】：　組成專利：以螢光粉的化學組成進行專利申請，例如 $(La, Y, Gd)_3(Al, Ga)_5O_{12}:Ce^{3+}$ 即是典型 YAG:Ce 螢光粉專利中以組成專利進行申請的寫法。

　　　　　　製程專利：以螢光粉的製備過程進行專利申請，例如一種特殊的後處理方式增進螢光粉發光強度、一種低溫製備螢光材料之方法等。

　　　　　　應用專利：以螢光粉的應用方法進行專利申請，例如一種 LED 發光裝置、一種植物生長燈的裝置、一種背光源裝置等。

2. 對於螢光粉組成專利，一般使用何種手法進行專利迴避？

【解答】：　一般對於組成專利的專利迴避方式可從陽離子或陰離子進行取代，同樣以 YAG:Ce 為例，對於 $Y_3Al_5O_{12}:Ce$ 中的陽離子 Y 以及 Al 可以用其他的少量陽離子進行部分取代；對於陰離子 O，則多半利用鹵素 F、Cl、Br 或 N、S 等陰離子元素取代之，進而進行專利迴避。

3. 一般來說，對於螢光粉製程專利有哪些參數可以進行權利要項的申請與佈局？

【解答】：　可以從先驅物的種類、混合方式、助熔劑的選擇、燒結溫度、燒結壓力、燒結時間、燒結氣氛以及後處理的方式進行螢光粉製程專利的佈局。

4. 試說明氮化物主要進行專利佈局的專利權人有哪些？

【解答】：　氮化物螢光粉主要進行專利佈局的專利權人包括 NIMS、Nichia、Osram、Philips、DKKKK、MCC 等國際大廠。

5. 試說明 YAG 螢光粉主要進行專利佈局的專利權人有哪些？

【解答】：　YAG 螢光粉主要進行專利佈局的專利權人包括 Nichia、Osram/Sylvania、Philips/LumiLeds、GE/Gelcore、Cree 等國際大廠。

6. 試說明矽酸鹽螢光粉主要進行專利佈局的專利權人有哪些？

【解答】： 矽酸鹽螢光粉主要進行專利佈局的專利權人包括 Intematix Corporat 、MCC 、ToyotaGosei 、LWB 等國際大廠。

7. 試說明氮氧化物螢光粉主要進行專利佈局的專利權人有哪些？

【解答】： 氮氧化物螢光粉主要進行專利佈局的專利權人包括 NIMS 、Nichia 、Osram 、Philips 、DKKKK 、MCC 等國際大廠。

8. 試說明硫化物螢光粉主要進行專利佈局的專利權人有哪些？

【解答】： 硫化物螢光粉主要進行專利佈局的專利權人包括 GE 、Hitachi 、Phosphortec 等國際大廠。

9. 試說明台灣 LED 廠商與國際大廠專利交叉授權說明情形。

【解答】： LED 螢光粉發展至今，YAG（Yttrium aluminum garnet）與 BOS（E）（Barium orthosilicate/Europium）可謂是最重要及最受矚目的兩大系列螢光粉，也是目前白光 LED 業界主要的使用對象，更是眾多廠家在 LED 螢光粉專利方面積極的佈局目標。雖然在專利權的議題上，仍存在許多灰色地帶及爭議，但目前世界上許多著名的螢光粉廠商，可以提供此二大系列螢光粉，而國內 LED 廠家近年來也紛紛向此些廠商採購或簽訂授權協議，可以參考習 5-9 圖內容說明：

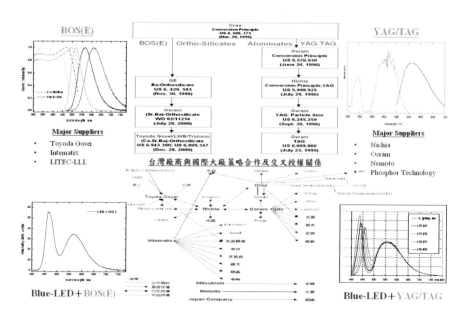

習6-9　台灣LED廠商與國際大廠專利交叉授權說明。

Source：各廠商；拓墣產業研究所2007/01。

第七章

1. 利用分子軌域概念描述氫和碳如何形成氫分子與鑽石。

【解答】： 如下圖所示，兩個氫原子距離很遠時，電子分別佔據 1s 能階，原子逐漸靠近形成
分子時，兩個原本獨立存在的能階，有兩種線性組合的能態：一個能態的能量比
獨立原子時低（σ），另一個比獨立原子時高（σ^*）。一個能態可以填兩個電子，
故而二個氫原子靠近時自然形成氫分子，因為形成分子時的能量低於獨立以原子
狀態存在時的能量。

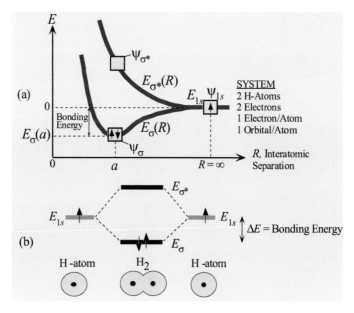

習7-1(1)　分子軌域說明氫和碳如何形成氫分子與鑽石。

鑽石分子中的碳原子（如下圖）四個價電子（$2s^2 2p^2$）以 sp^2（1 個 s 軌域和 3 個 p 軌域）
混成的方式形成 4 個 sp 混成軌域所示，將四個電子以相同能量佔據混成軌域再與
其他經相同方式混成的碳原子結合，形成三維結構。

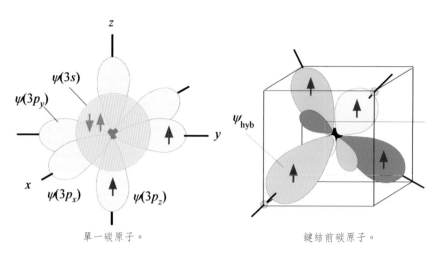

單一碳原子。   鍵結前碳原子。

圖7-1(2)　鑽石分子中的碳原子價電子混成軌域圖

2. 矽晶體的能隙是如何產生的。

【解答】：　原子是由帶正電的原子核和帶負電的電子所組成。原子核的質量遠比電子質量大，
　　　　　　電子在原子核的庫倫吸引力作用下繞著原子運動。電子的運動遵從量子力學，不
　　　　　　能用古典力學描述。電子處於一系列的運動狀態中，在每個量子態中它們的能量
　　　　　　是確定的，稱之為能階（energy level）。原子中的電子按能階由低至高順序，量子
　　　　　　態依序為：1s, 2s,2p,3s,3p……等等。內層量子態離原子核近受到的束縛引力強，
　　　　　　能階低，越是外層的電子受到的束縛力弱，能階越高。以 Si 為例，Si 原子的電子
　　　　　　組態為 $[Ne^{10}]2s^23p^2$，內層 10 個電子稱為核電子，外為四個電子稱為價電子，3s
　　　　　　有兩個量子態都被佔據，3p 有六個量子態只被兩個電子占據。原子結合成晶體後，
　　　　　　核電子變化不大，對晶體的物理和化學性質的影響不顯著，只需考慮外層電子。
　　　　　　假設一個晶體由 N 個原子組成，在 3s 和 3p 的電子先藉混成理論形成 sp³ 軌域，因
　　　　　　此總共有 8N 個量子態，矽原子的間距等於矽晶體結構平衡的原子間距時，又分裂
　　　　　　成兩個能帶個包含 4N 個能態，中間以能隙分開。Si 的 4N 個價電子填滿能量較低
　　　　　　的能帶，而較高的能帶則完全空著，如下圖所示。

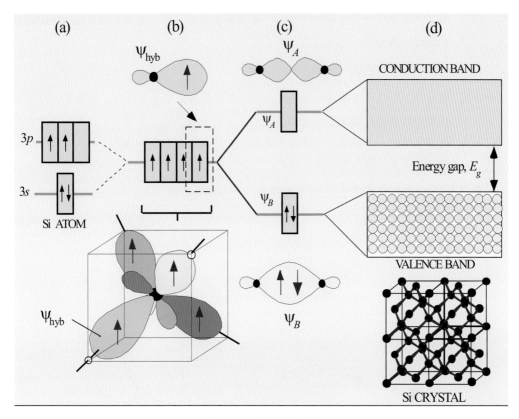

(a)　　　　　(b)　　　　　(c)　　　　　(d)

習7-2圖　矽晶體之能隙產生圖。

3.　何謂直接能隙與間接能隙。

【解答】：　電子能量 E 是 k 的多值函數，對於一個狀態 k 可以有很多值，分別對應不同的帶。
如果導帶的最低點和價帶的最高點在同一 k 值上，則稱這種半導體為直接半導體，
如 GaAs，若不在同一 k 值上，則稱為間接半導體，如 Si 和 Ge。在直接半導體中，
電子在價帶和導帶之間作能帶間跳躍時，電子的動量沒有改變；而間接半導體除
了能量改變外還有動量改變，必須有第三者（如聲子）參與才能同時滿足能量與
動量守恆。

4.　何謂量子侷限效應。

【解答】：　量子點位於獨立的（discrete）原子和連續塊材之間。當尺寸足夠小時可以觀察到
量子侷限效應，量子點的能階距離超過 kT（k 為 Boltzmann 常數，T 為溫度）。能
量差異 > kT 時限制電子和電洞在晶體中的移動。在量子點中許多性質與粒徑有
關，有兩個特別重要的性質：第一為藍移現象（Blue shift），當奈米粒子的直徑低

於某一臨界值時能隙變大,這與半導體類型有關,稱為量子侷限效應(Quantum confinement effect)。

5. 量子點鈍化的方式為何。

【解答】: 有機鈍化:導入有機分子讓它們吸附在量子點表面當作包覆劑。這種方式的好處包括同時達成膠體分散以及讓量子點有生物共軛能力;無機鈍化:在其表面生長一層能隙較高的無機層。這層無機層不是利用磊晶(epitaxially),就是利用非磊晶或非晶質的方式長在核表面。

6. 量子點的能隙為何可由粒徑或組成控制。

【解答】: 原子軌域線性組合的理論在預測從原子或(和)分子到量子點到塊材電子結構的演進提供詳細的基礎,也能預測能隙與尺寸間的依存性,如下圖所示。

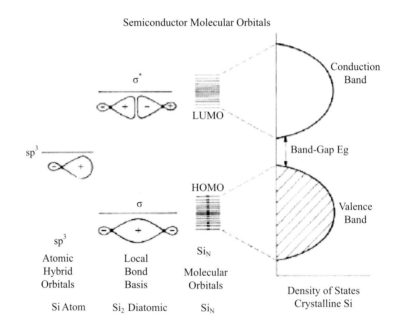

習7-6圖　原子軌域線性組織理論應用。

在雙原子的矽分子中,二個獨立的矽原子的原子軌域結合形成鍵結(Bonding)和反鍵結(anti-bonding)分子軌域。當原子的數目增加,分離的能帶結構由間隔很大變成間隔很小,也就是形成較為連續的能帶。被佔據的分子軌域量子態(如同價帶)稱為 HOMO(Highest occupied molecular orbital),而未被佔據的反鍵結軌

域（如同價帶）稱為 LUMO（Lowest unoccupied molecular orbital）。HOMO 的頂端和 LUMO 的底端的能量差稱為能隙。當原子數目減少時，能混合的原子軌域數目也減少，因此在 HOMO 和 LUMO 的能態密度變少，能隙變大，能階變得不連續，呈現量化的電子能帶結構，此結構介於原子／分子與塊材的能帶結構之間。

在二元化合物量子點中可以藉由粒徑調整能隙大小，這項特性可以建立許多具有令人振奮的性質與應用，衍生出能帶工程的設計可以成為有效的工具，設計新的以量子點為主的新元件。在過去 30 年間，除了利用量子點的粒徑調整能隙外，另一方面透過控制量子點的組成的方式，將兩個半導體在奈米等級的情況下合金化後，所呈現的性質不僅與各自是塊材時的性質不同，且也與各自是奈米級材料時不同。因此合金化量子點具有額外的特性，亦即除了與量子效應有關外也和組成有關。舉例而言，儘管 CdSe 量子點的發光光譜可由粒徑調控而涵蓋整個可見光範圍，但卻無法延伸到近紅外光區域，而 $CdSe_xTe_{1-x}$ 量子點則是由 CdSe 和 CdTe 合金化所形成的，光譜範圍可至近紅外光，而近紅外光的量子點在生物應用上具有潛力。此外，將 CdSe 與 ZnSe 合金化後（$Zn_xCd_{1-x}Se$）可放出藍光，不僅效率高且穩定性也高，因此可用於短波長的光電元件上。

7. 簡述量子點的光學性質。

【解答】： 量子點的光學性質由亮度（量子效率，Quantum yield）、放光顏色（放射波長）、顏色純度（放射波的半高寬）和放光穩定性四個參數表示。由於量子點是電子－電洞再結合後放出的光，光譜之半高寬較窄，發射光譜不受不同激發波長而改變，且發光波長在近紫外光至近紅外光之間。

8. 量子點為何能有多重激子的激發。

【解答】： 由於在量子點中電子－電洞被侷限：(1) 電子－電洞對為相關，因此是以激子的形式，而非自由載子的形式存在；(2) 因為形成不連續的電子能態，熱電子和熱電洞被淬滅的速率被減緩；(3) 動量不是好的量子數（good quantum number），因此需要讓晶體動量守恆；(4) 歐傑過程（Auger Process）被大大的強化，因為增加了電子－電洞庫倫交互作用。因為上述的這些因素，產生多重電子－電洞對的機率比在塊材中多很多，不僅是多重電子－電洞對（electro hole pair multiplication, EHPM）的臨界能量（hv_{th}）和它的產生的效率 η_{EHPM} 都能很顯著的增加（EHPM 的定義為超過臨界能量後每額外能量產生的電子－電洞對數目）。

9. 簡述量子點的應用。

【解答】： 發光元件：LED、OLED、生物標的。
發電元件：SC。

365

第八章

1. 一封裝體內，使用 455nm 的藍光 LED，加入 A 與 B 兩種螢光粉，其波長頻譜強度與 QE 各如下表列出。試計算：

	QE	455nm	500nm	550nm	600nm	650nm
螢光粉A	90%	0	0.4	0.5	0.1	0
螢光粉B	80%	0	0	0.1	0.5	0.4
視覺效率		80 lm/W	330 lm/W	680 lm/W	440 lm/W	70 lm/W

① 請問螢光粉 A 與 B 的斯托克斯位移效率為多少？

② 若封裝體輻射組成比例為藍光 LED：螢光粉 A：螢光粉 B = 0.1:0.45:0.45，請問此封裝的視覺頻譜效率為多少 lm/W？

③ 若不計散射吸收，試問此封裝體內螢光粉轉換效率（QE 與斯托克斯位移乘積）為多少？

④ 若 LED 晶片 EQE 為 50%，試將此封裝體的各部分能量損耗比例列出。

【解答】： ① 依式 8-1 計算，螢光粉 A 得到

$$\frac{\frac{0.4}{500}+\frac{0.5}{550}+\frac{0.1}{600}}{1}=1/\lambda_A$$

$\lambda_A = 533$，斯托克斯位移效率為：$455/533 = 85.4\%$

相同計算於螢光粉 B 可得到

$$\frac{\frac{0.1}{550}+\frac{0.5}{600}+\frac{0.4}{650}}{1}=1/\lambda_B$$

$\lambda_B = 619$，斯托克斯位移效率為：$455/619 = 73.5\%$

② 依輻射照度比例計算頻譜強度，則頻譜視覺效率為：382.4 lm/W

	455nm	500nm	550nm	600nm	650nm
頻譜強度	0.1	0.18	0.27	0.27	0.18
視覺效率	80 lm/W	330 lm/W	680 lm/W	440 lm/W	70 lm/W

③ 由於螢光粉 A 的頻譜強度 0.45W 由 0.45/(0.854*0.9) = 0.585W 轉換而成；螢光粉 B 的頻譜強渡 0.45W 由 0.45/(0.735*0.8) = 0.765W 轉換而成，因此總共 1W 的輻射通量，消耗了 0.1 + 0.585 + 0.765 = 1.45W，其 QE 與斯托克斯損耗的總效率為 1/1.45 = 69.0%。

④ 封裝體使用 1.45W 藍光，但晶片效率 50%，使用總功率：1.45/0.5 = 2.9W，晶片轉換時耗用另外 1.45W 成為熱；有效的 1.45W 藍光轉換後剩 1W 的輻射通量，0.45W 為螢光粉轉換時消耗的功率，最後也會成為熱。最後，2.9W 輸入產生 382.4 lm 的光，此封裝體光效率為 382.4/2.9 = 132 lm/W。

2. 承上題螢光粉 A，若製成散射吸收可被忽略的低濃度膠餅量測後，$L_a = 1$，$L_b = 0.95$，$L_c = 0.8$，$E_b = 0.04$，$E_c = 0.15$，則

① 此膠餅一次穿透吸收率為？

② 此膠餅的光轉換效率為？

③ 此膠餅的 QE 為？

【解答】：① $A = (0.95 - 0.8)/0.95 = 15.8\%$

② $Y = \dfrac{E_c - (1 - A) \cdot E_b}{A \cdot L_a} = \dfrac{0.15 - (1 - 0.158) \cdot 0.04}{0.158 \cdot 1} = 73.6\%$

③ 由於螢光粉 A 的斯托克斯位移效率為 85.4%，
因此 QE = Y/0.854 = 86.2%

第九章

1. 由圖 10.4 的基本設定，加上圖 9.2 與 10.1 的 DOE 研發目標值計算，5500K 的單螢光材料轉換白光的封裝體效率為？若加入紅色 LED(視覺效率 250 lm/W，EQE 假設同藍光) 後，LED 藍光：螢光粉黃光：LED 紅光的強度比為 1:2:1，則此時的封裝體最佳效率為？

【解答】：(1) 帶入 DOE 的技術研發目標，則晶片 EQE 為 77.0%，螢光轉換效率 74%（若吸收比例為 x，則依圖 10.4 的黃藍比，2*[1 − x] = x*0.74, x = 0.73，加權效率為 81%），散射吸收後餘 95%，封裝體頻譜視覺校率為 CRI Ra 80 的極限值 375 Lm/W，則最後效率為 222 Lm/W。

(2) 將 1W 的 222 Lm/W 與 1/3W 的紅光 (效率 0.77*250 = 192.5 Lm/W) 相加，共 222 + 64.2 = 286.2 Lm，消耗 4/3W → 得到 215 Lm/W。較 222 Lm/W 低，但色溫降至 4000K 且演色性高達 95。

2. 具有折射率 1.54 平板膠體封裝的 PLCC 封裝體，已知 LED 晶片皆為正向朗伯光型出射，試問

①未經其他反射的一次光出光效率為？

②若反射皆為各向同性的散射，二次光的出光效率為？

③試論述平板膠表面的色彩分佈狀態。

【解答】： ① 省略內部全反射外的介面反射，可計算得一次出光效率為

$$\frac{\int_0^{2\pi}\int_0^{\theta_c}\cos\theta\sin\theta \cdot d\theta \cdot d\phi}{\int_0^{2\pi}\int_0^{\pi}\cos\theta\sin\theta \cdot d\theta \cdot d\phi} = \frac{(\cos^2\theta_c/2)-1/2}{-1/2} = 1-\cos^2\theta_c = 42.2\%$$

此部份出光位於晶片上方呈 40.5° 向外延伸的晶片出光角度範圍內。

② 各向同性的機率計算如式 10-2 的 1/6 為 12%。（則相較於原始光通量，二次光出光強度為 (1 − 42.2%)*12% = 7%）。

③ 由於 42.2% 藍光於一次出光的出光角度範圍內，而與其它轉換後的部份混光後要回到白光色點。註定平板膠面中央偏藍，而四周偏黃的局面。除非封裝體出光面剛好位於晶片出光角投射的範圍以內。

索　引

五劃

七劃

八劃

十一劃

十二劃

十三劃

十四劃

十五劃

十七劃

十八劃

十九劃

二十劃以上

延伸閱讀——能源與光電系列叢書

OLED：夢幻顯示器 Materials and Devices-OLED 材料與元件
OLED: Materials and Devices of Dream Displays

陳金鑫　黃孝文　著

　　台灣 OLED 顯示科技的發展，從零到幾乎與世界各國並駕齊驅的規模與氣勢，可說是台灣光電產業中極為亮麗的「奇蹟」，這股 OLED 的研發熱潮幾乎無人可擋，從萌芽、生根而茁壯，台灣現在已堂堂擠入世界「第一」之列。

　　本書可分為五個單元，分別為技術介紹、基礎知識、小分子材料、元件與面板製程等。為了達到報導最新資訊的目的，在這新版中我們加入了近二年國際資訊顯示年會（SID）及相關期刊文獻的論文，及添加了幾乎所有新興 OLED 材料與元件的進展，包括新穎材料的發明，元件構造的改良，發光效率與功率的提昇，操作壽命的增長，高生產量的製程，還有高效率白光元件（WOLED），雷射RGB 轉印技術（LITI，RIST 及 LIPS）及未來的主動（AM）可撓曲式面板等。書中各章新增的參考文獻大約有一百多篇及超過 50 張 新的圖表。作者都用深入淺出的教學方法、「系統化」的整理、明確的詮釋、生動的講解呈現給大家。

書號5DA1　　定價720元

光電科技與生活（附光碟）
Photoelectric Science and Life

林宸生　著

　　本書包含了光電科技技術之基本原理架構、發展應用及趨勢，內容採用淺顯易懂的表現方式，涵蓋了六大類光電產業範圍：「光電元件、光電顯示器、光輸出入、光儲存、光通訊、雷射及其他光電」，這些光電科技，都與我們日常生活息息相關。書中也強調一些生活中的簡易光電實驗，共分為兩大部分，分別為「一支雷射光筆可以作哪些光電實驗」與「結合電腦與光電的有趣實驗」，包含了「光的繞射觀察」、「光的散射與折射」、「光的透鏡成像與焦散」、「光的偏振」、「雷射光的直線性」、「光的干涉」、「照他的形象」、「奇妙的條紋」、「針孔相機」等相關光電科技實驗。

　　您將發現光電科技早已融入我們日常生活中，本書則是讓您從日常生活中去體會光電科技。

書號5D93　　定價540元

光子晶體－從蝴蝶翅膀到奈米光子學（附光碟）
Photonic Crystals

欒丕綱　陳啓昌　著

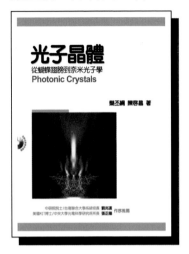

書號5D67　　定價720元

光子晶體就是人工製造的週期性介電質結構。1987年，兩位來自不同國家的科學家 Eli Yablonovitch 與 Sajeev John 不約而同地在理論上發現電磁波在週期性的介電質中的傳播模態具有頻帶結構。當某一電磁波的頻率恰巧落在光子晶體的禁制帶時，它將無法穿透光子晶體。

利用此一特性，各種反射器、波導與共振腔的設計紛紛被提出，成為有效操控電磁波行為的新手段。

光子晶體的實作是由在均勻介電質中週期性的挖洞，或是將介電質柱或介電質小球做週期性排列而成。早期的光子晶體結構較大，其工作頻率落在微波頻段。近年由於奈米製程的進步，使得工作頻率落在可見光區的各種光子晶體結構得以具體地實現，並成為奈米光學研究中最熱門的課題之一。本書詳細介紹光子晶體的理論、製作，以及應用，使讀者能從物理觀點到工程之面向都有深入的認識，為光子晶體相關課題研究（如：波導、LED、Laser等）必備之參考書籍。

光學設計達人必修的九堂課（附光碟）
DESIGN NINE COMPULSORY LESSONS OF THE PAST MASTER INF POTICS

黃忠偉　陳怡永　楊才賢　林宗彥　著

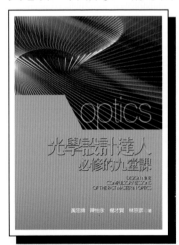

本書主要是為了讓每一位對於光學領域有興趣的使用者，能透過圖形化介面(Graphical User Interface, GUI)的光學模擬軟體，進行一系列光學模擬設計與圖表分析。

本書主要分為三個部分：第一部份「入門範例操作說明」，經由翻譯 FRED 原廠 (Photon Engineering LLC.) 提供的 Tutorial 教學手冊，由淺入深幫助使用者快速掌握「軟體功能」，即使是沒有使用過光學軟體的初學者，也能輕鬆的上手；第二部份「應用實例」，內容涵蓋原廠所提供的三個案例，也是目前業界實際運用的案例，使用者可輕易的了解業界是如何應用模擬軟體來進行光學設計；第三部份「主題應用白皮書」，取材自原廠對外發佈的白皮書內容，使用者可了解 FRED 的最新功能及可應用的光學領域。

書號5DA6　　定價650元

光電系統與應用
The Application of Electro-optical Systems

林宸生　策劃
林奇鋒　林宸生　張文陽　王永成　陳進益　李昆益　陳坤煌　李孝貽　編著

　　本書為教育部顧問室「半導體與光電產業先進設備人才培育計畫」之成果，包含了光電系統之基本原理、架構與發展、應用及趨勢，各章節主題條列如下：第一章太陽能與光電半導體基礎理論、第二章半導體概念與能帶、第三章光電半導體元件種類、第四章位置編碼器、第五章雷射干涉儀、第六章感測元件（光電、溫度、磁性、速度）、第七章光學影像系統元件、第八章太陽電池元件的原理與應用（矽晶太陽電池，化合物太陽電池，染料及有機太陽電池）、第九章材料科技在太陽光電的應用發展、第十章LED原理及驅動電路設計、第十一章散熱設計及電路規劃、第十二章LED照明燈具應用；各章節內容分明，清楚完整。

　　本書可作為大專院校專業課程教材，適用於光電、電子、電機、機械、材料、化工等理工系之教科書，同時亦適合一般想瞭解光電知識的大眾閱讀。同時可提供企業中現職從事策略管理、或是新事業開發、業務、行銷、研究、企劃等人員作為參考，或給有興趣學習與研究的學生深入理解與認識光電科技。

書號5DF9　　定價420元

光機電產業設備系統設計

李朱育　劉建聖　利定東　洪基彬　蔡裕祥　黃衍任　王雍行　林央正　胡平浩
李炫璋　楊鈞杰　莊傳勝　林敬智　著

　　我國半導體光電產業經過二十餘年來的發展，已經形成完整的供應鏈體系。在這半導體光電產業鏈中，製程設備與檢測設備是最關鍵的一環。這些設備的性能，關係著生產的成本及品質。「設備本土化」將是臺灣半導體製程設備相關產業發展的重要根基。這也提醒了我們，提高產業的設備自製率、掌控關鍵技術與專利，才能有效降低生產成本，提高國家競爭力。

　　本書內容可分為兩部份，第一部份是由第一章至第六章所組成的基本技術原理介紹，內容包括各種光機電元件的介紹，電氣致動、氣壓致動、各式感應元件與光學影像系統的選配等。第二部份則是由第七章至第十章所組成的光機電實體機台與系統應用，內容包括雷射自動聚焦應用設備，觸控面板圖案蝕刻設備，LED燈具量測系統與積層製造設備等。

書號5F61　　定價520元

LED 工程師基礎概念與應用
Fundamental and Applications of LED Engineers

中華民國光電學會　編著

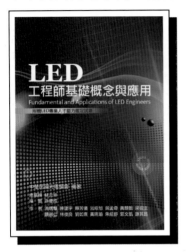

節能與環保已是全人類的共識，這使得 LED 逐漸的在取代鎢絲燈泡及各類螢光燈，成為新照明的光源。因此 LED 燈源及其相關產品已成為一項新興產業，預期產業界將需要大量與 LED 照明相關的工程師。有鑑於此，經濟部工業局委託工研院產業學院與中華民國光電學會，擬定 LED 工程師能力鑑定制度，並辦理 LED 工程師基礎能力鑑定及 LED 照明工程師能力鑑定，期望我國的 LED 產業能領先全世界。

書號5DF2　　定價380元

LED 元件與產業概況
Deevices & Introductory Industry of Light-Emitting Diode

陳隆建　編著

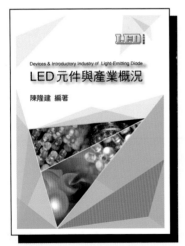

現今科技進步帶動 LED 應用更為多元，從傳統的顯示訊號燈發展、至隨處可見的一般室內照明，路燈照明，商業工業應用照明等。以節能減碳為前提下，尋找高效率光源一直都是各國努力之目標。直到 LED 光源的出現，大量地取代過去發光效率較低的傳統光源，並確實運用在各式各樣的產業。LED 發光效率提升，製造成本與 LED 燈具價格下滑，使得 LED 應用於照明對消費者而言不再是高不可攀的一項選擇。

本書著重於 LED 的製作和產業發展環境介紹，儘量避免提及艱深理論，並由 LED 產業概況、光電半導體元件、LED 照明產品設計與應用及產品發展趨勢作通盤解析，使讀者能從中掌握產業動向。各單元文末皆附 LED 工程師鑑定考題，讓讀者從中順利掌握命題趨勢。

書號5DF6　　定價480元

國家圖書館出版品預行編目資料

LED螢光粉技術／劉偉仁等著. －－初版.－－

臺北市：五南，2014.01

　面；　公分

ISBN 978-957-11-7450-1 (平裝)

1.光電工業　2.螢光

469.45　　　　　　　　　102024494

5DH3

LED螢光粉技術
The Fundamentals, Characterizations and
Applications of LED Phosphors

主　　　編 ― 劉偉仁

作　　　者 ― 劉偉仁　姚中業　黃健豪　鍾淑茹　金風

發 行 人 ― 楊榮川

總 編 輯 ― 王翠華

企劃主編 ― 穆文娟

責任編輯 ― 王者香

圖文編輯 ― 蔣晨晨

封面設計 ― 郭佳慈

出 版 者 ― 五南圖書出版股份有限公司

地　　　址：106台北市大安區和平東路二段339號4樓

電　　　話：(02)2705-5066　　傳　　真：(02)2706-6100

網　　　址：http://www.wunan.com.tw

電子郵件：wunan@wunan.com.tw

劃撥帳號：01068953

戶　　　名：五南圖書出版股份有限公司

台中市駐區辦公室/台中市中區中山路6號

電　　　話：(04)2223-0891　　傳　　真：(04)2223-3549

高雄市駐區辦公室/高雄市新興區中山一路290號

電　　　話：(07)2358-702　　傳　　真：(07)2350-236

法律顧問　林勝安律師事務所　林勝安律師

出版日期　2014年1月初版一刷

定　　價　新臺幣780元